高等学校规划教材

土建工程测量

刘祖文　编著

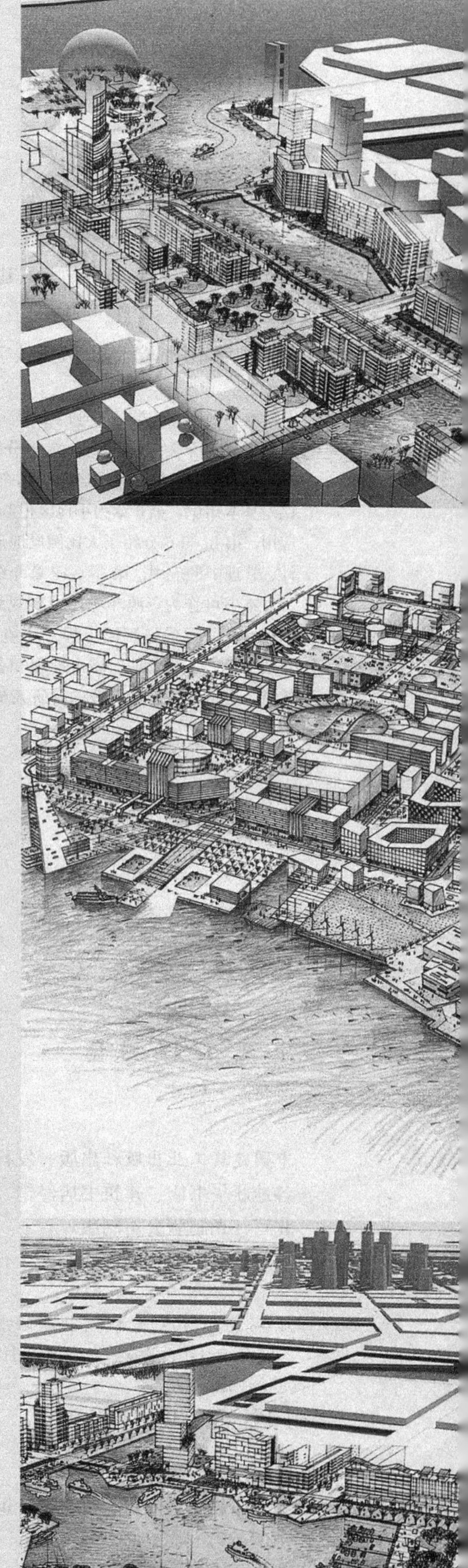

中国建筑工业出版社

图书在版编目（CIP）数据

土建工程测量/刘祖文编著．—北京：中国建筑工业出版社，2009（2023.3重印）

高等学校规划教材

ISBN 978-7-112-11205-0

Ⅰ．土… Ⅱ．刘… Ⅲ．建筑测量-高等学校-教材 Ⅳ．TU198

中国版本图书馆 CIP 数据核字（2009）第 151642 号

本书根据土建类各专业的工程测量教学要求与实际需要编写而成。全书共12章，第1章为绪论，第2～4章分别为高差测量、角度测量和直线测量，简要介绍了电子水准仪、电子经纬仪和全站仪等现代数字测量仪器，第5章为测量误差基本知识，第6章为小地区控制测量，第7章介绍了GPS及其在测量中的应用，第8、9章介绍了大比例尺地形图的基本知识、测绘方法以及在规划、设计、管理中的应用，第10～12章介绍了土建工程的勘测与施工测量。

本书可作为资源环境与城乡规划管理、城市规划、土木工程、给水排水工程、道路桥梁与渡河工程、环境工程、建筑环境与设备工程、交通运输、交通工程、工程管理、城市管理和各类线路工程专业本科生的技术基础课程教材，也可作为上述专业的科研人员、工程技术与管理人员参考。

* * *

责任编辑：陈 桦
责任设计：崔兰萍
责任校对：兰曼利 王雪竹

高等学校规划教材
土 建 工 程 测 量
刘祖文 编著
*
中国建筑工业出版社出版、发行（北京西郊百万庄）
各地新华书店、建筑书店经销
北京红光制版公司制版
北京建筑工业印刷厂印刷
*
开本：787×1092毫米 1/16 印张：15 字数：365千字
2009年9月第一版 2023年3月第九次印刷
定价：**25.00**元
ISBN 978-7-112 11205-0
(18432)

前　言

随着国家经济的持续增长和社会发展的实际需要，土建工程的规模越来越大、规格越来越高、结构也越来越复杂。昔日，民用建筑以火柴盒式砖砌结构为主体，国道、省道多为依地形而蜿蜒起伏的两车道道路。如今，十几层、几十层的框架结构的高楼大厦随处可见，跨越河江湖海、穿越崇山峻岭的数万千米的高速公路网，成为了国家交通、运输的大动脉。同时，伴随着科学技术的发展和土建工程的需要，工程勘测与施工中使用的测量仪器与测绘成果的形式，也发生了很大变化。除常规光学类型、获取模拟数据的水准仪、经纬仪外，电子水准仪、全站仪、GPS 接收机等现代测量与定位设备，已在常规工程、特别是大型工程中得到了广泛应用。数字地图、数字地面模型等是工程设计与施工人员的主要应用成果。

为了适应现代土建工程测量教学需要，作者综合土建类多个专业指导委员会制定的工程测量教学大纲要求，参考曾经主编的《测量学》框架体系和大量相关教科书，结合多年的教学与工程实践经验编写完成本教材。教材内容以具有土建工程特点的工程测量基本理论为基础，融入了现代测绘仪器、技术与方法。

按照模块化的教学模式，全书分为三个部分。第 1～7 章为测量基础部分，主要介绍了测量学的基本概念与基础知识，高差、角度、距离等观测要素的测量原理、所用仪器、观测方法和各种误差，控制测量和 GPS 定位测量的方法。第 8、9 两章为地形图部分，主要介绍了地形图的基本知识、在规划设计中的应用，以及地形图的传统与现代测绘方法。第 10～12 章为土建工程的勘测与施工测量，主要介绍了建筑工程施工测量、道路勘测与施工测量、各种管线施工测量等。

本教材可作为资源环境与城乡规划管理、城市规划、土木工程、给水排水工程、道路桥梁与渡河工程、环境工程、建筑环境与设备工程、交通运输、交通工程、工程管理、城市管理和各类线路工程专业本科生的技术基础课程教材，也可供上述专业的科研人员、工程技术与管理人员参考。

冯亚明参与第 3 章编写，苏新洲、邹勇、张瑞芳、张萍、马绿坪等对编写大纲或初稿内容提出了许多宝贵意见，韩威提供有关资料，借此一并致谢!

书中难免存在各种错误，谨请读者指正。有何建议与要求，请通过电子邮箱 liuzw66@163. com 联系。

华中科技大学　刘祖文

2009 年 5 月 30 日

目　录

第1章　绪　论

1.1　测量学概述

测量学是研究如何确定点的空间位置，测绘地球表面的自然形态与人工设施的几何分布图形和确定地球形状与大小的科学。

1.1.1　传统测量学科

测量学有着悠久的历史，古代测绘技术起源于水利和农业。随着人类对地球形状的逐步认识与深化，社会发展要求精确确定地面要素的几何位置，测绘成果应用范围愈来愈广，逐渐形成了许多分支学科，主要包括大地测量学、普通测量学、摄影测量学、工程测量学和地图制图学等。土建工程测量包含有普通测量学与工程测量学的部分内容，主要研究与土建工程相关的测量理论、技术与方法。

大地测量学　研究在广大地面上建立国家大地控制网，测定地球（大地水准面）形状、（地球椭球体）大小和地球重力场的理论、技术和方法的学科，其范围包括大区域、国家乃至整个地球，必须考虑地球曲率对点的几何位置与形状的影响。

普通测量学　研究地球表面小范围测绘工作的基本理论、技术、方法和应用的学科，是测量学的基础。在小范围区域进行测量时，一般不考虑地球曲率的影响。主要研究内容包括图根控制网的建立，地形图测绘和一般工程的施工测量。

摄影测量学　通过对摄影像片和辐射能的各种图像记录进行处理、量测、判译和研究，测得物体的形状、大小和位置的模拟或数字成果的学科。根据获得相片和影像信息方式不同，摄影测量学分为水下摄影测量学、地面摄影测量学、航空摄影测量学和航天摄影测量学。

工程测量学　研究各项工程在规划设计、施工建设和运行管理阶段所进行的各种测量工作的学科。其内容按服务对象包括工业测量、铁路公路测量、桥梁测量、隧道与地下工程测量、水利工程测量、输电线路与输油管道测量和城市建设测量等。

地图制图学　研究地图及其制作的理论、工艺和应用的学科。传统地图制图学由地图学总论、地图投影、地图整饰和地图印制等部分组成。

1.1.2　现代测绘科技及其发展

随着电子技术、计算机技术、通信技术、人造卫星技术的发展，传统测量学科分支相互渗透、高度交叉与融合，正在形成地球空间信息学科。

传统纸质二维地形图发展为计算机描述的二维或三维数字地形图。地面观测仪器由机械、光学型发展为光电一体化型，模拟手工白纸测图发展为全自动数字化测图。小范围、长周期发展为大范围、短周期甚至实时、动态获取地面信息。数据获取方式由地面观测、航空摄影测量扩展到航天遥感的对地观测。

数字高程模型（Digital Elevation Model-DEM）、数字正射影像图（Digital Orthophoto Map-DOM）、数字栅格图形（Digital Raster Graphs-DRG）和数字线划矢量图形（Digital Line Graphs-DLG），即 4D（DEM、DOM、DRG、DLG）产品，广泛应用于国民经济各个领域，是国家空间信息基础设施的基础数据。

以高速运行人造卫星的瞬时位置作为已知起算数据，采用空间距离后方交会方法确定空间点位的全球定位系统（Global Positioning System-GPS），以人造卫星作为观测平台进行对地观测，获取地面大范围实时高分辨率影像数据的遥感（Remote Sensing-RS）和对空间信息进行动态处理、查询、空间分析和决策的地理信息系统（Geograhic Information System-GIS），简称 3S（即 GPS、GIS、RS）。3S 技术及其集成，代表了测绘科技的现代发展水平。它们不仅促进测绘科技产生了革命性变化，成为许多学科研究不可缺少的基础研究工具，决策、管理和工程建设的重要手段，而且对人们的日常生活正在产生重要的影响。

国际上已出现欧盟的伽利略、俄罗斯的 GLONASS、美国的 GPS 以及我国的北斗等卫星导航定位系统并存的局面。多系统的存在将打破技术垄断，改善定位服务的技术水准，降低用户的成本投入。

数字地球、数字国家、数字区域和数字城市等不同层面的建设，是国家发展信息产业和进行国际竞争的重要战略决策。空间信息技术是其核心支撑技术，测绘技术在空间数据采集、处理以及应用等方面将发挥十分重要的作用。

1.1.3 应用

测绘的目的与成果主要有两个方面：一是获取空间点的位置，包括获取点的坐标，点与点之间的高差、角度、距离等关系数据，确定点的位置；二是获取空间信息的分布现状，包括绘制地形图和建立地理信息系统。测绘成果在社会政治、经济、军事、乃至人们的生活，都有着广泛的应用。

古代测绘最早用于丈量土地，军事和确定方位。地形图是古代测绘的象征，主要用于行军和出行。我国目前见于记载的最早的古地图是西周初年的洛邑城址附近的地形图。现在可见到的最早的古地图是长沙马王堆出土的公元前 168 年的古长沙地图和驻军图，图中有山脉、河流、居民地、道路和军事要素。苏州的南宋石刻《平江图》是我国现存最完整的古代城市规划图。

现代测绘技术既涵盖传统测绘技术，也包含现代空间信息技术，其作用已经渗透到人类活动的各个行业与领域。通过地面测量、航空航天测绘、卫星对地观测以及属性数据采集而绘制的地形图和建立的地理信息系统，属于基础空间信息资料，是国家经济建设、国防建设和社会发展的基础资料。人口及其密度的分布状况、矿产、石油的勘探与储量，工业、农业产品的分布等等，通常绘制成不同用途的地图，它们是国家宏观经济规划、管理和决策的基础数据。船舶、车辆、飞行器的导航、空间目标的定位越来越依赖全球定位系统。现代军事中，沙漠中行军、导弹精确命中目标，军队部署与调遣乃至战争的胜负，空间信息技术起着至关重要的作用。城市各种突发事件的处理、人们的日常旅行等，都将越来越多地利用空间信息技术。

在城市规划、土木工程和市政工程建设方面，测绘既是先行工作、基础工作、也要贯穿整个工程建设的始终，包括勘察、设计、实施和管理。城市规划、交通工程、交通运输需要利用地形图或地理信息系统进行规划设计方案选择、优化和进行科学的城市、交通管理。道路工程、管线工程的选线，土方工程量的估算，施工、竣工后的维护与管理，建筑工程、桥梁工程的施工、变形监测等，始终需要测量工作。

利用遥感影像数据，可以直接观察到地面各种地物形状、地貌形态和车辆等交通状态的丰富信息，可实时监测洪水淹没区域及其变化、可监测城市违规建筑与项目的施工。利用地理信息系统，可以全面了解地下输电、通信、燃气、供热、给排水等管线的分布状况及其相互关系。

1.2 测绘基准线和基准面

1.2.1 地球自然表面

地球的自然表面，是高低起伏的不规则曲面。从局部观察，有高山、丘陵、平原、深谷、盆地、江河与海洋等，世界最高峰珠穆朗玛峰高 8844.43m，最深的马里亚纳海沟深 11022m。从整体考虑，科学研究已经证明，地球表面有约 71%的面积为海洋，约 29%的面积为陆地，地球是一个近似于被海水面包围的、形如梨状的椭球体。

1.2.2 水准面与大地水准面

在地球惯性系统内，物体受到的地球引力和惯性离心力的合力，称为重力。地面任意一点都会受到重力的影响，人们把重力的方向线，即悬挂重物时自由下垂的直线，称为铅垂线，如图 1-1。铅垂线是测量工作所依据的线。由于地球引力与物体所在位置的地球内部物质及其密度有关，惯性离心力与物体所在的球面位置和高度有关，严格来讲，对于不同位置和高度的地面点，其重力的大小和方向并不一样，导致不同点的铅垂线既不相互平行，也不是所有铅垂线都相交于同一点，如地球球心。

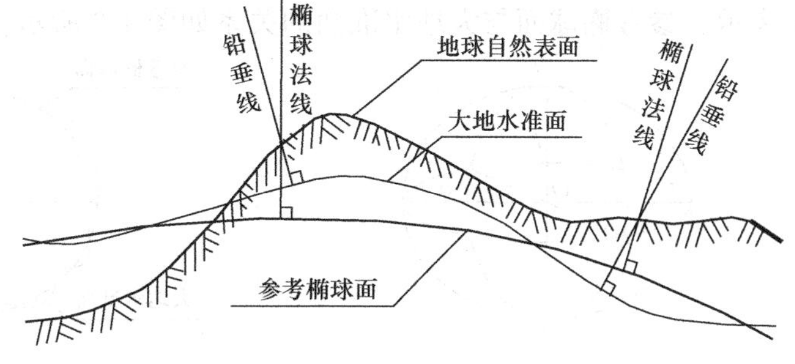

图 1-1 地球自然表面与大地水准面关系

水在静止时的表面称为水准面。水准面随高度不同有无数个，任意一点的铅垂线与该点的水准面相互垂直，如果将水准面无限延伸，该水准面将是一个封闭的曲面。水准面是测量工作所依据的面。水准面的切平面称为水平面。

静止的海水面是一个十分重要的水准面。与处于流体静平衡状态的海水面重合，并向岛屿、大陆内部延伸的封闭曲面称为大地水准面。由于波浪、水流、潮汐、大气压变化引起扰动等因素的影响，人们无法获得处于流体静平衡状态的海水面的确切位置，通常是在海边设立验潮站，按规定时间间隔对海水面的高度进行持续观测、取其观测值的平均位值作为平均海水面位置，并在测量中使用平均海水面作为大地水准面。大地水准面是测量工作的基准面。地球自然表面与大地水准面的关系如图 1-1 所示。大地水准面所包围的形体，称为大地体，大地体代表了地球的基本形体。

1.2.3 投影面

表示地面要素的空间位置，测绘科学中通常选择一种投影面，将地面点投影到投影面上得到一个投影点，由地面点到投影面或某基准面的距离（一个参数）和投影点在投影面上的位置（两个参数）共三个参数来描述。根据不同地区与不同的使用用途，投影面有许多种。对于普通测量而言，常用的投影面有三种：参考椭球面、高斯投影面、水平面。第一种为球面，后两种为平面。

1）参考椭球面

前已叙及，各铅垂线的方向具有不规则性，而水准面具有处处与铅垂线保持垂直的特性，由此，大地水准面实际上是一个有微小起伏的不规则曲面。如果将地面要素投影到这个不规则的曲面上，将很难进行测量数据处理。为了实际工作方便，人们通常选定一个与整个国家或局部区域大地水准面拟合最好、与地球（大地体）形状最接近，并且可用数学公式表达的规则曲面代替大地水准面作为投影面，这个规则曲面称为参考椭球面，亦称旋转椭球面。

地面要素沿球面法线方向投影到参考椭球面上后，可以通过球面坐标系统描述地面要素的位置及其相互关系。

如图 1-2，参考椭球面是由长半径为 a，扁率为 α 的椭圆绕其短轴旋转后进行定位而形成的椭球面，其中，$\alpha=(a-b)/a$，b 为椭球短半径。短轴与参考椭球面有两个交点，位于南半球的交点称为南极，用 S 表示，北半球的交点称为北极，用 N 表示。参考椭球面与大地水准面的关系如图 1-3 所示。

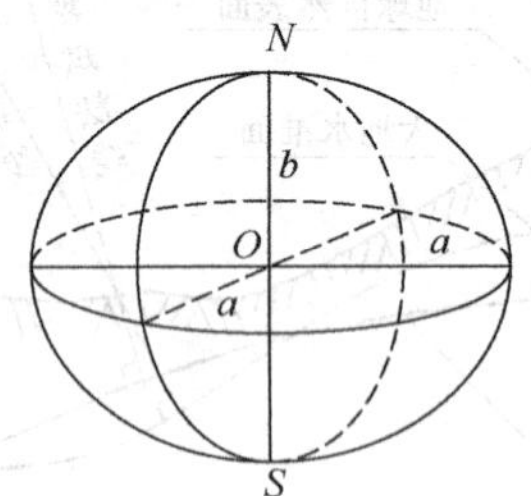

图 1-2 参考椭球

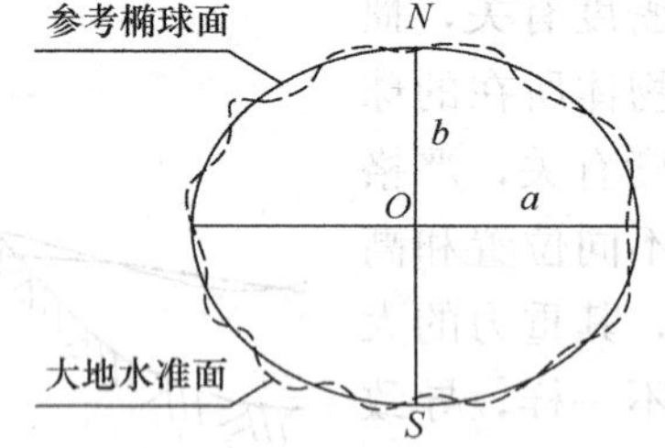

图 1-3 参考椭球面与大地水准面的关系

不同的国家或地区，参考椭球的长半径 a 和扁率 α 有所不同。与全球大地水准面拟合最好的参考椭球面称为地球椭球面。参考椭球面和地球椭球面是测量计算的基准面。由于地球椭球扁率很小，在测区面积较小或测量精度要求不高时，为了计算方便，可用半径为 6371km 的圆球代替地球椭球。

2）高斯投影面

地面要素投影到参考椭球面上，可以准确表示地面要素的实际位置及其相对关系。由于参考椭球面是不可展曲面，不便于观测数据处理和实际成果应用，如，人们不可能携带一个球状地图外出旅行或者在球状地图上进行规划设计，因此，需建立参考椭球面上的点与可展投影面上的点之间的一一对应关系，将沿法线投影到参考椭球面上的要素再按一定规则投影到平面上。

按一定数学法则，把参考椭球面上的点、线投影到平面上的方法，称为地图投影。地图投影分为许多种类，按投影面形状分为方位投影、圆柱投影、圆锥投影；按投影变形性质分为等角投影、等距投影、等面积投影。据不完全统计，根据投影区域的地理位置和用图的目的不同，全世界现有250多种投影方法。我国基本比例尺地形图除1∶100万小比例尺地形图采用属正轴等面积锥面投影系统的Lambert或Albers外，其余小比例尺和所有中、大比例尺地形图均采用高斯-克吕格投影（简称高斯投影）。下面介绍高斯投影的原理和分带方法。

高斯投影属于等角横切椭圆柱投影。如图1-4（*a*），设想将一个椭圆柱面套在参考椭球面外，并与某子午线（经线）相切，高斯投影中称该子午线为中央子午线。按中央子午线和赤道线投影后成为相互垂直的直线，中央子午线保持长度不变，无角度变形等约束条件，将参考椭球面上中央子午线两侧一定范围内的点投影到椭圆柱上，再将椭圆柱面沿过南北极的圆柱母线剪开展平，即得图1-4（*b*）所示高斯投影平面。

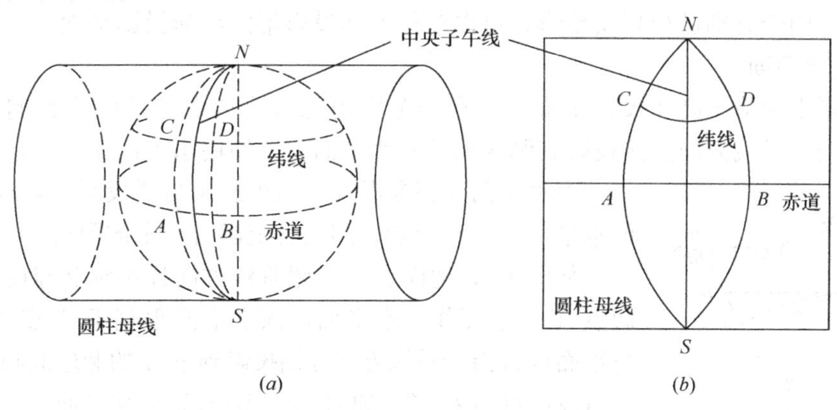

图1-4 高斯投影

图1-4（*a*）中，*A*、*B*位于赤道线上，*C*、*D*位于同一纬线上，*A*、*C*和*B*、*D*分别位于两条不同的经线上，*A*、*B*、*C*、*D*四点及其所在的经、纬线，投影成图1-4（*b*）所示图形。由图中可以看出，除赤道外的纬线投影后成为曲线；当中央子午线投影前后保持长度不变时，椭球面上与中央子午线等长的其他子午线也投影成曲线，其长度均发生变形，且离中央子午线越远，长度变形越大。为了控制长度变形，通常采用分带投影，即将地球椭球面按一定经差（两相邻经线经度之差）划分为若干互不重叠的投影带，各带分别投影。带宽越大，其边缘的误差越大。根据对投影精度的要求不同，带宽主要分为6°、3°等几种。图1-5为6°带和3°带分带图形。上半部为6°带，各行数据依次为中央子午线经度L_0、带号N和分界子午线经度；下半部为3°带，其数据为3°带带号。

6°带自0°子午线起，按经差6°间隔自西向东分为60带，其带号依次为1，2，

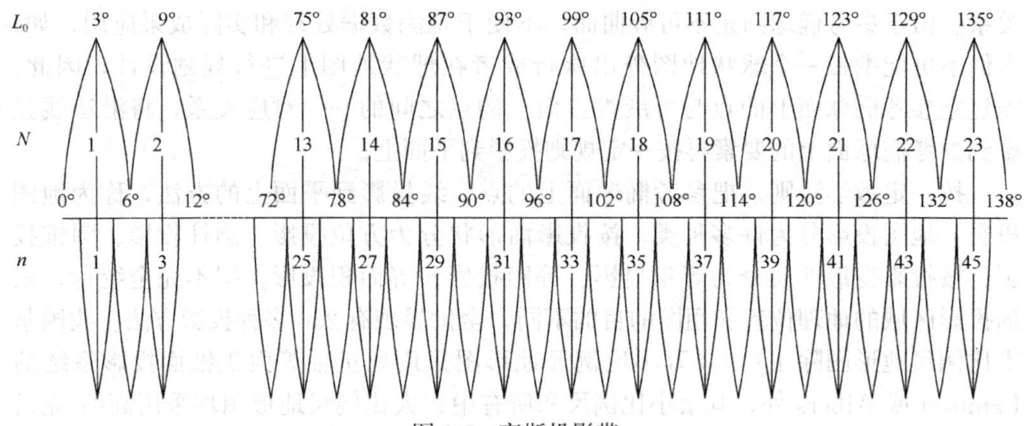

图 1-5 高斯投影带

…60。设某带带号为 N，中央子午线经度为 L_0，则有

$$L_0 = 6 \cdot N - 3 \tag{1-1}$$

3°带以 6°带为基础进行分带，且中央子午线与 6°带的中央子午线或分带子午线重合，自 1.5°子午线起按经差 3°间隔自西向东分为 120 带，其带号依次为 1，2，…120。见图1-5。设某带带号为 n，中央子午线经度为 L_0，则有

$$L_0 = 3 \cdot n \tag{1-2}$$

对不同带分别进行高斯投影，可以获得不同投影带的高斯投影平面。

3）水平面

投影平面除了高斯投影平面外，在小范围内也可不考虑地球曲率影响，将地面要素沿铅垂线方向直接投影到测区的某一水平面上，即用水平面作为投影平面。

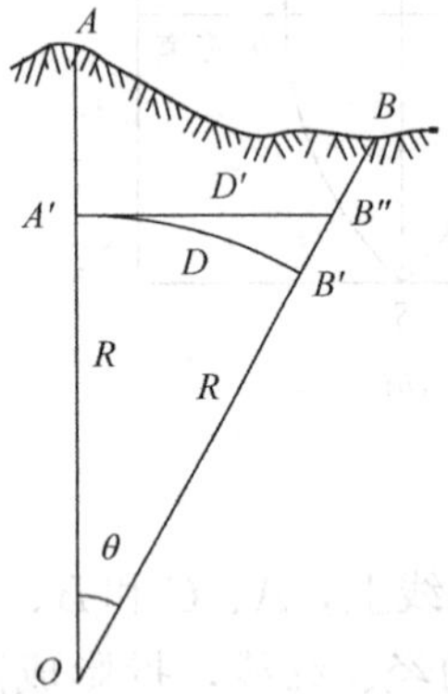

由水平面代替参考椭球面可避免高斯投影的烦琐计算，但水平位置受到影响，则代替范围有一定的限度。

如图 1-6，地面点 A 沿铅垂线方向投影到椭球面上得投影点 A'，过 A'作一水平面，该水平面垂直于 A 点铅垂线。将地面点 B 沿铅垂线方向分别投影到过 A'的椭球面和水平面上得投影点 B'和 B''。地面直线 AB 投影到水平面上的直线长度 D'与投影到椭球面上的球面弧长 D 之差 ΔD，即为用水平面代替椭球面作为投影面的影响。设椭球平均半径为 R，过 A 、B 两地面点的铅垂线相交且交角为 θ，则

图 1-6 水平面代替椭球面的影响

$$\Delta D = D' - D = R\tan\theta - R\theta = R(\tan\theta - \theta)$$

小范围内的 θ 较小，将 $\tan\theta$ 用三角级数公式展开后取前两项，与 $\theta = D/R$ 一并带入上式得

$$\Delta D = R\left[\left(\theta + \frac{1}{3}\theta\right) - \theta\right] = \frac{D^3}{3R^2} \tag{1-3}$$

$$\frac{\Delta D}{D} = \frac{D^2}{3R^2} \tag{1-4}$$

对于不同精度要求，利用式（1-3）和式（1-4），可计算确定用水平面代替参考椭球面的范围。将 R=6371km 和不同 D 值代入式（1-3）和式（1-4）中，可得，

D=10km 时，相对误差为：$\Delta D/D$=1/1217700；

D=20km 时，相对误差为：$\Delta D/D=1/304400$。

一般认为，在半径为 10km 的圆形区域内，可以用水平面代替椭球面作为投影面，其产生的影响约为 1∶1200000，可以忽略不计。

1.3 地面点位的确定

确定地面点的位置是测量工作的基本任务。数学中用三维直角坐标系中的（x，y，z）坐标三个参数来描述点的空间位置。测量中用地面点沿铅垂线（或沿参考椭球面法线）到指定基准面的距离和地面点在指定投影面上的两个坐标描述点的空间位置。

1.3.1 地面点的高程

地面点的高程，一般指地面点沿铅垂线方向至基准面的距离。根据高程基准面不同分为绝对高程和假定高程。

1）绝对高程

地面点到大地水准面的铅垂距离称为绝对高程，亦称海拔，用 H 表示。如图 1-7，地面 A、B 两点的绝对高程分别为 H_A、H_B。

由于作为高程基准面的大地水准面实际上使用的是平均海水面，而不同验潮站以及同一验潮站不同时间所求得的平均海水面之间存在差异，因而，对于同一地面点，平均海水面高度不同存在不同的高程。为解决全国高程系统的统一问题，我国于 1954 年 10 月在青岛观象山建成国家水准原点，并利用 1950 年至 1956 年青岛大港验潮站的验潮资料，建立了“1956 年黄海高程系”，测算出国家大地水准原点高程为 72.289m。1987 年 9 月，启用“1985 年国家高程基准”，重新测算出国家大地水准原点高程为 72.260m。

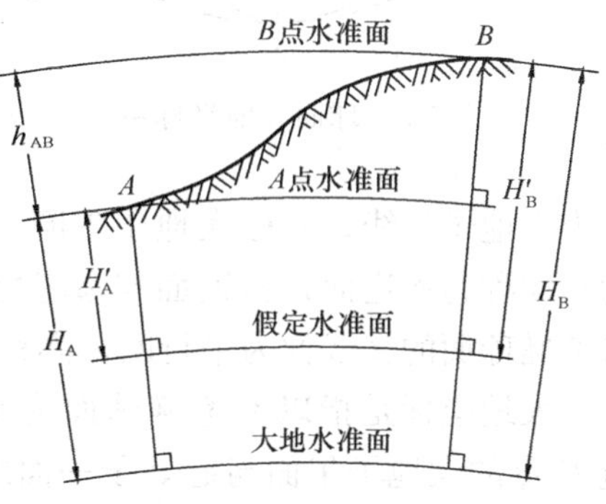

图 1-7 绝对高程和假定高程

2）假定高程

地面点到假定水准面的铅垂距离称为假定高程，亦称相对高程，用 H' 表示。如图 1-7，地面 A、B 两点的假定高程分别为 H'_A、H'_B。

在测区及其附近尚无国家统一系统高程点且引测困难，或出于测绘成果的数据安全原因时，可使用假定高程。在不需要使用国家统一高程系统的一些工程建设中，出于计算和数据处理方便，经常使用假定高程。

3）高差

同一高程系统中任意两点高程之差称为高差，用 h 表示。图 1-4 中 A、B 两点的高差为

$$h_{AB}=H_B-H_A=H'_B-H'_A$$

由上式可以看出，两点之间的高差，与高程基准面的选择无关。高差 h_{AB} 下标

的位置代表了高差的方向。

若 $h_{AB}>0$，则 B 点高于 A 点

$h_{AB}<0$， B 点低于 A 点

$h_{AB}=0$， B 点与 A 点同高

且
$$h_{AB}=-h_{BA} \tag{1-5}$$

1.3.2 地面点在投影面上的位置

地面点在投影面上的位置由两个坐标参数表示，投影面可以是椭球面或平面。

1）球面大地坐标

在椭球面上表示地面点位置的坐标称为地理坐标。地理坐标按其依据的基本线、基本面以及获得坐标的方法不同，主要有大地坐标和天文坐标，此处仅介绍工程建设中主要使用的大地坐标。

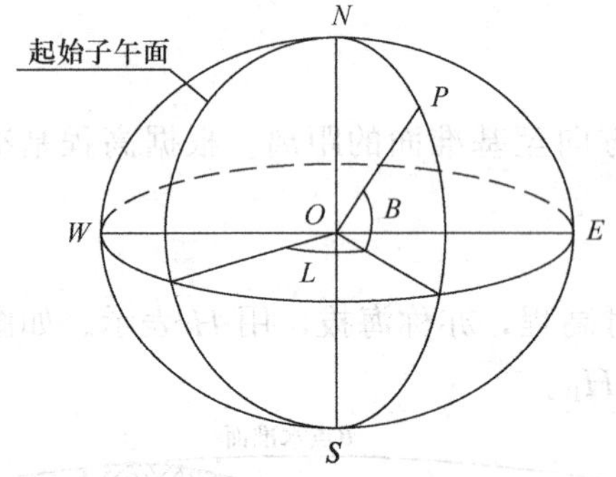

图 1-8 球面大地坐标系

如图 1-8，设 N、S 为参考椭球旋转轴与参考椭球面的交点，其中 N 和 S 分别为参考椭球的北极和南极。包含空间点 P 的参考椭球面法线和参考椭球旋转轴 NS 的平面称为大地子午面，一般采用通过或平行于原英国格林尼治天文台的大地子午面作为起始子午面。大地子午面与参考椭球面的交线称为大地子午线，亦称大地子午圈。通过参考椭球中心且与参考椭球旋转轴垂直的平面称为赤道面，赤道面与参考椭球面的交线称为赤道。与赤道面平行的面与参考椭球面的交线称为平行圈，亦称纬圈。

大地坐标是指以参考椭球面为基准面的坐标，用大地经度和大地纬度表示。过 P 点的大地子午面与起始子午面之间的夹角称为大地经度，简称经度，用 L 表示。大地经度从起始子午面开始，向东 0°～180°称为东经，向西 0°～180°称为西经。我国位于地球东半球，各点经度均为东经。过 P 点的参考椭球面法线与赤道面的夹角称为大地纬度，用 B 表示，大地纬度从赤道面开始，向北 0°～90°称为北纬，向南 0°～90°称为南纬。我国位于地球北半球，各点纬度均为北纬。

点的大地坐标一般是根据大地坐标系中大地原点的大地坐标和大地测量所获得的数据推算求得。其中，大地坐标系指的是以参考椭球面为基准面，用以表示地面点位置的参照系。大地原点指的是国家水平控制网中推算大地坐标的起算点。由于所选参考椭球和大地原点及其定位参数不同，同一地面点在不同大地坐标系中的大地坐标存在差异。建国后，我国曾经使用的全国统一大地坐标系是“1954年北京坐标系”。对应的椭球参数为前苏联的克拉索夫斯基椭球参数，其长半径 $a=6378245\text{m}$，扁率 $\alpha=1/298.3$，大地原点位于前苏联普尔科沃。该大地坐标系实际上是前苏联 1942 年大地坐标系在中国的延伸，对于我国东部地区测量成果产生较大误差。为使全国各地大地水准面与参考椭球面拟合最好，保证定位精度，我国新建，并正在使用的全国统一大地坐标系为“1980 年国家大地坐标系”，对应椭球参数为国际大地测量与地球物理联合会 1975 年推荐的参数，其长半径 $a=$

6378140m，扁率 $\alpha=1/298.257$，大地原点位于陕西省泾阳县永乐镇。

由于参考椭球的扁率很小，在测区范围不大时，可以把参考椭球当作圆球看待，其平均半径为 6371km。

2）平面坐标

（1）高斯平面坐标　由高斯投影约束条件可知，各带的中央子午线与赤道投影后分别成为直线且相互垂直。在各个投影带的高斯投影平面上，以投影后的中央子午线为 x（纵）坐标轴，赤道为 y（横）坐标轴，x 和 y 坐标轴的交点为坐标原点构成的平面直角坐标系，称为高斯平面直角坐标系。

在高斯平面直角坐标系中，纵坐标 x 以赤道为零起算，赤道以北为正，以南为负，横坐标 y 以中央子午线为零起算，向东为正，向西为负。我国领土全部位于赤道以北，其 x 均为正，而 y 则有正有负。如图 1-9（a），设 A、B 为高斯平面直角坐标系的两点，其横坐标 y 分别为：

$$y_A=+136765.486\text{m}$$

$$y_B=-125688.728\text{m}$$

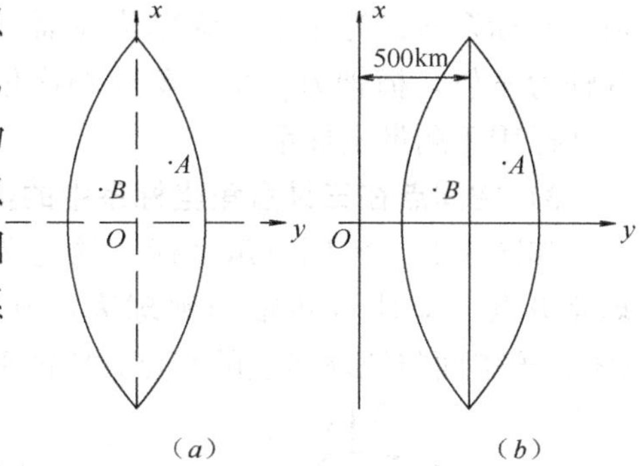

图 1-9　高斯平面坐标系

为了避免出现负值，将纵坐标轴和坐标原点向西平移 500km，则每点的横坐标 y 均为正值。如图 1-9（b），A、B 两点在纵坐标轴和坐标原点平移后的横坐标 y 分别为：

$$y_A=500000+136765.486=636765.486\text{m}$$

$$y_B=500000-125688.728=374311.272\text{m}$$

由于高斯投影采用分带投影，每一带都有相应的高斯平面直角坐标系，位于不同投影带中的不同两点，可能具有完全相同的坐标。为了点位坐标的唯一性，规定在横坐标前加注带号。例如 B 点位于 3°带第 38 带，则 B 点横坐标值为：$y_B=38374311.272\text{m}$。

我国境内经度范围西起 72°东至 135°，共有 6°带 12 带，其带号依次为 13 带～23 带，3°带 22 带，其带号依次为 24 带～45 带，6°带与 3°带带号不发生重叠。

（2）独立平面坐标　在指定投影平面上，任选相互垂直的两条直线作为纵、横坐标轴，两坐标轴交点作为坐标原点所构成的平面直角坐标系，称为独立平面坐标系。根据投影面不同主要有两种类型。

①采用高斯投影的等角横切椭圆柱投影原理获得的平面作为投影平面，按高斯平面坐标系的相同方法和规定建立平面坐标系。所不同的是中央子午线不是高斯投影中规定的子午线，而是根据需要选用的地方子午线。这种独立平面坐标系，对位于高斯投影带边缘或跨越两个高斯投影带的局部地区、城市等，通过平移中央子午线使测区位于中央子午线附近，可以控制高斯投影中离中央子午线愈远，投影误差愈大的影响，减少或消除跨带时的坐标换算。

②采用测区中央的某一水平面作为投影面建立平面坐标系。坐标原点一般设

在测区西南角，保证测区各点纵横坐标均为正值。在这种独立平面坐标系中，地面点直接沿铅垂线方向投影到水平面上，计算简单。避免了将地面点先投影到参考椭球面上，再将参考椭球面上的点通过高斯投影方法投影到平面上的复杂计算过程。

上节内容已经说明，用水平面代替椭球面是有限度的。因此，这种独立平面坐标系只适用于较小的区域。

(3) 测量平面坐标与数学平面坐标的区别

测量平面坐标与数学平面坐标的区别在于坐标轴的位置互换，象限顺序相反。数学坐标系横轴为 x 轴，纵轴为 y 轴，象限顺序依逆时针方向排列；而测量标系纵轴为 x 轴，横轴为 y 轴，象限顺序依顺时针方向排列。数学坐标系的三角函数同样适用于测量坐标系。

3) 空间点在三维直角坐标系中的坐标

如图 1-10，空间直角坐标系的定义是：原点 O 与地球质心重合，Z 轴指向地球北极点（地球自转轴与地球表面在北半球的交点），X 轴指向格林尼治平均（零）子午面与地球赤道的交点，Y 轴垂直于 XOZ 平面构成右手法则。

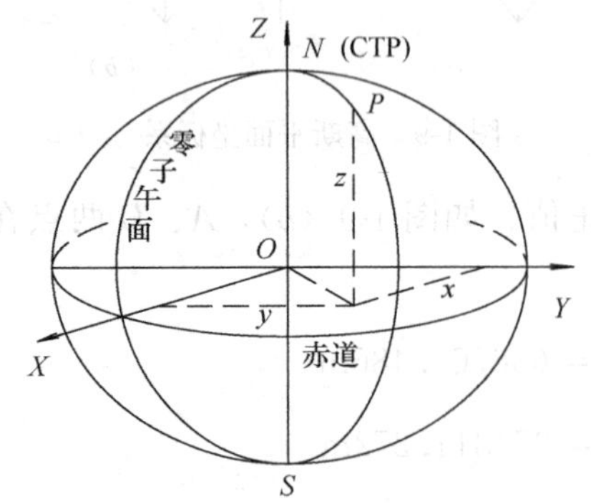

图 1-10 空间直角坐标系

科学研究发现，地球自转轴相对于地球体的位置并非固定不变，地球北极点在地球表面的位置是随时间变化的。地球北极点的移动将使地球空间直角坐标的坐标轴指向发生变化，地面点的空间直角坐标具有不确定性。为了解决这一问题，美国国防部研究确定了目前正在全球定位系统中使用的空间直角坐标系统-WGS-84（World Geodetic System，1984）。该坐标系的原点 O 与地球质心重合，Z 轴指向 BIH1984.0（BIH：国际时间局，法语 Bureau International de I'Heure 的简称）定义的协议地球极点 CTP（Conventional Terrestrial Pole），X 轴指向 BIH1984.0 定义的零子午面与 CTP 对应地球赤道的交点，Y 轴垂直于 XOZ 平面构成右手法则。WGS-84 坐标系对应的地球椭球的两个最常用的几何常数为：

长半径 $a=6378137\text{m}$

扁率 $\alpha=1/298.257223563$

由于美国 GPS 的广泛应用，WGS-84 系统便成为公认的世界坐标系。我国"1954 年北京坐标系"和"1980 年国家大地坐标系"的空间直角坐标与 WGS-84 空间直角坐标的相互转换，详见有关参考文献。

1.4 测量工作概述

1.4.1 测量基本任务

测量基本任务概括起来包括测定和测设两个方面。

当地面点、建筑物、构筑物等地物要素和山头、洼地、山脊、山谷等地貌要素已经存在时，通过观测来获取点与点之间的高差、水平角和水平距离以及点的坐标等数据，或者绘制地物、地貌要素及其相互关系图形的工作，称为测定。

当在图纸上规划、设计了建筑物、构筑物时，根据规划、设计的物体位置与尺寸和已知测量控制点，确定物体对应实地位置的工作，称为测设，亦称为放样。

测定的特点是获取实地现状的数据与图形，而测设的特点是确定规划、设计图形的实地位置。测定与测设是两项过程互为相反的工作。

1.4.2 测量基本要素

地面点的空间位置是用高程和坐标来表示的。高程是地面点到基准面（大地水准面或假定水准面等）的距离，坐标是地面点在投影面上的投影点分别到达两个坐标轴（平面系统的 y 与 x 轴或球面系统起始子午线与赤道）之间的距离或角距。直接获取地面点或者投影点到达基准面或者坐标轴线的距离或角距值是困难的，有时甚至是不可能的，例如人们不可能直接量取地面点到达大地水准面的距离。实际测量中，一般是根据已知点的数据，通过观测未知点与已知点之间的相对关系，来求解未知点的位置。

如图 1-7，若已知 A 点高程 H_A 或 H'_A，求 B 点高程 H_B 或 H'_B，通常是观测 A、B 两点间的高差 h_{AB}，便可由 $H_B=H_A+h_{AB}$或 $H'_B=H'_A+h_{AB}$求出 B 点高程 H_B 或 H'_B。

如图 1-11 所示平面直角坐标系，已知 A、B 两点坐标，求 P 点坐标，可以根据 A、B、P 所构成的水平角 β 和 B 点至 P 点的水平距离 D_{BP}，便可求出 P 点的坐标。

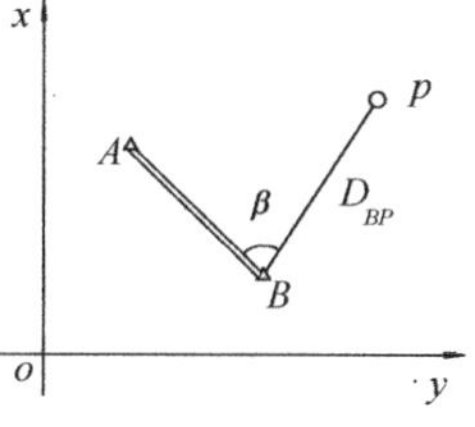

图 1-11 平面测量基本要素

综上所述，确定地面点位的三个测量基本要素是：高差、水平角和水平距离。

1.4.3 测量基本原则

实际测量过程中，由于仪器误差、观测误差和外界各种因素的影响，观测数据将不可避免存在误差。另外，一个测区的测绘工作，可能由不同的测绘人员在不同的时间进行。为了控制误差积累和测区系统数据的统一与拼接，测量工作需要遵循布局上“由整体到局部”、精度上“由高级到低级”、次序上“先控制后碎部”基本原则。

测绘成果是否合格，关系到建设工程质量与经济损失。测量误差虽然不可避免，但不能超过容许范围，更不能出现错误。因此，测量中还必须遵循“步步有检核”的基本原则。

1.4.4 测量工作过程

如图 1-12 为需要测绘地形图并在此地建造 $B1$、$B2$、……若干栋建筑物的区域，区内有已知高程点 A，已知坐标点 A、B。欲测绘地形图或测设建筑物，其测绘过程可以概括如下。先在测绘区域内选择 $N1$、$N2$、……、$N5$ 等若干具有控制意义的点，称为控制点，测定控制点与已知点或控制点之间的高差 h_{A-N1}、h_{N1-N2}……，水平角 β_A、β_1……，和水平距离 D_{A-N1}、D_{N1-N2}……，以 A 点已知高程和 A、B 两点已知坐标为起算数据，计算出其他未知控制点的高程与坐标 (x_1, y_1)，(x_2, y_2)。

再以 A、$N1$、$N2$、……控制点为依据，测绘现有房屋、水塔、烟囱、道路、河流、山地等地面要素的细部（如房屋的房角点等），亦称为碎部点，并根据碎部的观测数据绘制出地形图。或者按照规划、设计的高程、坐标及其尺寸，将 $B1$、$B2$……建筑在实地的位置测定出来。

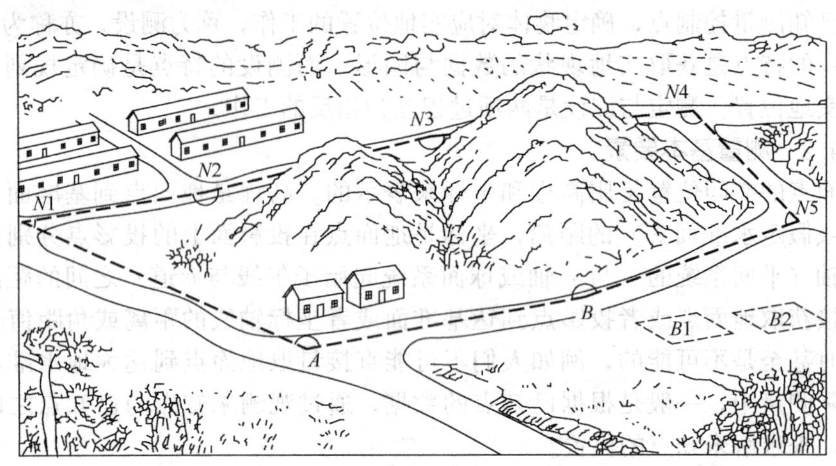

图 1-12 测量工作基本过程

思 考 题 与 习 题

1. 测量学研究的内容是什么？土建工程测量包含哪些内容？
2. 哪些技术代表了测绘科技的现代发展水平？
3. 什么叫水准面、大地水准面和参考椭球面？它们各有何作用？水准面有哪些特性？
4. 我国常用的投影面是哪几种？各种投影面适用于什么场合与范围？
5. 什么是绝对高程、假定高程和高差？它们之间有何关系？
6. 作图说明测量平面直角坐标系和数学平面直角坐标系，并标出两坐标系的象限。
7. 我国建国后所使用的全国统一的高程基准与坐标系统是何名称？
8. 已知 $H_A = 33.123$m，$h_{CA} = +3.123$m，求 H_C？
9. 设通过我国“1985 年国家高程基准”对应的国家大地水准原点的水准面为某假定高程系统的起算水准面，已知 A 点假定高程 $H'_A = 32.740$m，求 A 点绝对高程 H_A。
10. 已知某点在测量坐标系中的横坐标为 $y = 38227560.825$，写出该点所在 3°投影带中央子午线经度以及至该中央子午线的距离。
11. 测量基本要素是哪三个？
12. 测量工作有哪两个基本原则？

第 2 章　水准测量

测定地面点的高程，是测量的基本工作之一。通过观测已知点与未知点之间的高差，再根据已知点的高程，可以间接推算出未知点高程。间接测定高程的主要观测方法是水准测量，另有三角高程测量、气压高程测量和重力高程测量等。利用 GPS 测定地面点到参考椭球面的距离，再结合大地水准面与参考椭球面之间的关系，可以直接测定点的高程。水准测量是经典的高程测量方法，也是操作简单、应用广泛的方法，将在本章详细介绍。三角高程测量和 GPS 高程测量将分别在第 6 章和第 7 章中简要介绍。

2.1　水准测量原理

用水准仪和水准尺测定地面点间的高差，然后根据已知点高程，推算求出未知点高程的方法，称为水准测量，亦称为几何水准测量。水准测量用于建立国家高程控制网和各种工程的高程控制网，监测地壳垂直运动和各种因素引起的地面、建筑物、构筑物的沉降等。

如图 2-1，设有地面 A、B 两点，已知 A 点高程 H_A，欲求 B 点高程 H_B。实际上只需要观测 A、B 两点之间的高差 h_{AB} 即可。

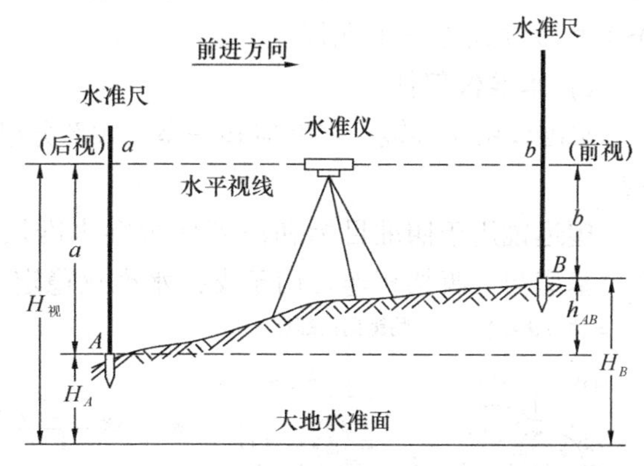

图 2-1　水准测量原理

水准测量基本原理是在 A、B 两点上各竖立一根水准尺，在 A、B 两点之间安置一台水准仪，通过水准仪提供的水平视线分别在 A、B 两点水准尺上读取读数 a、b，则

$$h_{AB} = a - b \tag{2-1}$$

当水准测量由 A 点向 B 点方向前进观测时，A 点位于水准仪后视方向，称 a 为后视读数；B 点位于水准仪前视方向，称 b 为前视读数。

由式（2-1）可以看出：$a>b$ 时，$h_{AB}>0$，A 点低于 B 点；$a<b$ 时，$h_{AB}<0$，A 点高于 B 点；$a=b$ 时，$h_{AB}=0$，A 点与 B 点同高。

根据图 2-1 所示几何关系，待求点 B 的高程 H_B，可由已知点 A 的高程 H_A 和已观测的 A、B 两点之间的高差 h_{AB}，按如下关系式求出：

$$H_B = H_A + h_{AB} = H_A + (a - b) \tag{2-2}$$

若用 $H_{视}$ 表示水平视线的高度，有 $H_{视} = H_A + a$，则式（2-2）可以写成如下形式：

$$H_B = H_{视} - b \tag{2-3}$$

式（2-2）直接利用高差 h_{AB} 计算待求点高程，称为直接法，常用于各种控制测量与监测。式（2-3）利用水准仪视线高度计算待求点高程，称为仪高法。这种方法只需要观测一次后视，就可以通过观测若干个前视计算多点高程，该法主要用于各种工程勘测与施工测量。

2.2 水准仪及其使用

水准测量的仪器与工具主要包括提供水平视线的水准仪和具有刻度的水准尺，在松软地区或高精度水准测量中，还需使用水准尺的尺垫等工具。

2.2.1 DS3 型水准仪

按照观测精度划分，水准仪主要有 DS05、DS1、DS3、DS10 等若干型号。字母“D”和“S”分别是“大地测量”“水准仪”中的“大”和“水”的汉语拼音首字母，数字表示仪器所能达到的精度，如 05、3 表示对应型号的水准仪进行 1km 往返水准测量的高差中误差分别能达到±0.5mm 和±3mm。按照主要部件材料划分，水准仪有光学和电子两类。

仪器型号中的数字越小，仪器精度越高。DS05、DS1 型水准仪属于精密水准仪，用于高精度水准测量，将在 2.5.2 节中介绍。DS3、DS10 水准仪属于普通水准仪，主要用于国家三、四等水准测量或一般工程测量。此处仅详细介绍 DS3 型微倾式光学水准仪。

1）水准仪部件

水准仪由望远镜、水准器和基座三大部分组成，DS3 水准仪各部件名称，详见图 2-2。

望远镜用于照准目标和清晰地观察水准尺上的数据，水准器用于控制视线水平，基座与三脚架相连，用于支撑水准仪稳定工作。

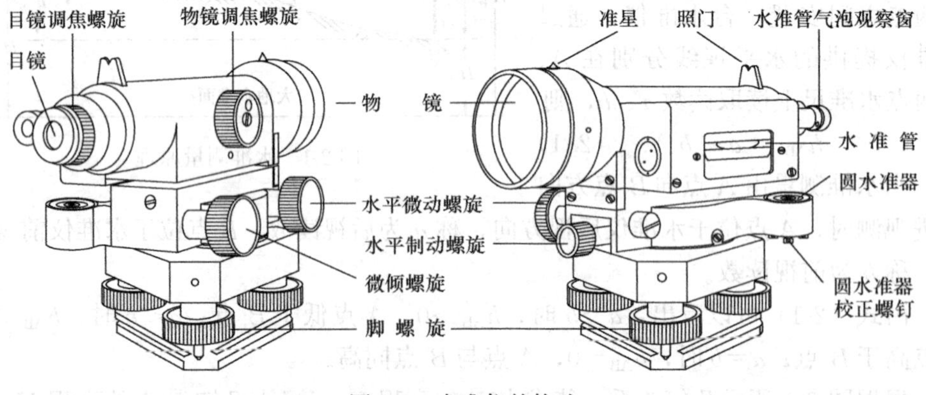

图 2-2 水准仪的构造

2）望远镜与水准器的工作原理

（1）望远镜

DS3 型水准仪望远镜基本结构如图 2-3，由物镜系统、十字丝分划板、目镜系

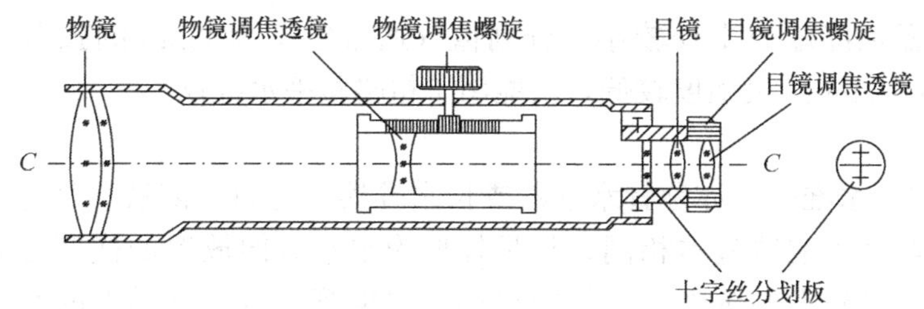

图 2-3　望远镜结构

统构成。

十字丝分划板　圆形透明玻璃板，刻有相互垂直、构成十字形状的纵丝和横丝，合称为十字丝。纵丝亦称竖丝，应调整到铅垂线方向，用于瞄准目标；横丝亦称中丝，应调整到水平方向，用于读取水准尺上的读数。位于中丝上、下两侧，且平行于中丝的两根丝分别称为上丝和下丝，合称为视距丝，用于测定水准仪至水准尺之间的距离。水准尺等目标的影像经过物镜系统，成像到十字丝板上与十字丝重合；人眼通过目镜系统聚焦到十字丝板上，观察目标或读取十字丝处的水准尺刻画的影像数据。

物镜系统　由物镜、物镜调焦透镜、物镜调焦螺旋组成。物镜将水准尺等远处目标，经放大后成像到十字丝板附近。由于目标至物镜的距离不同，则通过物镜所形成的影像至十字丝分划板的距离也不同。旋转物镜调焦螺旋，让物镜调焦透镜在视线方向上前后移动，使得目标通过物镜与调焦透镜组合的等效物镜后所形成的影像，能与十字丝分划板重合。

目镜系统　由目镜、目镜调焦透镜和目镜调焦螺旋组成。目镜和目镜调焦透镜的工作原理与物镜和物镜调焦透镜相同。由于人眼视力的差异，需要旋转目镜调焦螺旋在视线方向上移动目镜调焦透镜，使人眼聚焦到十字丝分划板上，能同时看清十字丝和目标的影像。

视准轴　物镜光学中心与十字丝交点的连线，称为视准轴，用 CC 表示。延长视准轴并控制其水平，便得到水准测量中所需要的水平视线。

（2）水准器

DS3 型常规光学水准仪有圆水准器和水准管两个水准器。

①圆水准器

如图 2-4，圆水准器为封闭透明玻璃制品，外形呈圆盒状，内装溶液并留有称为水准气泡的空隙，空隙位于溶液最高处。圆水准器顶部内侧面为球面，球面顶部中央刻有小圆圈，圆圈圆心为圆水准器零点，通过圆水准器零点的球面法线，称为圆水准器轴，用 $L'L'$ 表示。

当水准气泡的几何中心位于圆水准器零点时，称为气泡居中。圆水准轴 $L'L'$ 处于铅垂状态，此时，水准仪处于水平状态。圆水准器水准气泡的移动，由旋转脚螺旋使仪器升高或者降低来实现，具体操作方法，详见水准仪使用部分。

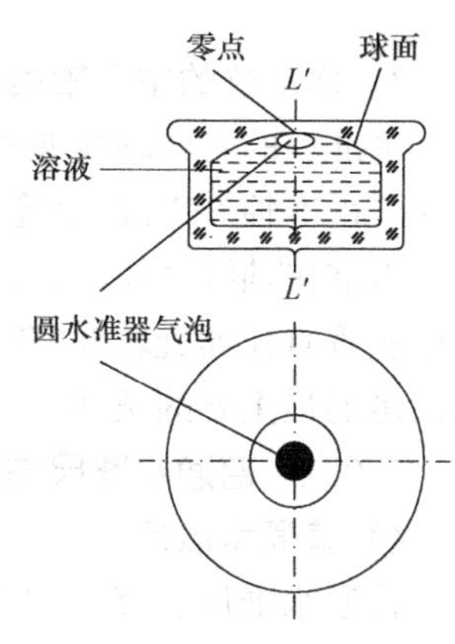

图 2-4　圆水准器

圆水准器顶部球面半径较小，分划值（通常定义为 2mm 圆弧所对应的圆心角）为8～10′/2mm，灵敏度较低，只能用于粗略整平水准仪。

②水准管

如图 2-5，水准管，亦称管水准器或长水准器，材料、溶液、气泡、结构和制作方法等，与圆水准器基本相同，只是外形为水平方向放置的横圆柱状。水准管上部内壁是半径较大的圆弧，顶部中点称为水准管零点。过零点的水准管圆弧纵切线，称为水准管轴，用 *LL* 表示。

旋转水准仪的微倾螺旋，可以调水准管气泡居中。气泡居中时，水准管轴 *LL* 水平。在仪器结构上，水准管轴 *LL* 与望远镜视准轴 *CC* 相互平行。因此，气泡居中时，视准轴 *CC* 水平，由此获得水平视线。

水准管顶部圆弧半径较大，分划值为 20～60″/2mm，灵敏度较高，用于精确调平视准轴。由于水准管的调幅范围较小，因此需先调脚螺旋使圆水准器气泡居中。

为了提高水准气泡的居中精度，同时也便于观察，在水准管上方装有一组具有反射功能的棱镜组，截取气泡两端的部分影像，经若干次反射后，并置在一起传到望远镜目镜旁边的气泡观察窗口。此类水准管，称为符合水准器。图 2-6 中，*A*、*B* 两个矩形是棱镜组截取的带有气泡影像的区域，图中，左部是气泡的三种状态（偏左、居中、偏右），右部是在观察窗口中看到的气泡影像。

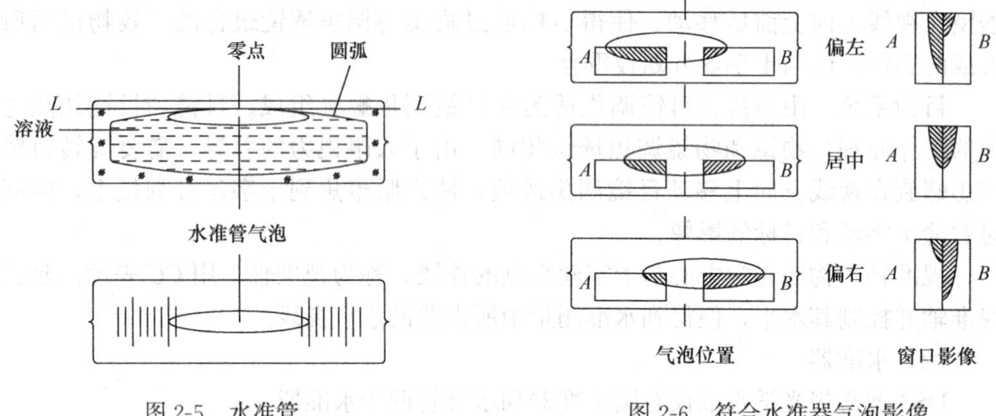

图 2-5 水准管　　图 2-6 符合水准器气泡影像

3）水准仪的主要轴线及其关系

水准仪的主要轴线如图 2-7，包括仪器旋转轴 *VV*、圆水准器轴 *L′L′*、十字丝中丝、视准轴 *CC* 和水准管轴 *LL*。

水准仪轴线之间满足的主要关系有：旋转轴 *VV* 平行圆水准器轴 *L′L′*；十字丝中丝垂直仪器旋转轴 *VV*；视准轴 *CC* 平行水准管轴 *LL*，该条件是水准测量中应该满足的最主要的条件。

2.2.2 普通水准尺与尺垫

1）普通水准尺

普通水准尺有直尺和塔尺之分，由变形很小的木材、金属或玻璃钢材料制作而成。一般在尺的两面刻有黑白或红白相间的区格式厘米分划，每分米注有数字，

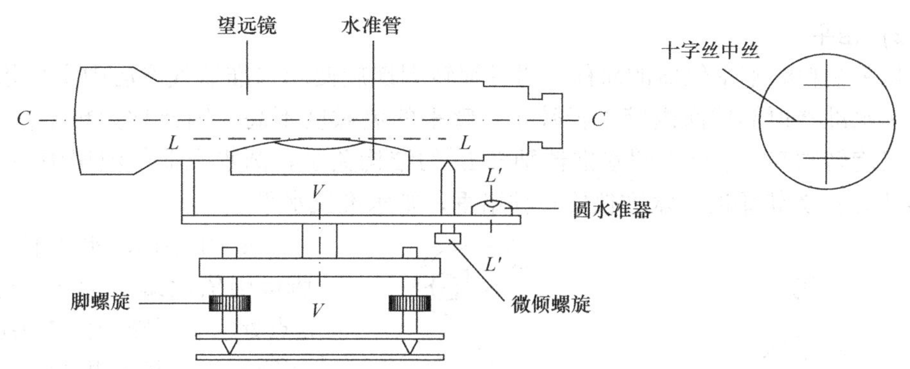

图 2-7 水准仪主要轴线

倒像水准仪使用的水准尺数字为倒字，但读数像为正字。

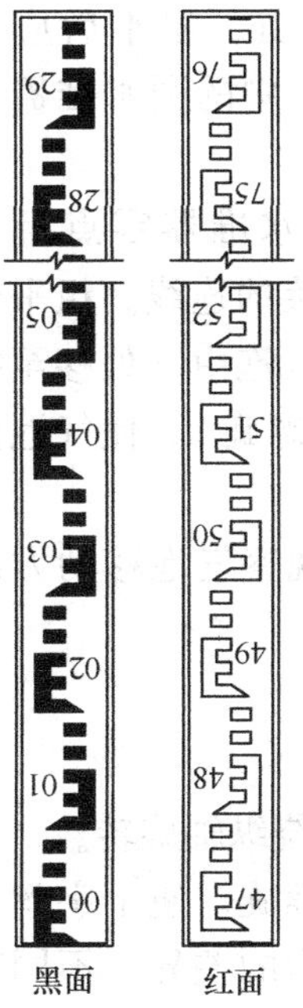

图 2-8 为直尺，具有黑白相间分划的一面，称为黑面，另一面为红白相间分划，称为红面。直尺长 3m，由红面起点不同的两根直尺配对使用。两直尺黑面起点读数均为 0mm，红面起点则分别为 4687 和 4787mm。黑面与红面起点读数不同和两根直尺的红面起点读数不同，是为了利用双面观测得到两个高差进行检核时，保证各读数相互独立，避免出现习惯性读数错误。

塔尺结构类似钓鱼竿，是可以伸缩的水准尺，长 3～5m。分划与直尺基本相同，虽双面有分划，但起点读数相同。

直尺精度较高，常用于国家三、四等水准测量。塔尺由于存在接点，精度较低，一般用于工程施工或地形图测绘。

黑面 红面

图 2-8 直尺

2）尺垫

如图 2-9，尺垫由带有三个脚的铸铁制成，中部有一凸起的半球体。在水准测量的转点上，应将尺垫的三个脚牢固踩入地下，水准尺立于半球体顶部，保持水准测量过程中，水准尺的尺底高度始终不变。已知高程或待求高程的点上，均不能放尺垫。

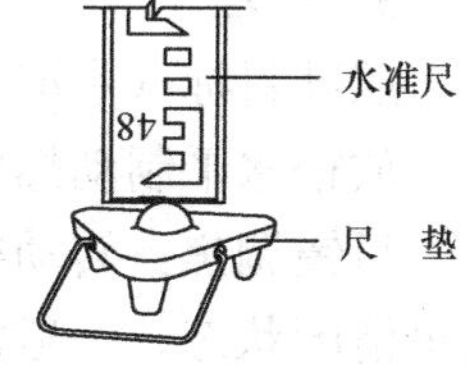

图 2-9 尺垫

2.2.3 水准仪的使用

在一个测站上进行水准测量，水准仪的使用主要包括安置水准仪、粗平、照准、精平与读数等过程与步骤。

1）安置水准仪

打开三脚架，调整架头到适当高度，站在稍远处观察架头大致水平，脚架的三个脚尖在地面成近似等边三角形，脚架杆与地面成 70°左右夹角，构成稳定的三角支撑结构。在软土处，须将三角架的脚尖牢固踩入地下，以防仪器下沉。在水泥或光滑地面，注意防止水准仪滑倒。

打开水准仪箱，观察水准仪安置的姿态，以便用完仪器后能原样安放。取出水准仪安放在三脚架架头上，并用连接螺旋将水准仪牢固、稳定地固定在三脚架上。

2）粗平

粗平是粗略整平仪器的简称，通过旋转脚螺旋使圆水准器气泡居中实现粗平。由于圆水准器顶部球面内壁半径较小，整平的灵敏度不高，因此称为粗平。根据水准仪旋转轴 VV 平行于圆水准器轴 $L'L'$ 的结构关系，圆水准器气泡居中使圆水准器轴 $L'L'$ 为铅垂时，水准仪旋转轴铅垂，则水准仪水平。

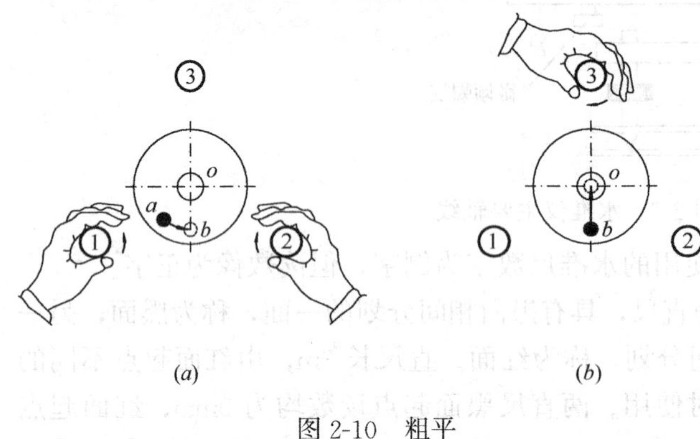

图 2-10 粗平

如图 2-10，水准仪三个脚螺旋依次编号为 1、2、3，o 点处空心圆圈的圆心为圆水准器零点，填充黑色实心圆为圆水准气泡当前位置，没有整平前水准气泡位于图（a）中的 a 处，整平后应该位于图（b）中的圆水准器零点位置。

作过圆水准器零点且相互垂直的圆水准器对称轴线，其中横向对称轴线平行于 1、2 螺旋的连线。粗平步骤为，先按图（a）中方向对向（或反向）旋转脚螺旋 1、2，使气泡由 a 处移至纵向对称轴线上 b 处（空心圆位置），然后按图（b）中方向旋转脚螺旋 3，使气泡由 b 处沿纵对称轴线移至圆水准器零点。

原理上左手拇指运动方向为气泡移动方向，实际操作通过观察气泡移动方向是否为所希望方向来确定脚螺旋旋转方向。

3）照准

照准目标（水准尺）简称照准。所需做的工作依次如下：

放松水平制动螺旋：旋转水平制动螺旋，使水准仪能轻松地绕纵轴旋转。

目镜调焦：转动望远镜对准白色背景物体，旋转目镜调焦螺旋，使十字丝达到最清晰状态，一般需要反复、对比若干次后确定。因人眼视力的差异，不同观测者，需各自分别调焦。对于整个观测过程由一人完成时，则只需调焦一次。

照准目标：转动望远镜，利用望远镜上方的准星、照门，按照三点一线原理照准目标。

固紧水平制动螺旋：旋转水平制动螺旋制动水准仪。在固定水准仪后若需作微小转动，则旋转水平微动螺旋使望远镜进行平稳的微小转动，此微动一般在物镜调焦后进行。

物镜调焦：旋转物镜调焦螺旋，使目标影像达到最清晰。

消除视差：穿过物镜及其物镜调焦透镜的目标，经物镜调焦后形成的像，称为目标像。正常情况下，目标像与十字丝分划板重合，此时，当人眼也聚焦在十字丝分划板上，则人眼在目镜处上下移动时，其十字中丝的读数不变，始终为 o，如图 2-11（a）。实际上，目标像一般不在十字丝分划板上，如图 2-11（b），则人眼在高处观测时，读数为 n，在低处观测时，读数 m，它们都不是所需要的读数 o。这种人眼在目镜处上下移动时，所观察到的目标像与十字丝的相对运动现象，称为视

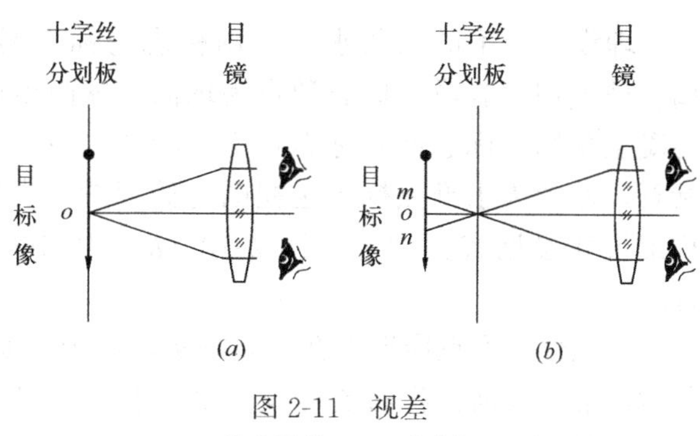

图 2-11 视差
(a) 没有视差；(b) 存在视差

差。视差的大小，直接影响观测成果的质量。观测时，在物镜调焦之后，观测者的眼睛应在目镜端处上下移动观察是否存在视差。如果存在，则首先进行目镜调焦，让人眼聚焦在十字丝分划板上。然后仔细进行物镜调焦，直到水准尺成像清晰、稳定，视差小到可以忽略，然后人眼平视观测。

4）精平与读数

精确调整水准管气泡居中，使水准管轴精确水平，简称精平。旋转微倾螺旋使气泡观察窗中影像成为图 2-7（b）三种图形里中间完全符合的光滑椭圆弧影像，上下两种错开的影像均属于水准管气泡不居中的情况。符合的椭圆弧影像形如“U”字，简称为“U”形影像。

根据视准轴平行水准管轴的结构关系，水准管气泡符合成“U”形，即水准管轴精平后，视准轴同步精确水平。此时可以在目镜窗口读取水准尺上的读数。

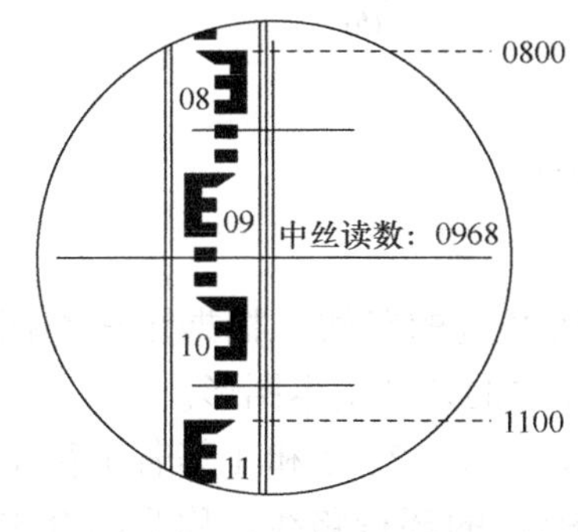

图 2-12 水准尺读数

图 2-12 是倒像水准仪望远镜中观察到的影像，实际竖立的水准尺数字从下至上增大，而望远镜中观察到的数字从上至下增大，与实际尺相反。数字边的“E”形顶端为该数字对应整读数，如“E09”的“E”顶端边线读数为 0900，其他依次类推。此图中中丝读数为 0968，上、下丝读数分别为 0864 和 1071。

实际观测时，精平后应立即读数，读完数后还须再次观察符合水准气泡影像是否仍为“U”形。

观测完后视水准尺读数后转向照准前视水准尺时，水准管轴可能有少许倾斜，使得符合水准气泡出现错开现象，须重新调微倾螺旋使符合水准气泡影像成为“U”形。需要特别注意的是，此时不能调脚螺旋使水准管气泡居中，因为调脚螺旋将使仪器整体出现升降，导致后视水平视线与前视水平视线的高度不同。

2.3 水准测量与成果计算

2.3.1 水准点与水准线路

1）水准点

通过水准测量方法测定高程的固定点，称为水准点。有永久性水准点和临时性水准点之分。需要长期保留、反复使用的点，应埋设为永久水准点。永久水准点一般埋设在地下，亦可在建筑物或构筑物墙体内嵌入水准点标志，或在岩石上雕琢标志。对于短期或小型工程临时使用的水准点，则可在泥土地下打入木桩，或在水泥、沥青地面打入钢钉并用油漆涂画标志，作为临时水准点。

埋设在地下的永久水准点由标志与标石两部分组成，标志由不易锈蚀的金属、玻璃钢等制成，标志顶点为球面，球面顶点高程，即为水准点高程。标石用混凝土预制，标志嵌入标石顶部。图 2-13（*a*）是国家等级的混凝土永久水准点标石，左图为水准点标志主视图与俯视图，右图为水准点标石及其埋设示意图，详细尺寸参见有关规范。图 2-13（*b*）为临时性木桩水准点，顶端由铁钉作为标志。

永久性水准点应埋设在土质坚实，便于长期、安全、稳定保存与使用的地方，临时水准点根据工程需要埋设。水准点埋设完成后，应写明点号，并绘制“点之记”，以便查找。

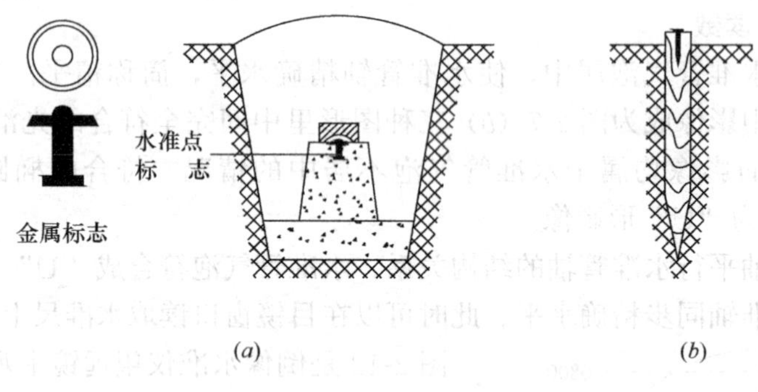

图 2-13　水准点

（*a*）永久水准点图；（*b*）临时水准点

2）水准路线

水准路线指的是在水准点之间进行水准测量时所经过的路线。根据用途测区的地理环境等具体情况，水准路线可以布设成图 2-14 中的几种基本图形。

（1）如图 2-14（*a*），由一已知高程点 BM_1 出发，经 1、2、3 和 4 等若干待定高程水准点进行水准测量，最后回到原已知高程点 BM_1 的环行路线，称为闭合水准路线。

（2）如图 2-14（*b*），由一已知高程点 BM_1 出发，经 1、2 和 3 等若干待定高程水准点进行水准测量，最后附合到另一已知高程点 BM_2 的路线，称为附合水准路线。

（3）如图 2-14（*c*），由一个已知高程水准点 BM_1 出发，经 1 和 2 等待定高程水准点进行水准测量，既不闭合，也不附合到已知高程点的路线，称为支水准路线。

由图 2-14 可以看出，闭合水准路线同向观测高差之和应该等于零，附合水准路线同向观测高差之和应该等于起点与终点已知高程之差，支水准路线采用往返观测时，往测高差与返测高差之和等于零。这些条件可以用于检核观测数据是否存在错误。支水准路线可以单向观测，由于单向观测时没有检核条件，因此，规范对支水准路线的点数通常有相应限制。

2.3.2 水准测量施测

根据水准测量基本原理，地面两点之间的高差，可以通过在两点上竖立水准尺，在两点之间设置一个测站（即：架设一次仪器），分别读取后视读数和前视读

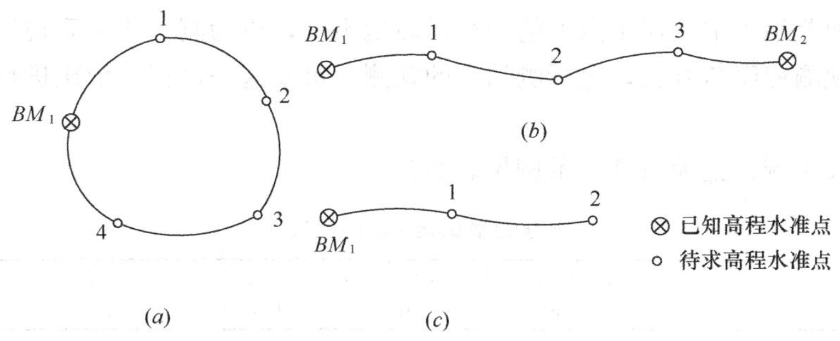

图 2-14 水准路线

(a) 闭合水准路线；(b) 附和水准路线；(c) 支水准路线

数后求其读数差获得。实际上，两点之间的高差，由于距离远、高差大、或者存在障碍等各种因素的影响，设置一个测站一般不能测定，需要增加若干转点，设置多个测站分段观测高差后求和得到。

如图 2-15，设地面 A、B 两点之间的高差 h_{AB} 为待测高差。施测时，在 A、B 两点间增设若干转点①、②、③、…，分别依次设置测站 1、2、3、4、…，按水准测量基本原理观测各测站的后视读数 a_i 和前视读数 b_i ($i=1, 2, 3, 4, \cdots$)，由式 (2-1) 求得各测站高差为：

$$h_i = a_i - b_i \quad i = 1,2,3,\cdots \tag{2-4}$$

由上式可以看出，前视点高于后视点时，前视读数小于后视读数，高差为正，反之为负。

约定 $\Sigma h = h_1 + h_2 + h_3 + \cdots, (i = 1,2,3,4,\cdots)$，$\Sigma a$、$\Sigma b$ 具有 Σh 的相同含义（后同），根据图 2-15 中的几何关系，其 A、B 两点之间的高差 h_{AB} 可以表示为：

$$h_{AB} = \Sigma h = \Sigma a - \Sigma b \tag{2-5}$$

当已知 A 点高程 H_A 时，则 B 点高程 H_B 可根据 (2-2) 式求出：

$$H_B = H_A + h_{AB} \tag{2-6}$$

进行图 2-15 所示水准测量时，依据前进方向，先在 A、①两点之间设置测站 1，分别观测后视读数 a_1 和前视读数 b_1，计算高差 h_1。之后，将水准仪搬至①、②两点之间设置测站 2，并将测站 1 中立在 A 点上的后视尺搬至②点成为测站 2 的

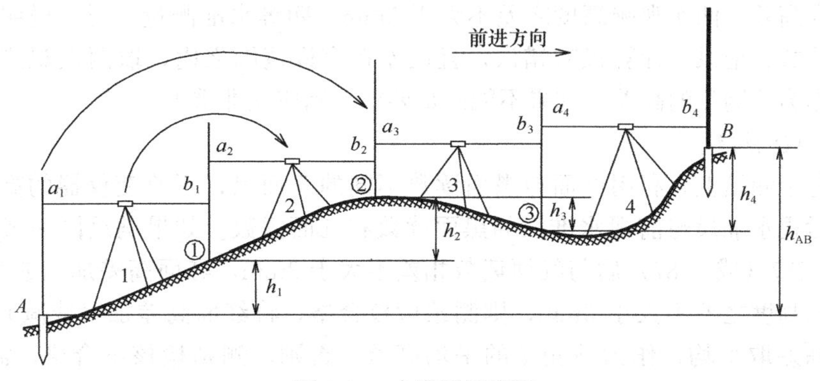

图 2-15 水准测量施测

前视尺，而测站1中立在①点上的前视尺原地不动，成为测站2的后视尺，再按测站1上的观测程序与方法，进行测站2的观测。重复这一过程，依次进行各测站的观测。

单面尺观测、记录与计算示例见表2-1。

水准测量记录（单面尺法）　　　　**表2-1**

测站	点号	后视读数 a（mm）	前视读数 b（mm）	高差 h（mm）	高程 H（m）	备注
	A	2419			26.400	森林公园
1				1175		
	①	2164	1244			
2				1373		
	②	1170	0791			
3				−792		
	③	2274	1899			
4				1829		
	B		0445		30.048	打靶场
Σ		8027	4379	3648		
$\Sigma a-\Sigma b$				3648		

2.3.3　水准测量检核

按照前述水准测量施测方法，每个测站的观测高差为后视读数与前视读数之差，测段高差为该段所有测站高差之和，线路高差由测段高差求和获得。因此，在水准路线中观测的大量数据里，哪怕仅有一个测站的后视读数或前视读数中有一个数据是错误的，则该测站高差是错误的，由此相关测段高差以及整个水准路线的高差都是错误的。为了保证水准测量成果的正确性，同时也提高水准测量成果的精度，首先必须确保每个测站高差是正确的，则需要进行测站检核。大量的数据计算，难免出现计算错误，需要进行计算检核。由于忘记调水准管气泡居中导致视线倾斜，尺垫在观测过程出现垂直位移、观测误差太大等多种因素的影响，水准路线上的观测成果与理论结果之间的差值可能大于容许值，使得整个路线的成果不合格，需要进行成果检核。

1）测站检核

测站检核的方法主要有变动仪器高度法和双面尺法。

（1）变动仪器高度法

在每个测站上安置仪器测得高差后，变动仪器高度（0.1m左右）重新安置，再测一次高差。两次观测高度之差不大于5mm（四等水准测量）时，说明一个测站上的读数、记录、计算没有错误，且误差在容许范围之内，取两次观测高差的平均值作为该测站的高差。如果不能满足要求，则应立即重测。

（2）双面尺法

在每个测站上，利用红面与黑面读数不同的双面尺，不改变仪器的高度，分别观测后视水准尺与前视水准尺的黑面读数和红面读数。如果满足同一尺的黑面读数加4687（或4787）后与红面读数相差不大于3mm，红面高差加（或减）100后与黑面高度之差不大于5mm，则测站检核合格，将红面高差加（或减）100后与黑面高差取平均，作为该测站的平均高差。否则，测站检核不合格，需重测。双面尺法的观测、记录、计算、检核的示例，见表2-2。

水准测量记录（双面尺法） 表 2-2

测站	点号	水准尺读数（mm）		高差（mm）	平均高差（mm）	备注
		后视	前视			
1	A	2419				
		7105				
	①		1244	1175		
			6033	1072	1174	
2	①	2164				
		6953				
	②		0791	1373		
			5477	1476	1374	
3	②	1170				
		5858				
	③		1899	−729		
			6686	−828	−728	
4	③	2274				
		7063				
	B		0445	1829		
			5131	1932	1830	
检核	Σ	35006	27706	7300	3650	

在水准路线的各个测段上，当红面起点读数为 4687 与 4787 的两根水准尺交替作为后视与前视时，测站上红面高差比黑面高差大 100 与小 100 也应依次交替出现，用于检核是否存在立尺错误和分析是否存在观测、计算错误。

黑面高差与红面高差的平均值中可能出现 0.5mm 情况，应按照整数末位的奇偶性确定，即：奇进偶不进。表 2-2 中有如 1173.5 为 1174，1374.5 为 1374。

2）计算检核

计算检核主要检查观测手簿的现场计算是否存在错误，通常以记录页为基础进行，即每页分别检核。先将每页的各列数据（包括水准尺读数的后视与前视、高差、平均高差）分别求和，并填入每页最下的“Σ”行，然后进行如下内容的检核。

$$\Sigma a - \Sigma b = \Sigma h \tag{2-7}$$

$$\frac{1}{2}\Sigma h = \Sigma h_{平均} \tag{2-8}$$

利用式（2-8）进行检核时，等式左、右边的数据可能存在计算平均高差时，由奇进偶不进引起的毫米位的微小差别。

3）成果检核

每个测站所测得的高差称为观测值，一段或一条水准路线的观测高差，是若干测站高差观测值的（求和）函数，观测值的函数也称为观测值。任何一个观测值，无论是直接观测还是通过函数求得观测值，都必定对应存在一个没有误差的理论值。而实际观测值，因仪器误差、观测误差和外界因素的影响，必定含有误差。观测值与对应理论值之差称为闭合差，即，

$$闭合差 = 观测值 - 理论值 \tag{2-9}$$

对于图 2-14 所示的三种水准路线，闭合水准路线高差之和 $\Sigma h'$（观测值用“$'$”表示）对应的理论值等于 0；附合水准路线 $\Sigma h'$ 的理论值为起（BM_1）、终点（BM_2）已知高程之差，即 $H_{终} - H_{起}$；支水准路线采用往返观测检核时，其往返观测高差之和 $h'_{往} + h'_{返}$ 对应的理论值也为 0。若用 f_h 表示水准路线高差闭合差，根据基本公式（2-9），则有

闭合水准路线闭合差公式

$$f_h = \Sigma h' \tag{2-10}$$

附合水准线路闭合差公式

$$f_h = \Sigma h' - (H_{终} - H_{起}) \tag{2-11}$$

支水准路线（往返）闭合差公式

$$f_h = h'_{往} + h'_{返} \tag{2-12}$$

由式（2-10）、式（2-11）和式（2-12）计算的闭合差中，既包含有观测误差，也可能包含有错误。闭合差的大小，在一定程度上也反应观测质量的高低。为了保障测量成果满足规定的技术要求，测量规范对不同等级的水准测量高差闭合差有相应的规定。如《工程测量规范》（1993 年版）规定的部分水准测量路线闭合差容许值 $f_{h容}$ 计算公式如下：

四等水准路线：

$$f_{h容} = \pm 20\sqrt{L} \quad 或 \quad f_{h容} = \pm 6\sqrt{n} \tag{2-13}$$

图根水准路线：

$$f_{h容} = \pm 40\sqrt{L} \quad 或 \quad f_{h容} = \pm 12\sqrt{n} \tag{2-14}$$

式中，L 为水准路线长度，以 km 为单位；n 为测站数。计算结果的单位为 mm。平原地区适用按路线长度计算容许值，而山区适用按测站数计算容许值。

闭合差满足 $f_h \leqslant f_{h容}$ 条件时，成果合格；否则，成果不合格，需检查原因，重新观测。

2.3.4 水准测量成果计算

当水准路线闭合差满足规定的容许值后，需要将存在的闭合差进行分配与调整，最后计算出各待定点的高程。此处以附合水准路线为例，详细介绍水准测量成果计算的方法与步骤。

1）绘略图与已知数据填表

绘制图 2-16 是所示附合水准路线观测略图，将已知点、待求高程点、观测路线及其方向、已知数据、观测数据和计算方向等标在观测略图中。下图中，BM_1 和 BM_2 是已知高程点，对应点下方数据是其已知高程。N_1、N_2 和 N_3 为待定高程的水准点，观测线路上的箭头代表该段水准路线的观测方向，计算方向为图中指向。水准路线计算方向左侧数据为高差观测值，右侧数据为线段长度。

将图 2-16 中标注的点号、数据等，填入表 2-3 中对应位置。需要特别注意的

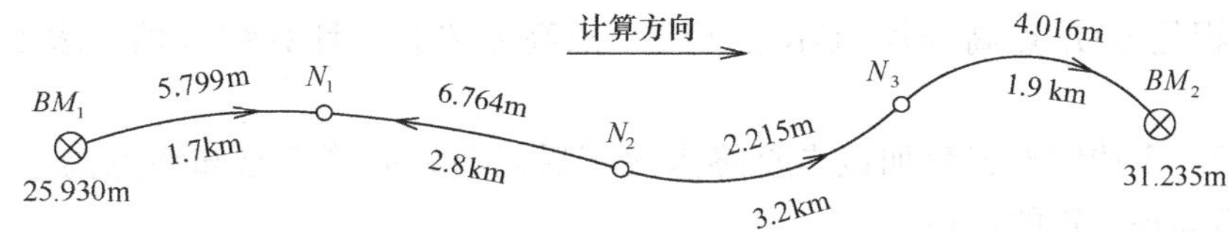

图 2-16 附合水准路线成果计算

是，当高差的观测方向与计算方向一致时，高差符号不变，否则，高差符号相反。如 N_1 至 N_2 段的观测方向与计算方向相反，则表中高差由原观测值 6.764 变成为 −6.764。

2）闭合差计算与成果检核

分别求测段长度之和 Σl（即：路线总长度 L）与观测高差之和 $\Sigma h'$后，再按照式（2-11）和式（2-14）计算附合水准路线闭合差 f_{h} 及其容许值 $f_{\mathrm{h容}}$，填入表 2-3 的辅助计算行内。由计算结果可以看出，$f_{\mathrm{h}} \leqslant f_{\mathrm{h容}}$，成果合格。

3）闭合差调整

闭合差不为 0 时，说明观测值不等于理论值，应将观测值中加入改正数，使其等于理论值。由式（2-11）可知，闭合差为负值时，观测值小于理论值，则改正数为正，反之，改正数为负，即：改正数的符号与闭合差符号相反。各线段观测误差的大小，可以认为与该线段的长度（或测站数）有关。因此，高差闭合差的调整原则是，将闭合差反号后按长度（或测站数）成比例分配。观测高差改正数计算公式如下：

$$v_i = -\frac{f_{\mathrm{h}}}{\Sigma l} \times l_i \quad \text{或} \quad v_i = -\frac{f_{\mathrm{h}}}{\Sigma n} \times n_i \tag{2-15}$$

式中 i 为测段编号，如 $l_1 = 1.7$，下同。

已知测段长度时，使用式（2-15）第一式。本例使用第一式，v_i 的计算公式列在辅助计算行，计算结果填在“改正数”列。

已知各测段测站数时，表 2-3 中第二列表头改为“测站数”，改正数用式（2-15）第二式。

改正数计算检核：

$$\Sigma v_i = -f_{\mathrm{h}} \tag{2-16}$$

4）改正后高差计算

改正后高差是观测值与改正数之和，计算公式如下，计算结果填入表 2-3 中“改正后高差”列。计算时注意改正数与观测高差、改正后高差的单位。

$$h_i = h_i' + v_i \tag{2-17}$$

改正后高差计算检核：

$$\Sigma h = (H_{\mathrm{BM_2}} - H_{\mathrm{BM_1}}) \tag{2-18}$$

5）高程计算

各待定点高程，按照式（2-6），从起始的已知高程点开始，依次逐点推算。如

N_1 点高程是 BM_1 点高程加 BM_1 点至 N_1 点高差之和。计算结果填入表 2-3“高程”列。

最后一个待定点高程加该点至终点改正后高差，应等于已知终点高程，用此进行最后高程计算的检核。

水准测量成果计算　　表 2-3

点号	测段长度 l（km）	观测高差 h'（m）	改正数 v（mm）	改正后高差 h（m）	高程 H（m）
BM_1					25.930
	1.7	+5.799	+7	+5.806	
N_1					31.736
	2.8	−6.764	+11	−6.753	
N_2					24.938
	3.2	+2.215	+13	+2.228	
N_3					27.211
	1.9	+4.016	+8	+4.024	
BM_2					31.235
Σ	9.6	5.266	+39	+5.305	
辅助计算	$f_h=\Sigma h'-(H_{BM_2}-H_{BM_1})=-39\text{mm}$ $f_{h容}=\pm 40\sqrt{L}=\pm 124\text{mm}$ $v_i=-\frac{(-39)}{9.6}l_i\text{mm}$				

2.4 水准测量误差及其注意事项

一个测站上用双仪高法或双面尺法观测相同两点之间的两个高差不完全相同，一条水准路线上高差观测值不等于对应理论值等，说明误差是肯定存在的。以下是常规水准测量中的主要误差及其消除或削弱其影响的方法。

2.4.1 仪器误差

仪器误差包括水准仪误差和水准尺误差。

1）水准仪误差

在 2.2.1 节中曾经介绍水准仪的轴线应该满足旋转轴 VV 平行圆水准器轴 $L'L'$、十字丝中丝垂直仪器旋转轴 VV、视准轴 CC 平行水准管轴 LL。由于制造工艺的误差、仪器使用过程中的磨损以及运输中的震动等因素，上述条件一般不可能绝对满足，由此产生的水准仪误差，将影响水准测量成果的质量，其中最主要的影响是视准轴不平行于水准管轴的误差（将在下面详细介绍），其他水准仪误差的影响，校正到容许范围之内，其产生的影响将可以忽略不计。实际测量之前，应该对仪器是否满足规范要求进行检验。不能达到技术要求时，必须进行校正或送有关单位修理。仪器的检验与校正方法，详见附录。

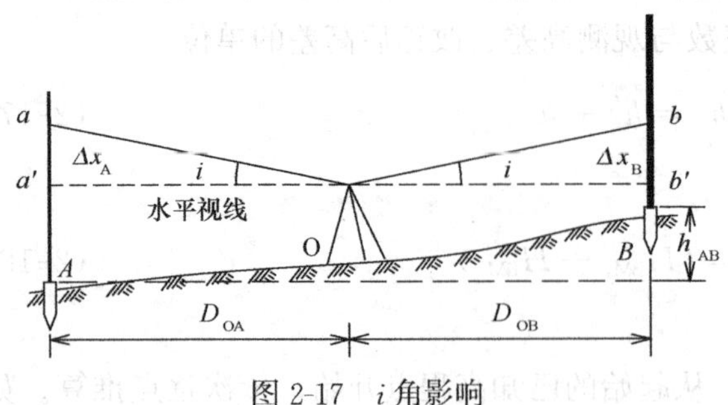

图 2-17　i 角影响

如图 2-17 所示，设视准轴与

水准管轴在同一竖直面内的投影夹角为 i（简称为 i 角），调水准管气泡居中使水准管轴水平时，视准轴必然倾斜 i 角。设不存在 i 角时的应读数为 a'、b'，而存在 i 角时的读数为 a、b。则 i 角对 A、B 两根水准尺上读数的影响分别为 Δx_A（$=a-a'$）和 Δx_B（$=b-b'$）。可以证明，当后视距离 D_{OA} 等于前视距离 D_{OB} 时，$\Delta x_A=\Delta x_B$ 时。则

$$h_{AB}=a'-b'=(a-\Delta x_A)-(b-\Delta x_B)=a-b \tag{2-19}$$

由此可以得出结论，只要前视距离与后视距离（以下简称前后视距）相等，则可以完全消除 i 角的影响。实际上，要保证前后视距完全相等是比较麻烦的，因此，规范对 i 角和前后视距差有相应的规定。在进行工程项目的水准测量前或使用一段时间后，要求对 i 角进行检测与校正。

2）水准尺误差

水准尺误差包括水准尺的刻画误差和水准尺零点误差，水准尺刻画误差指的是刻画不均匀或尺度不标准引起读数误差，此误差与水准尺制造工艺、干湿度和温度变化引起材料伸缩、使用等因素有关，高精度的水准测量前，需鉴定合格方可使用；水准尺零点由于长期使用的磨损、腐浊，使得零点的位置发生变化。测段中选择偶数站使得起点与终点使用同一根水准尺，并保持各个转点上对于前后测站使用相同的水准尺，则可以消除水准尺零点误差的影响。

2.4.2 观测误差

观测误差包括水准管气泡居中误差、读数误差和水准尺倾斜误差，与观测者的技术水平、工作态度有关。

1）水准管气泡居中误差

由于观测者眼睛分辨能力的限制，水准管气泡不能严格居中。水准管气泡不居中引起视准轴倾斜带来的水准尺读数误差，与 i 角的影响类似。但由于气泡不居中的偏移量与偏移方向均是随机的，因此不能通过前后视距相等消除，只能通过认真调气泡居中使其影响降低到最小。水准管气泡不居中对水准尺读数产生的影响，与视距 D 的长短有关。设人眼分辨能力为 0.2 格，水准管分划值用 τ 表示，则可用下式计算气泡居中误差。

$$m_{居中}=\pm\frac{0.2\tau}{\rho''}\cdot D \tag{2-20}$$

式中，$\rho''=206265$（即 lgra＝206265″）。当 $\tau=20''/2\text{mm}$，$D=80\text{m}$ 时，由（2-20）式可得 $m_{居中}\approx\pm2\text{mm}$。用符合水准器，精度提高一倍，$m_{符合居中}\approx\pm1\text{mm}$。

2）读数误差

读数误差包括估读不准确的误差和视差引起的读数误差。

估读误差与水准尺的基本分划、望远镜放大倍率和视距长度等因素有关，根据统计研究得知，使用 DS3 型普通水准仪和基本分划为厘米的普通水准尺，在 100m 视距范围内，其估读误差约为 1.4mm。

产生视差的原因是目标影像和、或人眼没有聚焦到十字丝平面上，需要反复对目镜、物镜进行调焦，直至影像清晰、稳定。

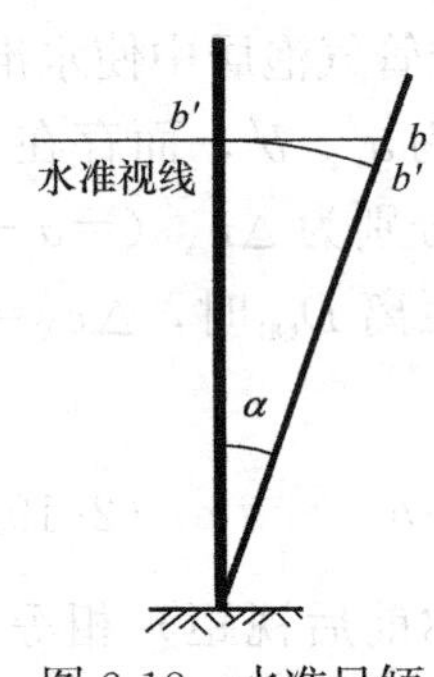

图 2-18 水准尺倾斜误差

3）水准尺倾斜误差

如图 2-18，设水平视线在铅垂竖立和倾斜 α 角竖立的水准尺上的读数分别为 b' 和 b，则水准尺倾斜误差 Δ_α 可由下式计算。

$$\Delta_\alpha = b - b' = b(1-\cos\alpha) \tag{2-21}$$

由上式可以看出，水准尺倾斜误差不仅与倾斜角 α 有关，还与视线高度有关。当 $\alpha=3°$，视线高度为 $b=1.46\text{m}$ 时，其水准尺倾斜误差 $\Delta_\alpha=2\text{mm}$。

2.4.3 外界因素影响

外界因素影响包括地球曲率和大气折光、温度变化、土质松软等对水准测量的影响。

1）地球曲率与大气折光影响

如图 2-19，地面 A、B 两点的高差 h_{AB}，是过 A、B 两点水准面的高程之差，也是过仪器 o 点的水准面在两水准尺上的读数 a' 与 b' 之差。

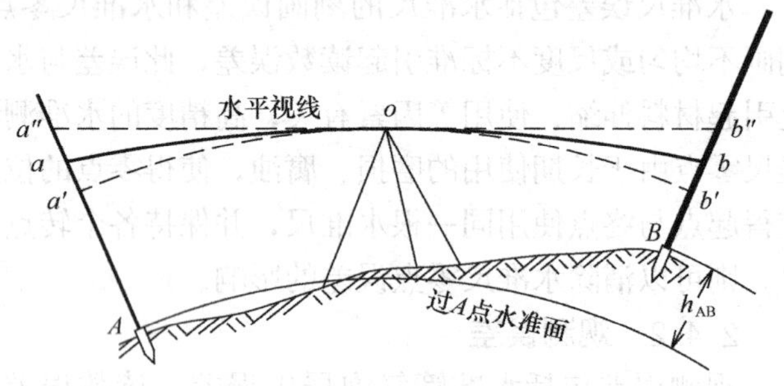

图 2-19 地球曲率与大气折光影响

过 o 点的水平视线在两水准尺上的读数分别为 a''、b''；经大气连续折射的实际读数为 a、b。由此可知，a 与 a' 之差、b 与 b' 之差则是地球曲率与大气折光分别对两水准尺读数的联合影响。

若用 f 表示地球曲率与大气折光对读数的影响，D 表示水准仪至水准尺的距离，R 代表地球半径（一般取 $R=6371\text{km}$），则有

$$f \approx 0.43\frac{D^2}{R} \tag{2-22}$$

由上式可以看出，地球曲率与大气折光对读数的影响，只与前、后视距有关。前后视距相等时，影响相同，在高差中将相互抵消。因此，将水准仪放置在距两水准尺相等的地方，将可以消除地球曲率影响，大大削弱大气折光影响。

2）温度变化影响

温度变化引起脚架不均匀伸缩和水准气泡向温度高的方向移动，需要选择有利观测时间，强阳光照射时应撑伞遮阳。

3）土质松软影响

土质松软引起仪器下沉时将使视线高度随观测时间的持续而连续下降，选择后视黑面、前视黑面、前视红面、后视红面，简称为“后-前-前-后，黑-黑-红-红”的观测程序可以削弱仪器下沉对高差的影响；土质松软引起尺垫下沉时将使下站后视读数增大，采取往返观测取平均值，可以削弱其影响。

2.5 精密水准仪与电子水准仪

常用水准仪除前面介绍的 DS3 型普通光学水准仪外，此节将简要介绍生产单

位广泛使用自动安平水准仪、高精度水准测量与精密工程测量中使用精密水准仪和方便、快捷、数字化的电子水准仪。激光水准仪是在常规水准仪上增加激光装置，发射与视准轴同轴的激光束，常用于工程施工测量和一些特殊工程建设中(其使用方法，参见仪器使用说明)。

2.5.1 自动安平水准仪

自动安平水准仪，在功能上与同类型的水准仪完全相同，仅仅在结构上用自动安平补偿器替代了水准管及其微倾螺旋。因此，在使用时，只要调圆水准器气泡居中使水准仪粗平，自动补偿器便能自动将水平视线对应的读数成像到望远镜十字丝交点（或中丝）位置，而不再需要读数前调微倾螺旋使符合水准管气泡居中（成“U”形状态）。从而大大提高观测效率与整平精度。

1）自动安平原理

如图 2-20，视准轴水平时在水准尺上的读数为 a，倾斜 α 角度时在水准尺上的读数为 a'。为了达到视准轴倾斜时的读数为水平时的读数 a，可以在物镜与十字丝分划板之间的满足一定条件的位置安置一个补偿装置，使得水准尺上 a 读数刻画影像穿过物镜，经补偿器后偏转 β 角后成像到十字丝交点（或中丝）。

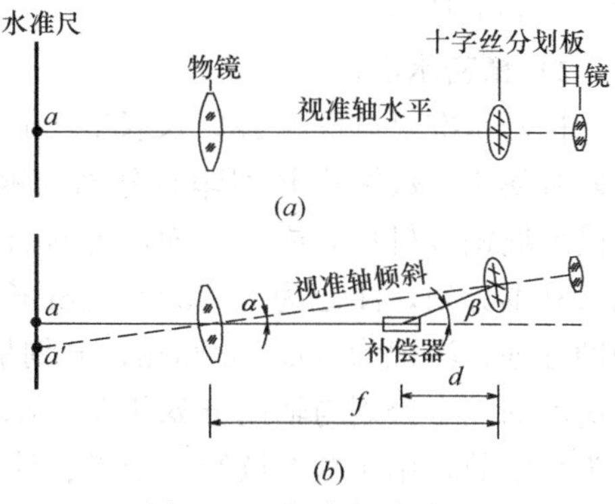

图 2-20 自动安平原理

由于 α 与 β 都是很小的角度，补偿器放置的位置只需要满足下述条件：

$$f \cdot \alpha = d \cdot \beta \tag{2-23}$$

我国 DSZ3 型（Z 代表自动安平）自动安平水准仪的补偿器，一般由一块屋脊棱镜和两块直角棱镜构成。屋脊棱镜固定在望远镜筒上，其反射面随望远镜旋转，并随旋转改变目标成像方向。直角棱镜用金属丝悬吊，在重力作用下始终保持反射面方向不变，不随望远镜旋转。通过屋脊棱镜与直角棱镜的组合，可以达到自动补偿目的。有关仪器的结构和光学原理，参见有关专业测量学书籍。

2）自动安平水准仪使用与注意事项

自动安平水准仪使用自动补偿装置替代水准管作用后，水准测量中不再需要读数前的精平过程。但由于一般自动安平补偿器只能补偿视准轴倾斜 $\pm 5' \sim \pm 15'$ 之内的角度，视准轴倾斜超过此角度后，自动安平补偿器将不起作用。因此，必须先调圆水准器气泡居中。

由于长期搁置、运输等因素，自动安平补偿器可能不灵敏甚至遭到破坏而不起作用。在开始水准测量观测前，一般需要分别按动水准仪上的自动安平补偿器控制按钮两次，并读数比较进行检核。

2.5.2 精密水准仪

在国家一、二等水准测量、垂直位移监测、精密工程施工等测量中，使用精密水准仪。与精密水准仪配套使用的是精密水准尺。

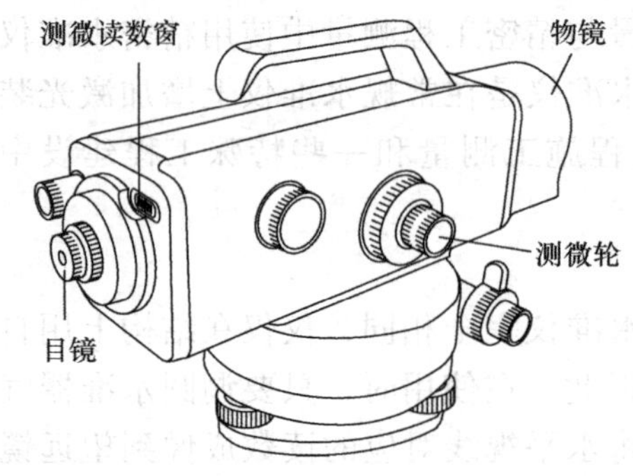

图 2-21 N3精密水准仪

1) 精密水准仪结构及其特点

精密水准仪的结构与普通微倾式水准仪基本相同，由望远镜、水准器和基座三部分组成。不同之一是精密水准仪的望远镜光学性能、放大倍率、成像清晰度和水准管灵敏度等都大大高于普通水准仪。最大不同是精密水准仪配置测微系统读取高精度读数。WILD N3 精密自动安平水准仪如图 2-21，每 1km 往返测高差中数中误差为±0.3mm，结构上比普通水准仪增加了平行玻璃板测微器及其测微轮，可以读取 0.01mm 读数。

2) 精密水准尺

精密水准尺如图 2-22，尺长有 2m、3m 等规格。尺中间槽内嵌有膨胀系数极小并刻印有分划的铟钢条带，尺体由优质木材或玻璃钢等材料制成，尺面两侧标注有对应分划的数字。左侧为基本分划，注记为 0～300（3m 长尺，下同）cm，右侧为辅助分划，注记为 300～600cm，分划值有 1cm 或 5mm 等。同一高度的基本分划与辅助分划相差 301.55cm，称为基辅差，亦称为尺常数，用于检查读数、记录、计算等错误与误差。

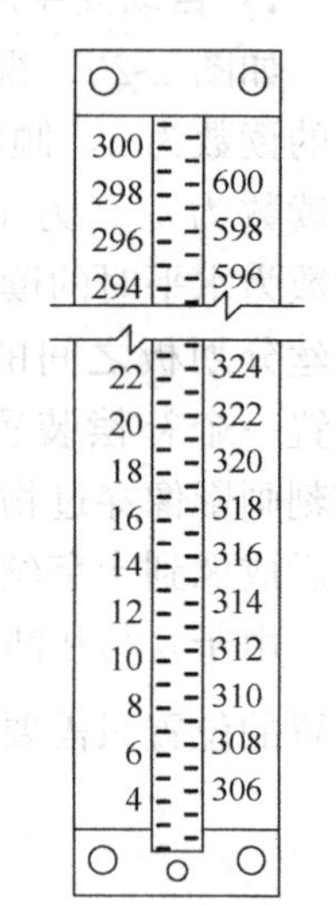

图 2-22 精密水准尺

3) 读数方法

图 2-23 为某精密水准仪的测微系统示意图，由平行玻璃板、测微轮、测微尺、测微读数指标线和传动杆组成。转动测微轮移动传动杆带动平行玻璃旋转，使水准尺上某整分划影像，经平行玻璃板折射后到达十字丝交点。整分划与视准轴对应分划之间的差值，则由传动杆同步带动的测微尺相对于测微读数指标线的移动量求出。测微尺长度为 100g，对应于水准尺上 1cm，因此，可直接读取 0.1mm，估读到 0.01mm。图 2-24 是具体读数时的操作，读数前先调符合水准气泡成居中（“U”形），然后转动测微轮使水准尺上某一整分划被夹在楔形十字丝中间，则读数的整厘米数在水准尺上读取，毫米及以下的数在测微窗口读取。此例整数为 189cm，测微窗口读数为 5.86mm，完整读数为 1895.86mm。

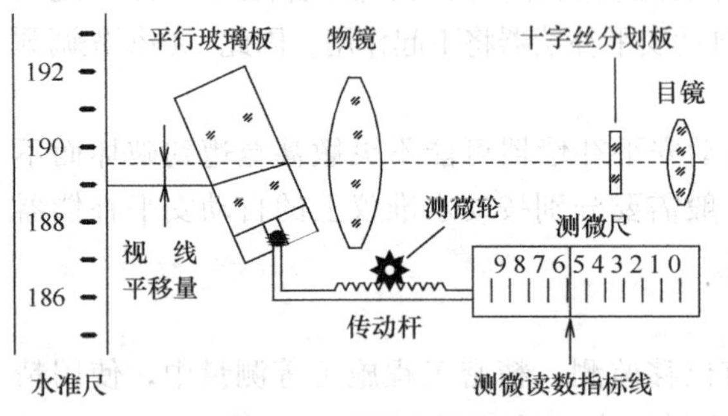

图 2-23 测微器结构

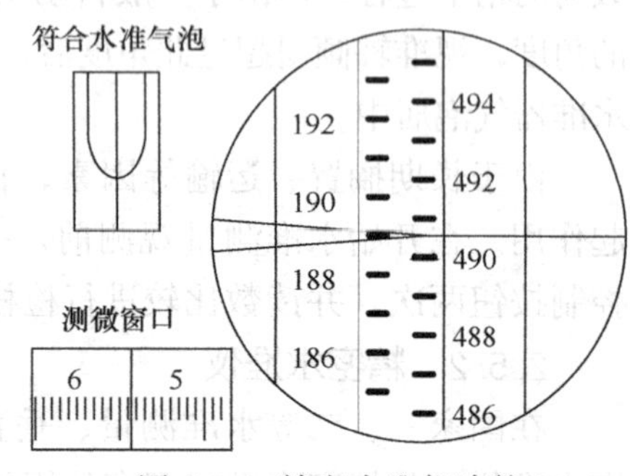

图 2-24 精密水准仪读数

2.5.3 电子水准仪

前面介绍的普通水准仪和精密水准仪，都属于光学仪器，由人工读取水准尺上的数据。1990年第一台电子水准仪诞生以来，水准测量开始进入数字化、自动化时代。图2-25为Trimble dini 12电子水准仪，图2-26为条形码水准尺，与电子水准仪配套使用。

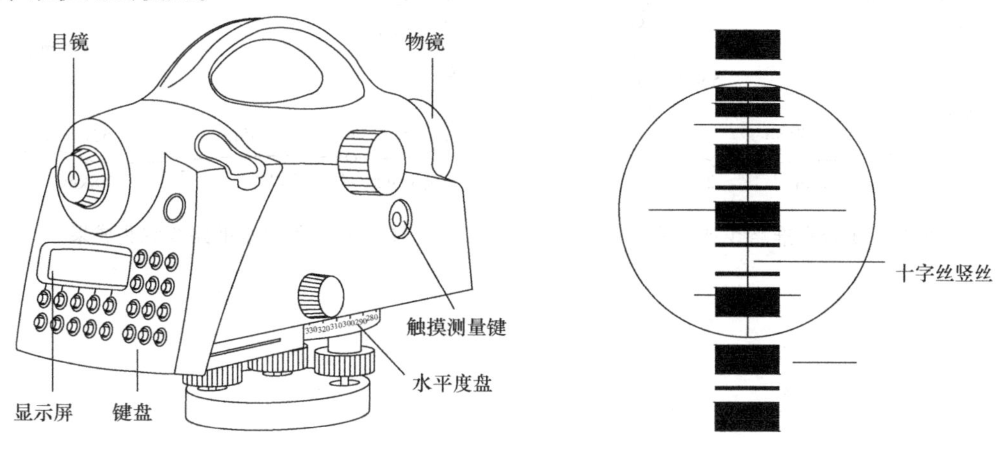

图2-25 电子水准仪　　图2-26 条形码水准尺

电子水准仪通过内置快照系统经物镜获取水准尺上视准轴对应位置条形码影像，并经影像处理系统转换成数字后，通过显示屏显示，同时可通过存储介质记录、保存数据，甚至可通过事先导入到水准仪中的程序，直接在野外现场完成数据采集与处理。

观测时，需按照图2-26中所示，将十字丝竖丝放在条形码的中间。电子水准仪的使用与操作方法，与普通光学水准仪基本相同。但对视距长度、水准尺上有效影像的范围、能见度等都有相应要求，使用时参考使用说明书。

思考题与习题

1. 什么叫视差？由什么原因产生？如何消除或削弱视差的影响？

2. 什么叫视准轴？它与水准管轴是什么关系？

3. 同一测站上，完成后视读数转向前视时，能否用脚螺旋调水准管气泡居中？为什么？

4. 水准测量中，对于已知高程点、待求高程点和转点，哪些点上需要放尺垫？哪些点上不能放尺垫？

5. 使前后视距相等，可消除或削弱哪些误差与因素对高差观测值的影响？

6. 参照表2-2，完成图2-27所示水准测量测站记录与计算。

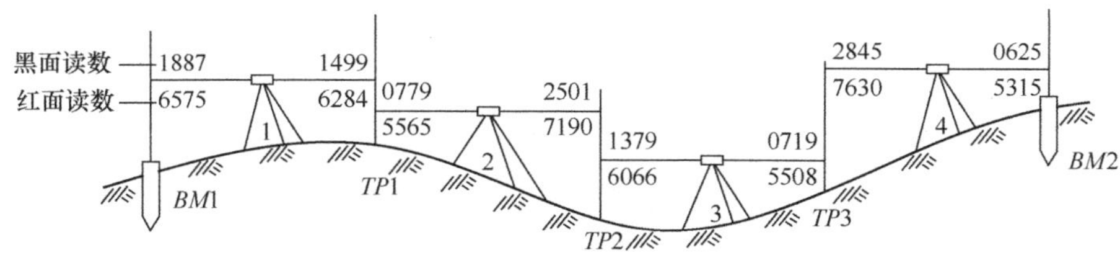

图2-27 水准测量测站记录与计算

7. 图 2-28 为闭合水准路线、图 2-29 为附合水准路线，已知点及其高程、待求点号、测段观测高差及其观测方向、测段测站数或长度等如图中所示，参照表 2-3 完成两水准路线测量的成果计算。

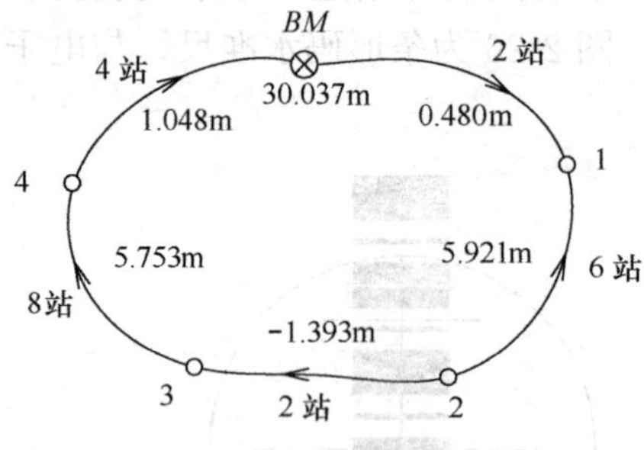

图 2-28　闭合水准路线观测成果

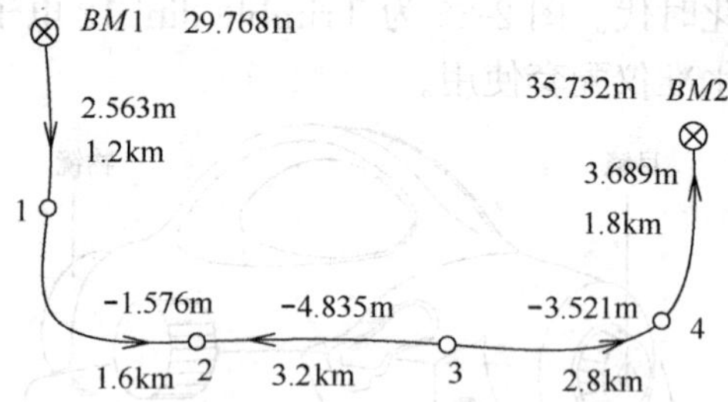

图 2-29　附合水准路线观测成果

第 3 章　角度测量

角度测量包括水平角测量和竖直角测量，它们都是测量的基本工作。水平角测量主要用于确定点的平面位置，竖直角测量主要用于确定地面点的高程。角度测量一般使用经纬仪。

3.1　角度测量原理

3.1.1　水平角观测原理

水平角指的是一点到两个目标的方向线，沿铅垂线方向投影到水平面上所形成的夹角，其取值范围为 0°～360°。如图 3-1，高程不同的任意三个地面点构成的角度∠AOB 是一个任意空间的角度，并不是水平角。将 O 点分别向目标点 A、B 作方向线 OA、OB，并将它们沿铅垂线方向投影到水平面得到 $O'A'$、$O'B'$。水平面上两方向线的夹角∠$A'O'B'$，即为水平角，通常用 β 表示。

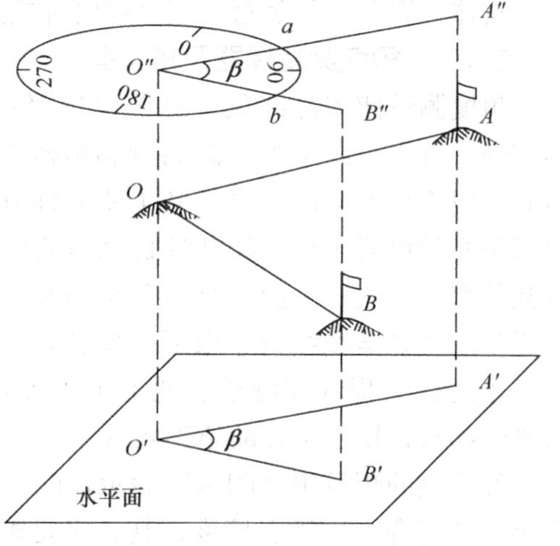

图 3-1　水平角观测原理

观测水平角时，需要在地面 O 点上方水平放置具有 0°～360°刻画的水平度盘，并使水平度盘的几何中心与地面 O 点位于同一铅垂线上。

由图 3-1 所示几何关系可以看出，分别包含 OA、OB 方向线的铅垂面与水平度盘面的交线 $O''A''$、$O''B''$ 对应的水平度盘刻画，称为水平度盘读数。光学材料制作的水平度盘一般为顺时针注记，根据前面规定的水平角取值范围，水平角 β 与水平度盘读数 a、b 有如下关系。

$$\beta = b - a \tag{3-1}$$

当水平度盘的 0 刻画位于 a、b 刻画之间时，a 读数大于 b 读数，则

$$\beta = b + 360° - a \tag{3-2}$$

3.1.2　竖直角观测原理

同一竖直面内的倾斜视线与水平线之间的夹角，称为竖直角，一般用 α 表示。视线水平时，竖直角值为 0°，如图 3-2（a）；视线向上倾斜时，称为仰角，竖直角值为正，见图 3-2（b）；视线向下倾斜时，称为俯角，竖直角值为负，见图 3-2（c）。由此可知竖直角的取值范围为－90°～＋90°。

观测竖直角时，需要在地面 O 点上方铅垂放置具有刻画的竖直度盘（简称竖

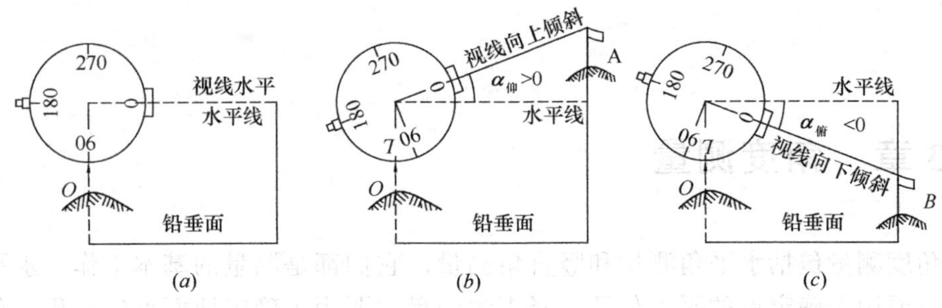

图 3-2 竖直角观测原理

盘）和读数指标（图 3-2 中所示箭头↑）。竖直度盘与照准目标的望远镜固定连接，随视线向上、下倾斜作同步旋转；读数指标位置固定不变。当望远镜照准不同高度的目标时，读数指标可以获得不同的竖盘读数。视线水平时，读数指标指向某一整读数，如 90°，当视线向上或向下倾斜时，读数指标对应读数发生变化，如图中读数 L。由此可知竖直角等于视线倾斜时的竖盘读数与视线水平时的竖盘读数之差。具体计算公式与竖盘注记（顺时针或逆时针）有关，将在 3.4 节中详细介绍。

3.1.3 角度测量仪器及其类型

角度测量使用经纬仪。经纬仪按照观测精度分为精密经纬仪和普通经纬仪，精密经纬仪用于高等级控制测量和精密工程测量，普通经纬仪用于低等级控制测量和一般工程测量；按照产品主要元件分为光学经纬仪和电子经纬仪，传统经纬仪都是光学仪器，精密经纬仪仍然以光学经纬仪为主，但电子经纬仪具有直接获取数值型角度值，并能进行自动记录和传输，已在实际工程中得到普遍应用，正在逐步取代光学经纬仪。根据一些特定的需要，经纬仪还包括：陀螺经纬仪，主要用于隐蔽工程（如隧道、地下工程等）的定向；摄影经纬仪，用于摄影测量；激光经纬仪，用于工程的施工测量。关于它们的使用，可以参考有关应用文献。

经纬仪的型号用“DJ×”表示，DJ 是大地测量与经纬仪两词汉语拼音的第一个字母的组合，×代表精度，其含义是野外一测回方向中误差，以秒为单位，数字越大，精度越低。我国目前主要使用 DJ07（0.7″）、DJ1、DJ2、DJ5、DJ6 等主要型号的经纬仪。其中，DJ07、DJ1、DJ2 属于精密经纬仪，将在 3.6 节中简要介绍；DJ5、DJ6 属于普通经纬仪，是本教程主要介绍的经纬仪。

3.2 普通经纬仪及其使用

广泛使用的普通经纬仪，主要是 DJ6 型光学经纬仪和 DJ5 型电子经纬仪，以下详细介绍这两种类型经纬仪的基本结构和各主要部件的功能。

3.2.1 普通经纬仪结构及部件名称

DJ6 型光学经纬仪结构及各主要部件名称如图 3-3。

苏州一光 DJ5-2 型电子经纬仪结构及各主要部件名称如图 3-4。

3.2.2 普通经纬仪主要部件及其作用

无论是光学经纬仪还是电子经纬仪，为了进行水平角观测或者竖直角观测，经纬仪主体部分都具有照准部、度盘、读数系统和对中整平系统共四大基本部件。

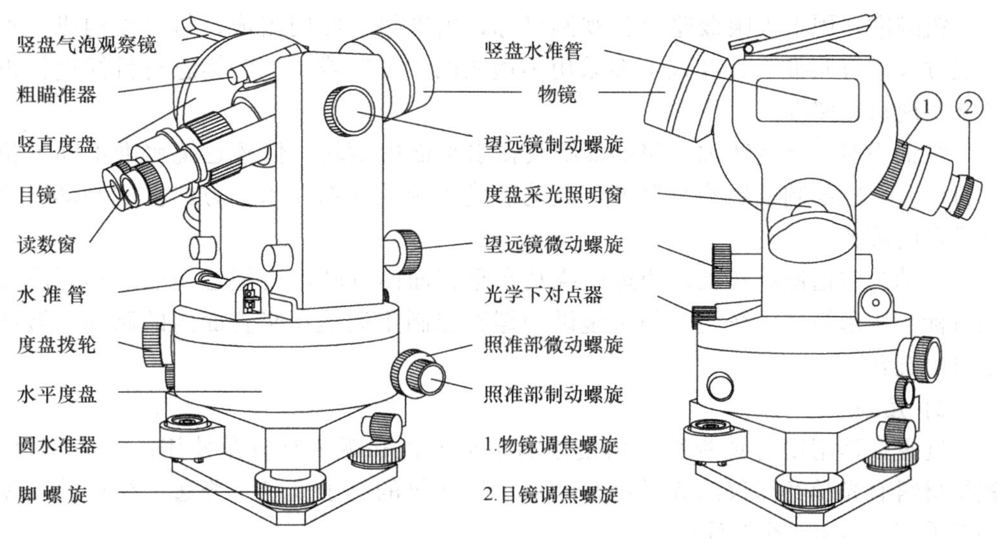

图 3-3 DJ6 型光学经纬仪的构造图

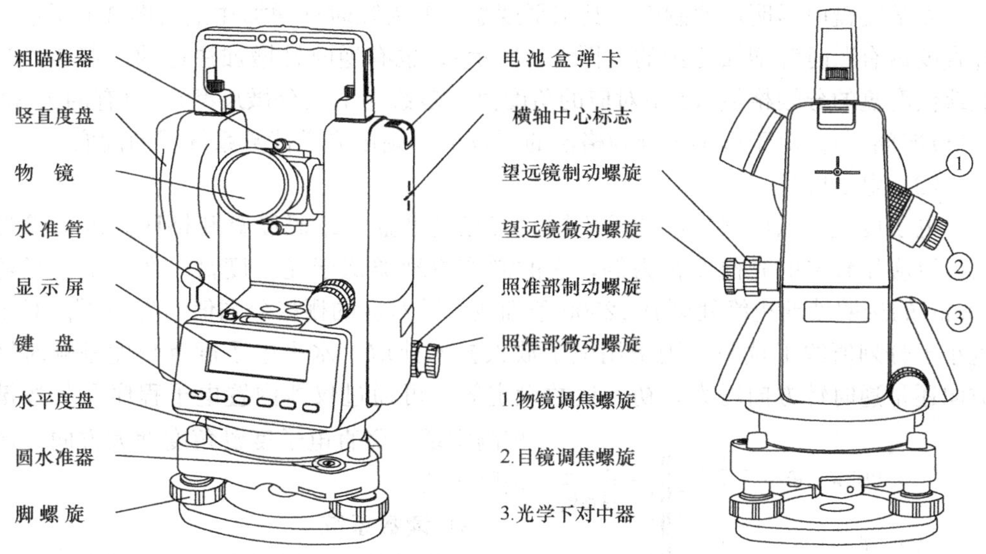

图 3-4 DJ5-2 型电子经纬仪的构造图

1) 照准部

照准部的部件包括望远镜、视准轴、纵轴、照准部制动螺旋与照准部微动螺旋、粗瞄准器、横轴、望远镜制动螺旋与望远镜微动螺旋等。它们的联合作用是清晰地、精确地照准不同方位、不同高度的目标。

望远镜由物镜系统（物镜、物镜调焦透镜、物镜调焦螺旋）、目镜系统（目镜、目镜调焦透镜、目镜调焦螺旋）、十字丝分划板组成；视准轴是物镜光学中心与十字丝交点的连线；望远镜各组成部件的功能与作用、视准轴以及由望远镜照准目标时产生的视差，与第 2 章中介绍的水准仪相同，此处不再重述。略有不同的是望远镜物镜调焦螺旋为设置在望远镜外壁的套筒式旋钮，与水准仪的物镜调焦螺旋的位置与形状不同。

粗瞄准器用于人眼概略寻找观测目标，由准星、照门组成，与目标构成三点一线方式进行照准，经纬仪上多采用不透明的“＋”或“△”标志与目标进行重叠来实现概略照准。

纵轴为照准部旋转轴，照准部绕其在水平面内旋转，使望远镜照准不同方位的目标；照准部制动螺旋与照准部微动螺旋控制照准部在水平方向上的制动、微动或自由旋转。

横轴为望远镜旋转轴，望远镜绕其在竖直面内旋转，使望远镜照准不同高度的目标；望远镜制动螺旋与望远镜微动螺旋控制望远镜在竖直面内的制动、微动或自由旋转。

2）度盘

度盘根据用途有观测水平角使用的水平度盘和观测竖直角使用的竖直度盘，根据材料有光学经纬仪的光学度盘和电子经纬仪的电子度盘。普通经纬仪的度盘一般采用0°～360°全圆注记。

（1）光学度盘

光学度盘由透明玻璃制作，其水平度盘一般为顺时针增加注记（图3-1所示）、竖直度盘有顺时针增加注记的（图3-2所示），也有逆时针增加注记的。普通光学经纬仪度盘的分划格值（1格对应的角度值）多数为1°（分微尺型），也有的为30′（平板玻璃型）。对于远小于分划格值的1″读数，则由光学读数系统辅助读取。

（2）电子度盘

电子度盘根据厂家生产技术不同，有光栅度盘、编码度盘和格区式度盘等形式。以应用较多的光栅度盘为例，它的制作原理类似于光学度盘，在一个直径约80mm的透明玻璃边缘处刻有12500条细线，其对应的栅格分划值约为104″。对于远小于分划值的1″读数，则采用电子放大技术获取。水平电子度盘角度是顺时针方向还是逆时针方向增大，初始读数设定等，可通过仪器内置电子程序及其按键控制实现。竖直电子度盘角度增大方向一般是固定的。

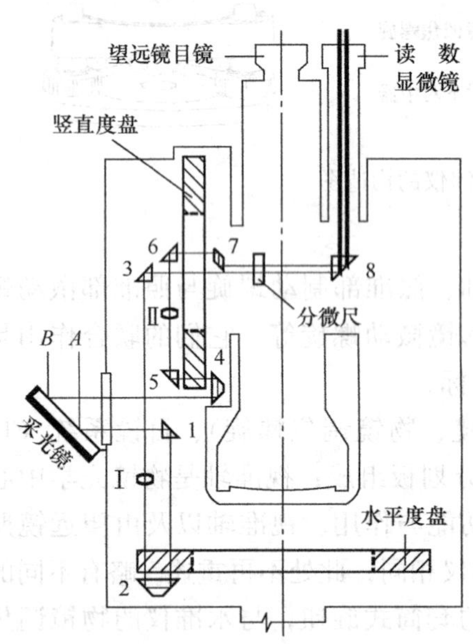

图3-5 分微尺型读数系统光路图

3）读数系统

读数系统的作用是直接读取度盘刻画数据和精确获取远小于度盘分划值的数据、也能设定指定水平方向的指定读数。光学经纬仪的读数系统与电子经纬仪的读数系统有较大差异，下面分别进行介绍。

（1）光学经纬仪读数系统及其读数方法

DJ6型光学经纬仪的读数系统主要有分微尺型和平板玻璃型，此处仅介绍使用较多的分微尺型读数系统。

①读数系统部件 见图3-5，分微尺型读数系统部件包括采光镜、度盘（包括水平度盘和竖直度盘）、若干反射棱镜（1～8）、

度盘影像放大透镜（Ⅰ、Ⅱ）、分微尺及其读数指标线、读数显微镜。另有配置度盘的度盘控制装置。

②读数系统光路与工作原理　图 3-5 中的 A 线路为水平度盘读数光路，B 线路为竖直度盘读数光路。水平度盘读数由自然光线经采光镜和反射棱镜 1、2，将水平度盘分划影像照亮并传到放大透镜Ⅰ，放大后的度盘分划影像经反射棱镜 3 到达分微尺，与分微尺影像重合后，再经反射棱镜 8 成像到读数显微镜。竖直度盘读数由自然光线依次经过采光镜、反射棱镜 4 与 5、竖直度盘影像放大透镜Ⅱ、反射棱镜 6 与 7、分微尺、反射棱镜 8 等部件到达读数显微镜。

③分微尺读数方法　在读数显微镜中看到的影像如图 3-6，标注“H”字样部分为水平度盘读数区域，“V”字样部分为竖直度盘读数区域。在水平度盘读数区域，216、217 及其对应分划线为水平度盘上的注记放大后的影像，对应水平度盘 1°角值；0°～6°之间的 60 个分划格为分微尺上的影像。水平度盘上 1°间距放大后的影像长度与分微尺上 60 格影像总长度相等。分微尺上每格长度对应 1′，可以估读到 0.1′（6″），分微尺上的 0 分画线为读数指标线。由此，图中水平度盘读数为 216°56.7′，即 216°56′42″。同理，竖直度盘读数为 83°03′24″。

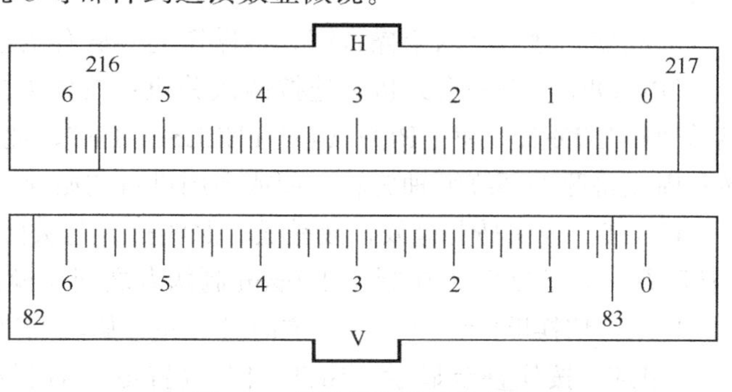

图 3-6　分微尺度盘读数方法

④配置度盘　将指定方向水平度盘读数设定为指定读数称为配置度盘，需利用度盘控制装置。不同光学经纬仪的度盘控制装置不同，但基本上分为两种类型，一类为手轮式，一类为扳手式。用手轮式度盘控制装置配置度盘时，先转动照准部照准指定目标，然后旋转手轮转动度盘，直至度盘读数为指定读数为止。对于扳手式度盘控制装置（亦称复测器），扳动复测器扳手，可使度盘与照准部处于脱离或连接两种状态，在脱离状态转动照准部时读数随之变化，在连接状态转动照准部时读数始终不变。利用复测器配置度盘时，先扳动复测器扳手到度盘脱离照准部状态，旋转照准部至读数为指定读数时停止转动，反向扳动复测器扳手使度盘与照准部处于连接状态，转动照准部照准（读数保持不变）指定目标，再次反向扳动复测器扳手复原即可。

（2）电子经纬仪读数系统及其读数方法

电子经纬仪读数系统的工作原理与光学经纬仪类似，不再重述。由于电子经纬仪采用电子显示，其读数方法比较简单。图 3-4 所示苏州一光 DJ5-2 型电子经纬仪，与读数系统相关的部件包括前已介绍的电子度盘（水平度盘、竖直度盘）和使用方法与手机电池类似的电池盒及其电池、电池盒弹卡等。读数系统最主要部件是显示屏和键盘，如图 3-7，以下详细介绍其功能与作用。

①显示屏　显示屏上显示两行信息。第一行为竖直度盘读数或坡度值；第二行为水平度盘读数和电池量图案，当处于锁定状态时，电池量图案左边显示“H”。

Vz：表示竖直度盘读数；

V%：表示坡度值。

Hr：表示水平度盘读数，且顺时针转动照准部时水平度盘读数增大；

Hl：表示水平度盘读数，且逆时针转动照准部时水平度盘读数增大；

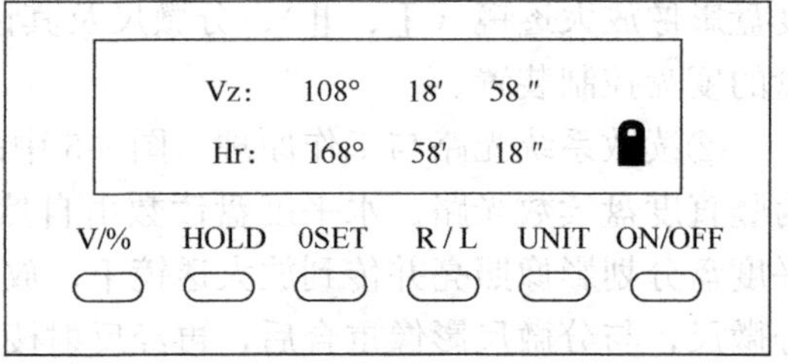

图 3-7 电子经纬仪显示屏及其键盘

②键盘 键盘有六个操作键，各操作键（从右至左）功能如下：

ON/OFF：按一次开机，连按两次关机；按住 ON/OFF 开机后，屏上显示将显示“V INDEX”和“ROTATE TELESCOPE”，此时，需先将望远镜绕横轴旋转一周或将照准部绕纵轴旋转一周或多周进行初始化。

UNIT：按住马上释放，液晶显示照明打开与关闭两者之间切换；按住并保持1秒后释放，角度值 360°制与 400gon 制两者之间切换；

R/L：切换顺时针（右）与逆时针（左）旋转照准部使水平度盘读数增加；

0SET：按住直至显示“SET 0!”（置零）后释放，水平读盘读数显示为 0° 00′00″；

HOLD：水平度盘读数在旋转照准部时保持不变（锁定，屏上第二行电池量标志左边显示“H”）与随照准部旋转而变化（解除锁定，屏上不显示“H”）之间切换；

V/%：竖直角模式（天顶为 0°，取值 0°～360°）与坡度模式（水平线方向为 0，取值－100%～＋100%）之间切换。

0SET 和 HOLD 键用于配置度盘，即将指定方向的水平度盘读数配置为 0°或指定读数。

图 3-7 中，屏内显示内容：竖盘读数（Vz:）为 108°18′58″；水平度盘读数（Hr，顺时针方向旋转读数增大）为 168°58′18″。

4）对中整平系统

对中部件包括：垂球，用于垂球对中；光学下对点器，用于光学对中。整平部件包括圆水准器、水准管和脚螺旋。

3.2.3 普通经纬仪的使用

1）安置仪器

（1）对中

对中亦称对点，目的是将仪器（水平度盘）中心安置在测站点的铅垂线上，有垂球对中和光学对中两种方式。

①垂球对中

垂球对中使用含有挂钩和挂绳的垂球。操作方法如下：打开并调节脚架腿至适当高度，在基座连接螺旋钩上挂垂球，架头大致水平地平移脚架至垂球尖（离地面 1～2mm）大致对准地面标志，将脚架牢固踩入土中或稳固在坚硬地面。用连接螺旋连接经纬仪（不拧紧），在基座架头上平移经纬仪使其精密对准地面标志，至对中误差在 3mm 内后拧紧连接螺旋。

②光学对中

光学对中使用下对点器，下对点器结构和工作原理与望远镜相同，仅仪器内部增加了一个 90°反射棱镜，以便人眼的水平视线能直接看到地面标志。光学对中过程依次如下：

a. 打开脚架到适当高度，旋转连接螺旋使经纬仪固定在脚架架头中央；

b. 转对点器目镜调焦螺旋使圆圈分划板上圆圈影像（相当于望远镜中的十字丝）清晰，旋转对点器物镜调焦螺旋看清地面测站点标志；

c. 同时抬起脚架与经纬仪平移至地面测站点标志与对点器圆圈基本重合，此时由于仪器没有整平，实际上仪器纵轴倾斜对准地面测站点标志；

d. 在保障仪器不被滑倒的安全条件下缓慢升降脚架（每次一支）使圆水准器气泡居中，此过程中的对点器圆圈与地面测站点标志影像相对位置保持不变；

e. 用脚螺旋使水准管气泡精确居中（详见整平），此过程中的对点器圆圈与地面标志影像相对位置发生变化；

f. 松开连接螺旋使仪器在架头上滑动至地面测站点标志与对点器圆圈中心精确重合（误差小于 3mm）；

g. 进行上一步时，水准管气泡可能偏移，此后重复 e、f 两步，直至精确对中与整平后，拧紧连接螺旋。

（2）整平

整平的目的是使仪器纵轴处于铅垂状态，水平度盘处于水平状态。包括利用圆水准器进行粗平和利用水准管进行精平，但都使用脚螺旋。一般情况下，由于圆水准轴与水准管轴理论上的垂直关系不能完全满足，使得圆水准器气泡居中时，水准管气泡可能不居中，反之，水准管气泡居中时，圆水准器气泡可能不居中，应以精度高的水准管气泡居中为准。

①粗平

旋转脚螺旋使圆水准器气泡居中，称为粗平，整平方法与水准仪相同，参见 2.2.3 节。

②精平

旋转脚螺旋使水准管气泡居中，称为精平，操作步骤依次如下：

a. 如图 3-8（*a*），转动照准部使水准管平行任意两个脚螺旋 1、2 的连线，双

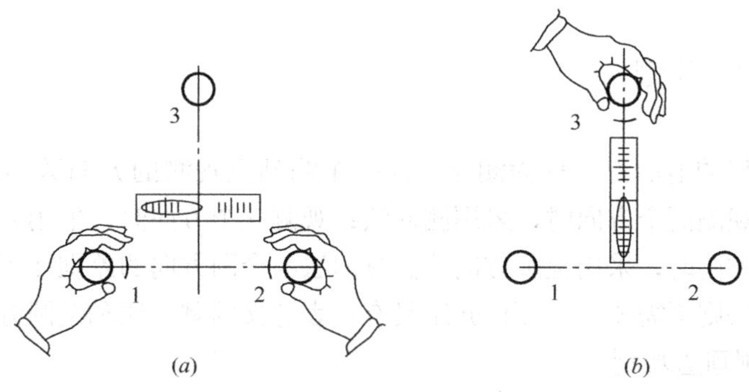

图 3-8　经纬仪精确整平

手同时向内或向外转动脚螺旋 1、2 使水准管气泡居中；

b. 见图 3-8（*b*），旋转照准部 90°，转动脚螺旋 3 使水准管气泡居中；

c. 重复 *a*、*b* 两步至气泡偏离中央位置不超过 1 格。

2）照准目标

照准目标的方法与水准仪类似，基本步骤包括：

（1）目镜调焦　旋转望远镜目镜调焦螺旋使十字丝影像最清晰；

（2）概略照准　松开照准部制动螺旋和望远镜制动螺旋，使望远镜能在水平面内和竖直面内自由旋转，利用粗瞄准器概略照准目标后，固紧照准部制动螺旋和望远镜制动螺旋。

（3）物镜调焦　旋转望远镜物镜调焦螺旋，使目标影像最清晰，并消除视差。

（4）精确照准　如图 3-9 所示正像经纬仪，其望远镜中的十字丝与水准仪的十字丝有所不同，纵丝和横丝都是由单丝和双丝两部分组成，双丝的几何中线与单丝重合。观测时，根据目标的形状和观测者的习惯，可用单丝与目标重合，也可用双丝对称平分目标。

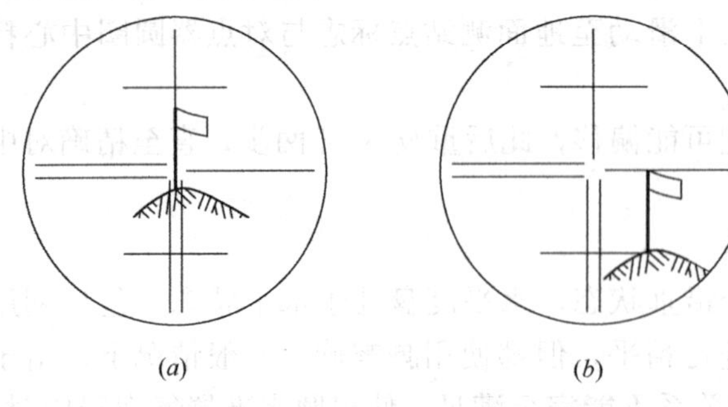

图 3-9　精确照准目标

观测水平角时，旋转照准部微动螺旋，用十字丝纵（竖）丝精确照准目标，图 3-9（*a*），竖丝单丝与旗杆中心线重合或双丝将旗杆对称夹在正中间。由于观测水平角是观测地面点之间构成的夹角，对于杆状目标，应尽量照准靠近地面标志位置，削减杆状目标的弯曲和倾斜带来的照准误差。对于垂球线目标，在对中满足精度要求条件下，则应尽量照准摆动小的上部，减小下部垂球摆动带来的误差。

观测竖直角时，见图 3-9（*b*），旋转望远镜微动螺旋，用十字丝中（横）精确照准目标，中丝单丝与旗杆顶端重合。除横线状目标用双横丝对称平分目标外，一般用单丝观测竖直角。

3）角度观测

水平角观测详见 3.3 节，竖直角观测详见 3.4 节。

3.3 水平角观测

架设经纬仪的地面点，称为测站。在一个测站上观测的方向数不同，其观测方法有所差别。观测两个方向时，采用测回法；观测三个方向时，采用方向法；观测四个及多余四个方向时，采用全圆方向法。方向法与全圆方向的差别在于全圆方向需要归零，而方向法则不需要。下面仅介绍具有代表意义的测回法和全圆方向法。

3.3.1 测回法观测

测回法适合于观测两个方向的单角，其基本原理是对需要观测的水平角进行盘左观测和盘右观测后取平均值。所谓盘左，指的是相对于观测者而言，竖盘在望远镜左侧，亦称正镜。同理，盘右指竖盘在望远镜右侧，亦称倒镜。盘左称为上半测回，盘右称为下半测回，盘左、盘右两个半测回合起来称为一测回。为了满足精度要求，一般需要进行多测回观测后取多测回的平均值。

如图 3-10 所示，O 点为测站，按 3.2.3 节的方法安置经纬仪（包括对中、整平等）和照准，观测$\angle AOB$ 在水平面上的投影角β（$\angle A'O'B'$）。测回法观测具体步骤如下：

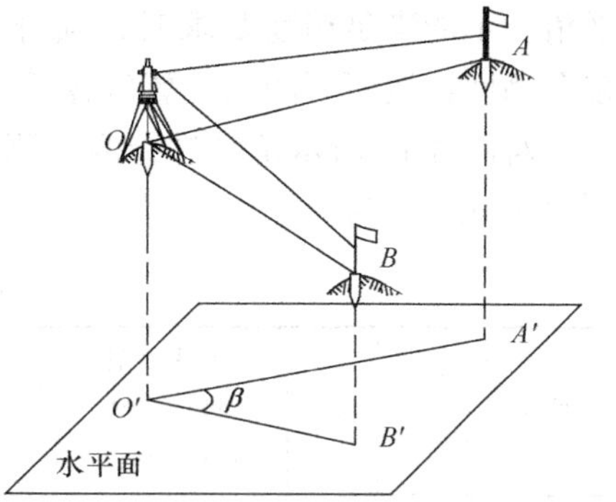

图 3-10 测回法观测

1）盘左观测

盘左位置，照准目标 A，配置度盘为 0°或稍大于 0°（便于计算），读、记水平度盘读数 $a_{1左}$（如 0°01′12″，记录格式，参见表 3-1）；顺时针（盘左按此方向）旋转照准部照准目标 B，读、记水平度盘读数 $b_{1左}$（如 101°16′18″）；按（3-1）式计算上半测回水平角 $\beta_{1左}$

$$\beta_{1左}=b_{1左}-a_{1左}\quad (=101°15'06'')$$

2）盘右观测

盘右位置，先照准目标 B，读、记水平度盘读数 $b_{1右}$（如 281°16′36″），（特别注意：记录表格的盘左与盘右位置顺序相同）；逆时针（盘右按此方向）旋转照准部照准目标 A，读、记水平度盘读数 $a_{1右}$（如 180°01′24″）；计算下半测回水平角 $\beta_{1右}$

$$\beta_{1右}=b_{1右}-a_{1右}\quad (=101°15'12'')$$

3）一测回检核和平均值计算

对于（DJ5 型、DJ6 型）普通经纬仪，要求上、下两个半测回水平角之差的绝对值不大于 40″时，取上、下半测回水平角的平均值作为一测回水平角。即：

$$|\Delta\beta_1|=|\beta_{1左}-\beta_{1右}|\leqslant 40''$$

$$\beta_1=\frac{1}{2}(\beta_{1左}+\beta_{1右})\quad (=101°15'09'') \tag{3-3}$$

不能满足精度要求时，需要重新观测该测回。需要注意的是，光学经纬仪的水平度盘按顺时针方向增加注记，电子经纬仪一般要求设置为 Hr 状态（水平度盘按顺时针方向增加），因此，角度计算时，始终是右边方向目标的读数减左边方向目标的读数，不够减时用（3-2）式计算，将右边目标读数加 360°后再减，与盘左顺时针观测或盘右逆时针观测顺序无关。

4）观测多个测回

当要求精度较高时，往往需要观测多个测回。为了削减度盘偏心与度盘刻画不均匀误差，要求不同测回中的第一个方向读数依次递加 180°/n，n 为需要观测的总测回数。如需要观测 4 个测回时，第一个方向第三测回的水平度盘读数应该为 90°。

其他测回的观测，除观测第一个方向时需要按所属测回要求配置不同的水平度盘读数外，其他均与第一测回观测相同。对于普通经纬仪，要求各测回水平角互差不超过40″时，取各测回水平角的平均值作为最后水平角值，即各测回平均水平角。不能满足精度要求时，须分析可能的原因，按离群性原则对其中的一个或多个测回，按所属测回配置度盘后重新观测，直至合格为止。

对图3-10所示角度进行两个测回的测回法观测，其记录与计算数据，见表3-1测回法观测手簿。

测回法观测手簿 **表3-1**

测站测回	竖盘位置	目标	水平度盘读数 (°) (′) (″)	半测回水平角 (°) (′) (″)	一测回水平角 (°) (′) (″)	各测回平均水平角 (°) (′) (″)	备注
O	左	A	0 01 12	101 15 06	101 15 09	101 15 12	
		B	101 16 18				
第1测回	右	A	180 01 24	101 15 12			
		B	281 16 36				
O	左	A	90 02 06	101 15 12	101 15 15		
		B	191 17 18				
第2测回	右	A	270 02 18	101 15 18			
		B	11 17 36				

3.3.2 全圆方向法观测

全圆方向法适用于四个及四个以上方向，其基本原理是采用盘左与盘右，一个或多个测回，观测各个方向的方向值，归算为起始方向（亦称零方向）的方向值为0°00′00″的方向值。任意两个方向之间的夹角则由对应方向的方向值推算求出。观测多个测回时，起始方向度盘配置方法与测回法相同。仪器安置与照准方法，详见3.2.3节。对图3-11所示A、B、C、D四个方向的全圆方向法观测，其具体步骤如下，实例记录与计算数据，见表3-2方向法观测手簿。

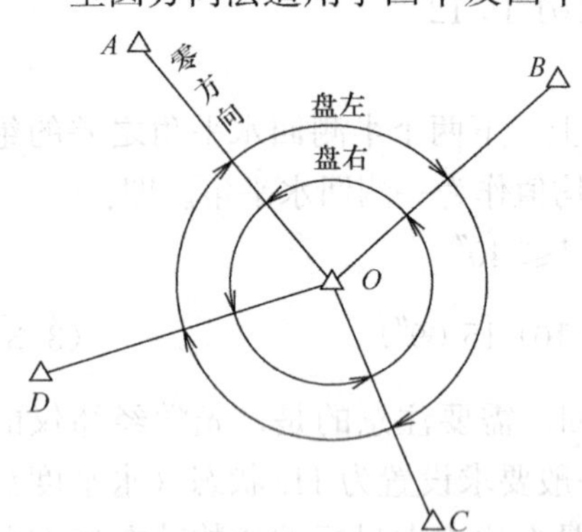

图3-11 全圆方向法观测

1）盘左观测

（1）盘左位置照准起始方向（称为零方向）A，配置度盘为0°或稍大于0°，读、记水平度盘读数$a'_{1左}$；

（2）顺时针旋转照准部，以此照准目标B、C、D，读、记水平度盘读数$b_{1左}$、$c_{1左}$、$d_{1左}$；

（3）继续顺时针旋转照准部再次照准零方向A，称为归零（观测4个及更多个方向时需要归零，故称全圆方向法；观测3个方向的方向法不需要归零），读、记水平度盘读数$a''_{1左}$；

(4) 计算半测回归零差，即半测回中零方向两次读数之差（$a'_{1左}-a''_{1左}$），填在各测回对应盘位第 1 行。半测回归零差的大小，除了能反映观测者的观测质量外，还能反映观测过程中外界环境与气象条件对目标清晰度的影响和仪器的基座、脚架等的变化量。半测回归零差必须满足表 3-3 中的要求，不能满足时需要重新观测。

2）盘右观测

盘右位置，逆时针方向旋转照准部，按盘左相反顺序，依次照准 A、D、C、B、A，读记水平度盘读数 $a''_{1右}$、$d_{1右}$、$c_{1右}$、$b_{1右}$、$a'_{1右}$，半测回归零差计算与要求同盘左。

至此完成一测回观测。需要注意的是盘左记录顺序依次由上至下，盘右则依次由下至上。

全圆方向法观测手簿 **表 3-2**

测站	测回	目标	水平度盘读数 盘左 (°) (′) (″)	水平度盘读数 盘右 (°) (′) (″)	2C (″)	平均读数 (°) (′) (″)	归零方向值 (°) (′) (″)	各测回平均归零方向值 (°) (′) (″)	备注
O	1		−06	−06		(0 01 27)			略图参见图 3-11
		A	0 01 18	180 01 30	−12	0 01 24	0 00 00	0 00 00	
		B	88 36 36	268 36 42	−6	88 36 39	88 35 12	88 35 18	
		C	196 35 30	16 35 42	−12	196 35 36	196 34 09	196 34 14	
		D	292 24 00	112 24 06	−6	292 24 03	292 22 36	292 22 38	
		A	0 01 24	180 01 36	−12	0 01 30			
	2		06	06		(90 00 54)			
		A	90 00 54	270 01 00	−6	90 00 57	0 00 00		
		B	178 36 12	358 36 24	−12	178 36 18	88 35 24		
		C	286 35 06	106 35 18	−12	286 35 12	196 34 18		
		D	22 23 30	202 23 36	−6	22 23 33	292 22 39		
		A	90 00 48	270 00 54	−6	90 00 51			

全圆方向法观测限差（一级及以下） **表 3-3**

仪器型号	半测回归零差 (″)	一测回内 2C 互差 (″)	同一方向各测回互差 (″)
DJ2	12	18	12
DJ6	18	—	24

3）一测回计算与检核

(1) 计算 2C

经纬仪望远镜视准轴与望远镜旋转轴不满足正交关系而产生的误差，用 C 表示。

$$2C = 盘左读数 - (盘右读数 \pm 180°) \tag{3-4}$$

一般来讲，如果观测目标大致在视线水平方向，则同一仪器、同一测回各方向的 2C 应该基本相同，实际观测结果不同是由于包含有其他各种误差，因此，一测回内 2C 的变化量能够在一定程度上反应观测质量，对于 DJ2 型经纬仪，要求一测回内 2C 互差不超过 18″，而对于 DJ6 型经纬仪未作要求，其值仅供观测者自检。

(2) 计算各方向平均读数

$$平均读数 = \frac{1}{2}[盘左读数 + (盘右读数 \pm 180°)] \tag{3-5}$$

由于归零的原因，各测回的零方向有两个平均读数，取这两个平均读数的平均值，作为零方向最后的平均读数，其原来的两个平均读数将不再参与后续计算。如第一测回的两个平均读数分别为 0°01′24″和 0°01′30″，它们再次取平均的平均读数为 0°01′27″，填写在第一个平均读数上方，并用括号标注。

(3) 计算归零方向值

归零方向值是将一测回中各个方向的平均读数减去零方向平均读数（括号中的平均读数），其表达式为：

$$归零方向值 = 平均读数 - 零方向平均读数 \tag{3-6}$$

4) 多测回观测

以上完成了一个测回的观测与计算。当需要观测多个测回时，只要按照 3.3.1 节中测回法的方法配置每个测回零方向盘左的水平度盘读数，则可按前面的 1) ～ 3) 步观测与计算。

5) 多测回检核与计算

完成多个测回的观测与计算后，各测回零方向的归零方向值均为 0°00′00″，如果不存在各种误差，则同一方向在不同测回所得到的归零方向值应该相等。实际上误差肯定存在，因此，要求同一方向各测回归零方向值互差（同一方向各测回平均归零方向值的最大者与最小者之差）应该满足规范规定，参见表 3-3。不满足要求时，按规范有关规定重测。

满足同一方向各测回互差要求时，取同一方向不同测回的归零方向值的平均值，作为该方向各测回平均归零方向值。如 B 方向的各测回平均归零方向值 88°35′18″，是第一、二测回中 B 方向归零方向值 88°35′12″与 88°35′24″的平均值。

6) 水平角计算

根据各测回平均归零方向值，可以计算任意两个方向的水平角值。如图 3-11 中的$\angle BOD$：

$\angle BOD = D$ 方向平均归零方向值 $- B$ 方向平均归零方向值 $=203°47′20″$

3.4 竖直角观测

竖直角的概念、取值范围以及观测原理，详见 3.1.2，本节重点介绍竖盘系统的构造、竖直角计算公式、竖盘读数指标差和竖直角的观测与计算。

3.4.1 竖盘系统的构造

普通 DJ6 型光学经纬仪竖盘系统结构如图 3-12，分为竖盘和读数指标两部分。

竖盘部分包括竖盘和望远镜等部件。与水平度盘不同，竖盘与望远镜是固定连接的，随望远镜的旋转而同步旋转。虽然竖直角的取值范围在 −90°～+90°之间，但普通经纬仪的竖盘一般为全圆注记，即 0°～+360°。竖盘注记形式有顺时针注记［图 3-13（*a*）］和逆时针注记［图 3-13（*b*）］两种形式。

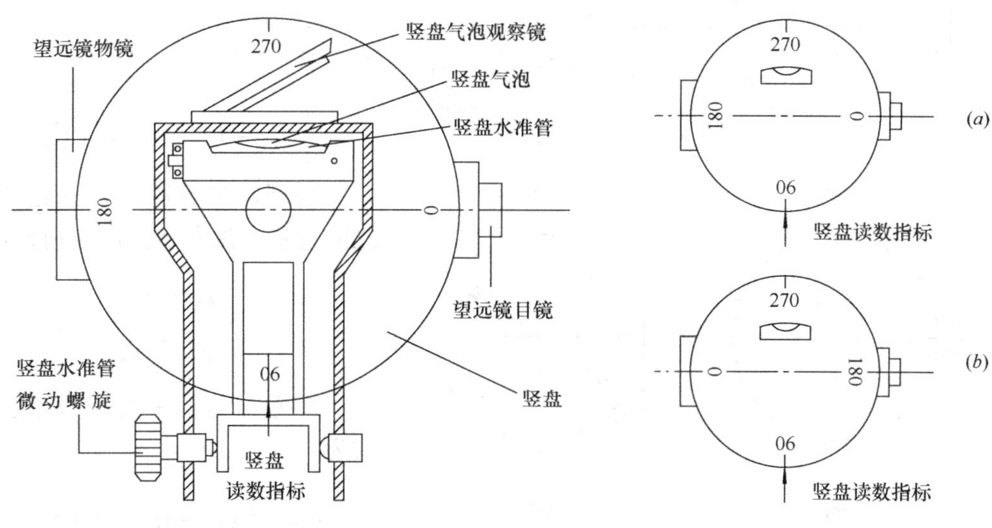

图 3-12　竖盘构造　　　　图 3-13　竖盘注记形式

读数指标部分包括竖盘读数指标、竖盘水准管（竖盘读数指标水准管的缩写，下同）、竖盘气泡（竖盘水准管气泡）、竖盘水准管微动螺旋和竖盘气泡观察镜。核心部件是读数指标，如图 3-12“↑”所指位置（下同）的竖向刻线，通过旋转竖盘水准管微动螺旋调竖盘水准管气泡居中，使竖盘读数指标位于规定整读数的正确位置，观测者可以通过水准管观察镜看到水准管气泡是否居中。

目前使用较多的 DJ5 型电子经纬仪，与以上 DJ6 型光学经纬仪竖盘系统的构造原理大体相同。不同的是电子经纬仪由自动安平水准器取代了光学经纬仪的竖盘水准管，因而，使用自动安平电子经纬仪观测竖直角时，不存在调竖盘水准管气泡居中的部件、螺旋及其操作。

3.4.2 竖直角计算公式

3.1.2 节已经介绍，竖直角是同一竖直面内的倾斜视线竖盘读数（简称倾斜视线读数）与水平视线竖盘读数（简称水平视线读数）之差。正常情况下，竖盘水准管气泡居中时，普通经纬仪的盘左、盘右水平读数分别为 90°和 270°，由此可见，竖直角观测实际上只需观测倾斜视线读数即可。根据竖直角仰角为正、俯角为负的规定，将视线慢慢上仰时观察竖盘读数的变化，读数增加时，竖直角等于倾斜视线读数减水平视线读数，减小时，竖直角等于水平视线读数减倾斜视线读数。竖直角的具体表达式，与竖盘是顺时针注记还是逆时针注记有关，也与盘左还是盘右位置观测有关。以顺时针注记，盘左与盘右观测为例推导公式如下：

见图 3-14，盘左、盘右水平读数分别为 90°和 270°，见图（*a*）、（*c*）；向上倾斜照准目标时盘左、盘右的倾斜读数分别为 L（小于 90°）和 R（大于 270°），见图（*b*）、（*d*）。为保证上仰时竖直角为正，下俯时为负，则盘左、盘右竖直角分别为：

$$\left.\begin{aligned} a_L &= 90^\circ - L \\ a_R &= R - 270^\circ \end{aligned}\right\} \tag{3-7}$$

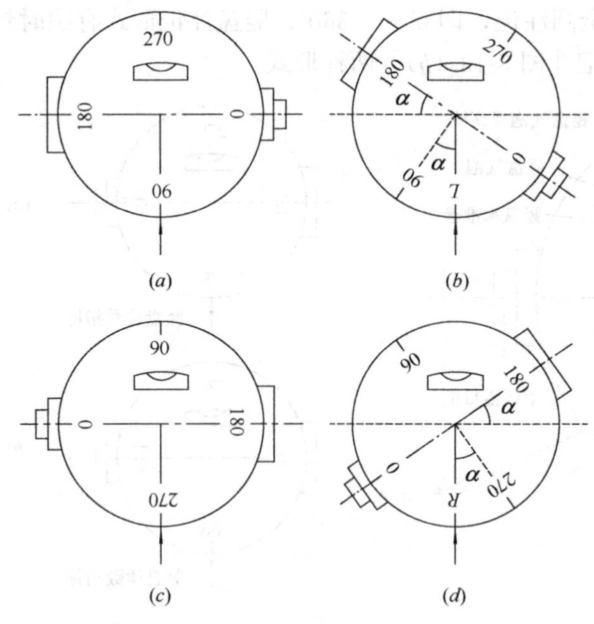

图 3-14 竖直角计算公式

盘左与盘右（一测回）平均竖直角为：

$$a=\frac{1}{2}(a_L+a_R)$$

$$=\frac{1}{2}(R-L-180^\circ) \quad (3\text{-}8)$$

同理，竖盘逆时针注记形式的盘左、盘右竖直角分别为：

$$\left.\begin{aligned}a_L&=L-90^\circ\\a_R&=270^\circ-R\end{aligned}\right\} \quad (3\text{-}9)$$

盘左与盘右平均竖直角公式为：

$$a=\frac{1}{2}(L-R+180^\circ) \quad (3\text{-}10)$$

3.4.3 竖盘指标差

竖盘水准管气泡居中、视线水平时，读数指标“↑”盘左、盘右应分别指向90°和270°，实际上，由于使用、运输等各种原因影响，读数指标“↑”位置一般存在偏移，见图 3-15（*a*）、（*c*）。竖盘指标的实际位置与正确位置之差，称为竖盘指标差，常用 x 表示。竖盘指标差使读数增大时，x 为正，反之为负。

图 3-15 为顺时针注记形式，无论视线水平还是倾斜、盘左还是盘右，读数指标的位置始终保持不变。由图（*b*）、（*d*）可求得盘左、盘右竖直角分别为：

$$\left.\begin{aligned}a_L&=90^\circ-(L-x)\\a_R&=(R-x)-270^\circ\end{aligned}\right\} \quad (3\text{-}11)$$

盘左与盘右平均竖直角公式为

$$a=\frac{1}{2}(R-L-180^\circ) \quad (3\text{-}12)$$

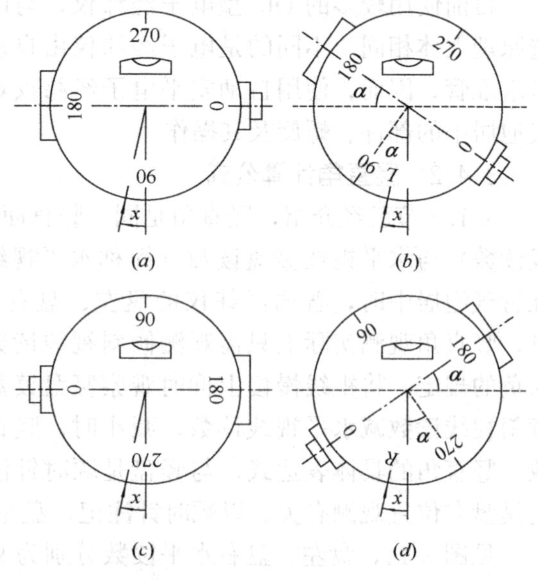

图 3-15 竖盘指标差

由图 3-15（*b*）、（*d*）和式（3-7）、式（3-11）可以看出，指标差 x 对盘左、盘右的读数和半测回竖直角产生影响，但式（3-8）与式（3-12）完全相同，说明指标差 x 对盘左、盘右平均竖直角没有影响。

如果不考虑其他各种误差，式（3-11）中有 $\alpha_L=\alpha_R$，整理式（3-11）可得。

$$x = \frac{1}{2}(L + R - 360°) \tag{3-13}$$

可以证明，逆时针注记竖盘指标差计算公式与式（3-13）相同。

理论上，指标差 x 在一定条件下保持不变，但由式（3-13）中的观测值 L、R 计算的 x 里包含有其他误差，使得各个目标的 x 不相等，一个测站上 x 的变化量能够反映观测成果质量。对于 DJ5、DJ6 型经纬仪，一般规定，一个测站上不同目标的指标差互差不应超过 25″。

指标差虽对盘左、盘右平均竖直角没有影响，但对半测回竖直角仍有影响，且指标差太大不利于计算。指标差大于 30″时，需先按式（3-13）求出 x，再按附录介绍的方法校正。

3.4.4 竖盘角观测与计算

观测如图 3-16 所示竖直角，安置仪器方法见 3.2.3 节（1），记录、计算及竖盘注记形式见表 3-4，具体观测计算步骤如下：

1）盘左位置

用十字丝中丝精确照准目标 A，照准方法见 3.2.3 节 2）（下同）；旋转竖盘水准管微动螺旋使竖盘水准管气泡居中（具有竖盘水准管自动安平装置的电子经纬仪等无此操作，下同），读、记竖盘读数 L。

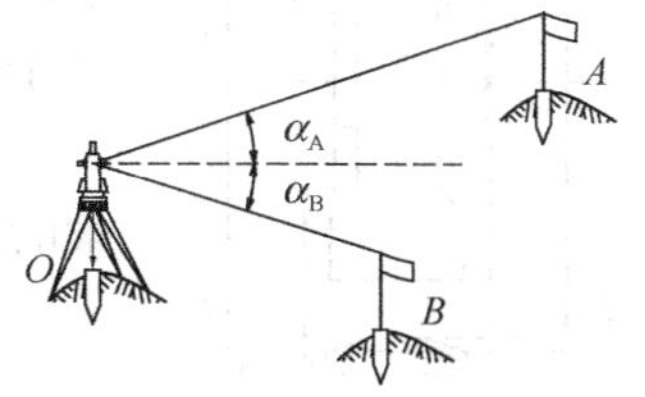

图 3-16 竖直角观测

2）盘右位置

用十字丝中丝精确照准目标 A，旋转竖盘水准管微动螺旋使竖盘水准管气泡居中，读、记竖盘读数 R。

3）计算半测回竖直角和一测回（平均）竖直角

对于顺时针注记形式竖盘，分别用式（3-7）和式（3-8）计算半测回竖直角和一测回平均竖直角，填入表 3-4 对应栏中。

4）观测其他目标

同 1）～3）步观测 B 目标和其他目标。

5）指标差计算与检核

指标差按（3-13）式计算，A、B 两目标的指标差之差（互差）为 9″，绝对值小于规定的 25″，符合技术要求，成果合格。

竖直角观测手簿 **表 3-4**

测站	目标	竖盘位置	竖盘读数 (°)	(′)	(″)	半测回竖直角 (°)	(′)	(″)	一测回竖直角 (°)	(′)	(″)	指标差 (″)
O	A	左	83	32	06	6	27	54	6	27	36	−18
		右	276	27	18	6	27	18				
	B	左	90	28	45	−0	28	45	−0	28	54	−09
		右	269	30	57	−0	29	03				

3.5 角度测量误差及其注意事项

与水准测量误差类似，角度测量误差也包括仪器误差、观测误差和外界因素影响。

3.5.1 仪器误差

1) 经纬仪的主要轴线及其应满足的几何关系

如图 3-17 所示，经纬仪的主要轴线包括：纵轴（照准部旋转轴，亦称竖轴）VV，望远镜视准轴 CC，横轴（望远镜旋转轴）HH，水准管轴 LL，十字丝纵丝与横丝（中丝）。

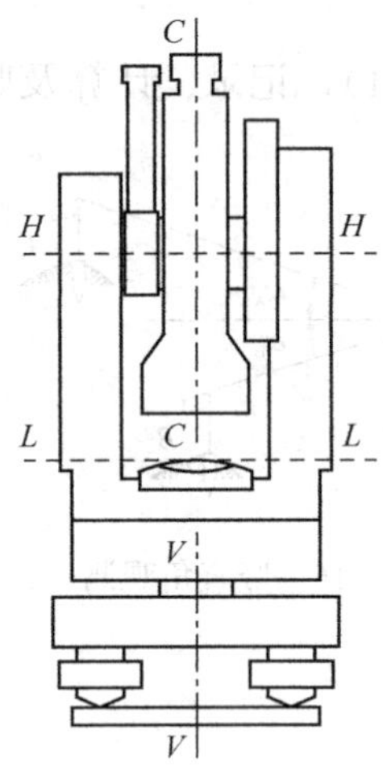

图 3-17 经纬仪的主要轴线

经纬仪的主要轴线之间应该满足的几何条件包括：纵轴垂直于水准管轴（$VV \perp LL$），十字丝纵丝垂直于横轴（十字丝纵丝$\perp HH$），视准轴垂直于横轴（$CC \perp HH$），横轴垂直于纵轴（$HH \perp VV$）。

这些关系是否满足规范规定，需要进行检验。不满足要求时，必须进行校正。具体检验、校正方法，详见附录。

2）仪器误差及其消除与削弱的办法

仪器误差主要指不满足上述几何关系，经检验与校正后的残余误差，还包括度盘刻划不均匀和度盘偏心、竖盘指标差等误差，以下简要介绍仪器主要误差及消除或削弱措施。

（1）纵轴误差

纵轴 VV 不垂直于水准管轴 LL 所产生的误差，称为纵轴误差。纵轴误差将使水准管气泡居中时纵轴倾斜，导致水平度盘和横轴倾斜，横轴倾斜的影响见下面介绍的横轴误差。经检验、校正到符合技术规定范围内后，还须控制水准管气泡在各个方向偏移不超过 1 格。

（2）视准轴误差

视准轴 CC 不垂直于横轴 HH 所产生的偏差，称为视准轴误差，其偏离量用 C 表示。$2C$ 值可由（3-4）式计算求出。C 角将使视准轴上下转动时所扫出的面不是铅垂面而是圆锥面，即，照准同一铅垂面内不同高度的目标，其水平度盘读数不同。按要求检验、校正后的残余 C 角，可以通过盘左、盘右观测取平均消除其影响。

（3）横轴误差

横轴 HH 不垂直于纵轴 VV 所产生的误差，称为横轴误差。当纵轴 VV 铅垂时，横轴倾斜，横轴倾斜将使视准轴上下转动时所扫出的面不是铅垂面而是倾斜平面，即，照准同一铅垂面内不同高度的目标，其水平度盘读数不同。应按要求检验与校正，校正后的残余影响，可以通过盘左、盘右观测取平均消除。

（4）度盘刻划不均匀和度盘偏心误差

度盘刻划不均匀和度盘偏心对水平角产生的影响，可以采用观测多个测回，在不同测回对零方向配置度盘进行观测削弱其影响。

(5) 竖盘指标差

竖盘指标差按要求检验、校正后的残余影响，可通过盘左、盘右观测取平均消除。

3.5.2 观测误差

观测误差是受观测者感官辨别能力限制而产生的误差，主要包括仪器对中误差、目标偏心误差、照准误差和读数误差。

1）仪器对中误差

利用经纬仪的光学对点器或垂球进行对中时，经纬仪纵轴（水平度盘几何中心）在铅垂线方向偏离地面测站点引起的测角误差，称为仪器对中误差。

如图 3-18，O 为测站，A、B 为观测目标，需要观测水平角 β。实际上，存在仪器对中误差时，水平度盘几何中心沿铅垂线投影到地面 O 点所在水平面上的位置为 O'，实际观测的水平角为 β'。e 称为偏心距，θ 和 $\beta'-\theta$ 分别是偏心距 e 至 $O'A$ 和 $O'B$ 方向的偏心角。过 O 点作 $O'A$ 和 $O'B$ 方向的平行线，则仪器对中误差对水平角的影响为 $\Delta\beta$。

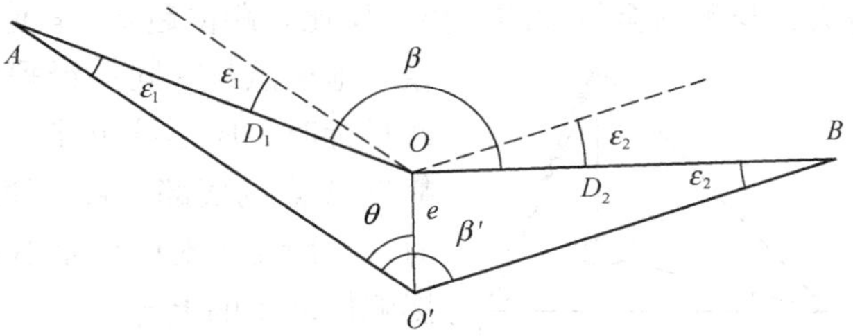

图 3-18 仪器对中误差

$$\Delta\beta=\beta-\beta'=\varepsilon_1+\varepsilon_2 \tag{3-14}$$

根据正弦定理有

$$\left.\begin{aligned}\sin\varepsilon_1&=\frac{e}{D_1}\sin\theta\\ \sin\varepsilon_2&=\frac{e}{D_2}\sin(\beta'-\theta)\end{aligned}\right\} \tag{3-15}$$

由于 ε_1 和 ε_2 都很小，有 $\varepsilon_1\approx\rho''\cdot\sin\varepsilon_1$，$\varepsilon_2\approx\rho''\cdot\sin\varepsilon_2$ 角，$\rho''=206265$（下同）；与式（3-15）一起代入式（3-14），并整理得

$$\Delta\beta=e\rho''\left[\frac{\sin\theta}{D_1}+\frac{\sin(\beta'-\theta)}{D_2}\right] \tag{3-16}$$

由（3-16）式可以看出，仪器对中误差对水平角的影响有如下特征：

(1) $\Delta\beta$ 与偏心距 e 成正比，偏心距越大，影响越大；

(2) $\Delta\beta$ 与测站至目标的距离 D_1、D_2 成反比，距离越短，影响越大；

(3) $\Delta\beta$ 与偏心角 θ 和 $\beta'-\theta$ 有关，当 $\beta'=180°$、$\theta=90°$ 时影响最大。

例如，当 $\beta'=180°$，$\theta=90°$，$e=0.003\text{m}$，$D_1=D_2=50\text{m}$ 时，则 $\Delta\beta=24''8$。

仪器对中误差不能通过观测方法消除，对于短边测角，需要特别认真地对中。一般要求对中误差不超过 3mm。

2）目标偏心误差

目标偏心指标杆式目标倾斜，或垂球、光学对中式目标中心没有对准地面点。观测水平角时经纬仪照准的目标部位偏离地面点铅垂线引起的角度或方向误差，称为目标偏心误差。

见图 3-19，O 点为测站，A 点为应观测方向，设目标标杆倾斜，其照准部位 A' 在 A 点水平面上的铅垂投影点 A'' 与 A 的距离 e，称为目标偏心距；θ 是偏心距 e 与实际观测的投影方向 OA'' 之间的偏心角。目标偏心误差 ε 一般很小，与求仪器对中误差 ε_1、ε_2 类似，它与目标偏心距 e、偏心角 θ 以及测站至目标的距离 D 有关，经推导、整理后有如下关系式：

$$\varepsilon=\frac{e\sin\theta}{D}\cdot\rho'' \tag{3-17}$$

当 $e=0.003\text{m}$，$\theta=90°$，$D=50\text{m}$ 时，则 $\varepsilon=12.4''$。

由（3-17）式可以看出，目标偏心误差 ε，与偏心距成正比，偏心距越大，ε 越大；与测站至目标的距离成反比，距离越短，ε 越大。因此，目标对中时，应尽量与地面点位于同一铅垂线上；使用标杆作为水平角观测目标时，应尽量照准接近观测点的部位，如图 3-19 中靠近 A 点的底部位置。使用悬挂式垂球线作为观层目标时，一般要求对中误差不超过 3mm，且尽量照准受风力影响摆动小的上部。

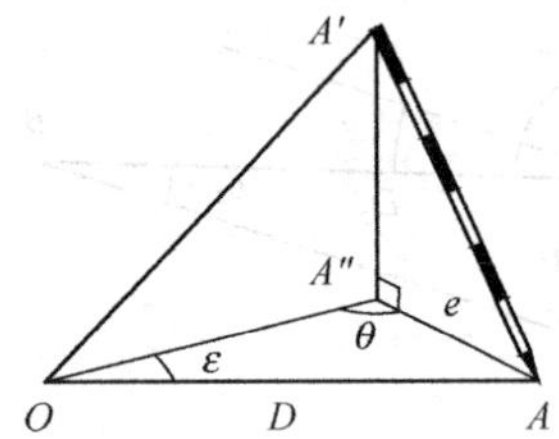

图 3-19 目标偏心误差

3）照准误差

观测水平角或竖直角时，由人眼通过望远镜照准目标所产生的误差，称为照准误差。照准误差与人眼的分辨能力，望远镜的放大倍率，目标的大小、形状、颜色、远近以及受大气水气、尘埃等影响的透明度等因素有关。

照准精度 m_v 一般用人眼的最小分辨视角（60″）和望远镜的放大倍率来衡量。其公式为：

$$m_v=\pm\frac{60''}{v} \tag{3-18}$$

普通经纬仪的放大倍率一般为 25～30 倍，因此，照准误差在 2.0″～2.4″之间。

角度观测时，除选择具有一定放大倍率的经纬仪外，还应尽量选择便于清晰观测的目标标志、有利的观测时间与气候条件，并认真瞄准和消除或削弱视差，减少照准误差的影响。

4）读数误差

电子经纬仪以数字方式直接显示具体角度值，不存在读数误差。光学经纬仪采用模拟方式获取度盘精确读数，其准确度取决于读数设备和观测者的经验与熟练程度。对于分微尺型光学经纬仪，由于分微尺的最小格值为 1′，可以估读到 0.1 格，即 6″。若采光镜获取的光线不明亮、读数显微镜调焦不到位等，都将影响读数质量。为保障读数的准确度，须先调读数显微镜目镜使分微尺影像最清晰，再旋转采光镜获取最佳方向的自然光，必要时可以采用手电筒辅助照明，最后仔细读数。

3.5.3 外界因素影响

影响角度测量精度的外界因素很多，如，大风和测站土质松软，将使仪器不稳定，应将脚架牢固踩入泥土；光线强度不足、目标背景昏暗、大气中包含的气体与尘埃使目标影像不清晰，应选择合适的天气、时间段进行观测；阳光照射使仪器不同方向的部件受热不均匀导致水准管气泡偏离，在强光下观测时撑伞遮阳；视线经过水面、高温下的混凝土、柏油路面会产生波动，靠近建筑物边缘时会产生旁折光，要求布设测角点时尽量避开或离开建筑物和地面一定的距离与高度。

3.6 DJ2 型光学经纬仪及其读数方法

在平面控制测量、位移观测等高精度测量中，需要使用制造工艺更精良、精度更高的精密经纬仪，如 DJ07、DJ1、DJ2 型等。一般工程测量中，常用 DJ2 型经纬仪，其一测回方向中误差不超过±2″，能满足三、四等平面控制测量和土建工程勘测、施工等工程测量需要。我国使用较多的同等精度国外产品有瑞士威特厂生产的 T2、德国蔡司厂生产的 010 等，国内各厂家生产的 DJ2 型经纬仪，它们虽外形不同，但基本构造没有本质差异。与普通经纬仪相比，精密光学经纬仪增加了测微系统，虽不同厂家仪器读数方法不同，但原理基本相同。

图 3-20 是苏州一光生产的 DJ2 型光学经纬仪，其使用与操作方法与普通经纬仪相同。测微系统包括内置平板玻璃、测微尺、外部测微轮等。完成仪器的安置与照准后，在读数窗中可观察到图 3-21 所示三个部分。度盘分划影像部分为度盘上对径 180°分画线，分上下两排竖线，读数前，必须先旋转测微轮，使上下两排竖线（度盘分画线）对齐。度与 10′读数部分包括度数和凸出部分的整 10′数，此处读数为 67°20′。测微读数部分中间长线为测微读数指标线，左边数字为不足 10 的分值，右边的数字为整 10″注记，两短分画线之间间隔对应 1″，可估读到 0.1″，此处读数为 1′56.3″。两部分读数相加，得到完整读数，此例为 67°21′56.3″。

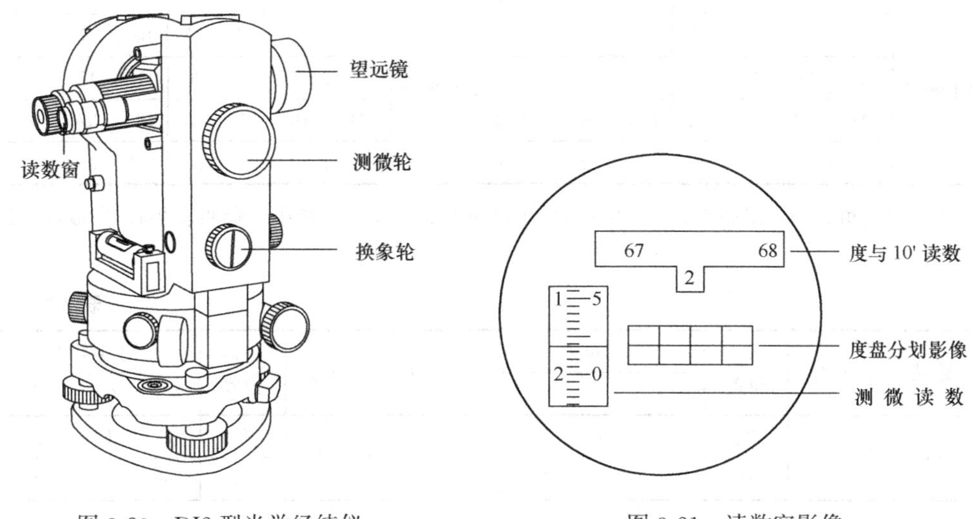

图 3-20　DJ2 型光学经纬仪　　　　图 3-21　读数窗影像

思考题与习题

1. 何为水平角？何为竖直角？它们各自的取值范围是多少？
2. 普通经纬仪一般由哪几部分组成？光学经纬仪与电子经纬仪的读数系统有何不同？

3. 经纬仪的圆水准器和水准管各使用什么螺旋整平？与水准仪相比有何不同？

4. 水平角观测中，为什么要配置水平度盘？若观测水平角 4 个测回，则第三测回第一个方向的水平度盘配为多少度？

5. 竖盘与望远镜是何关系？观测竖直角多个测回时，也需要配置度盘吗？为什么？

6. 各种经纬仪的竖直角计算公式相同吗？如何推导竖直角及其指标差的计算公式？

7. 采用盘左、盘右观测水平角，能消除哪些误差？

8. 经纬仪有哪些主要轴线？它们之间应满足哪些几何关系？

9. 仪器对中和目标对中对角度观测有何影响？观测水平角时，应尽量照准目标的什么部位？

10. 测回法观测水平角的数据如表 3-5，参照表 3-1，完成成果计算。

表 3-5

测站测回	竖盘位置	目标	水平度盘读数			测站测回	竖盘位置	目标	水平度盘读数		
			(°)	(′)	(″)				(°)	(′)	(″)
O 第 1 测回	左	*A*	0	02	08	O 第 2 测回	左	*A*	90	03	12
		B	96	48	54			*B*	186	50	08
	右	*A*	180	02	16		右	*A*	270	03	06
		B	276	48	58			*B*	06	49	48

11. 方向法观测水平角的数据如表 3-6，参照表 3-2，完成成果计算。

表 3-6

测站测回	目标	水平度盘读数						测站测回	目标	水平度盘读数					
		盘左			盘右					盘左			盘右		
		(°)	(′)	(″)	(°)	(′)	(″)			(°)	(′)	(″)	(°)	(′)	(″)
O 第 1 测回	A	0	02	21	180	02	28	*O* 第 2 测回	*A*	90	03	14	270	03	08
	B	98	26	45	278	26	42		*B*	188	27	51	08	27	56
	C	205	46	26	25	46	23		*C*	295	47	20	115	47	28
	D	289	36	42	109	36	46		*D*	19	37	48	189	37	46
	A	0	02	28	180	02	32		*A*	90	03	20	270	03	16

12. 竖直角观测数据如表 3-7，望远镜向上倾斜时，竖盘读数减小。参照表 3-4，完成成果计算。

表 3-7

测站	目标	竖盘位置	竖盘读数			测站	目标	竖盘位置	竖盘读数		
			(°)	(′)	(″)				(°)	(′)	(″)
O	*M*	左	82	04	18	*O*	*M*	左	93	17	27
		右	277	55	56			右	166	42	38

第 4 章　直线测量

直线测量包括直线的距离测量和直线的方向测量与确定。

在小范围内地面两点的连线沿铅垂线方向投影到水平面上的长度，称为水平距离，简称为距离或平距。高程不同的地面两点的连线长度称为倾斜距离，简称为斜距。距离测量方法主要有皮尺量距、钢尺量距、光电测距、视距测量等直接测距方法，也可以用 GPS 测定两点空间坐标间接计算距离。常见的皮尺量距比较简单，精度不高，一般用于精度较低的测量，此处不作介绍。

直线方向指的是直线与某标准方向的夹角，可以通过天文观测、罗盘仪测定或计算确定。

4.1　钢尺量距

钢尺量距方法有一般方法和精密方法，两者使用工具与操作过程基本相同。一般方法操作简单，用于普通工程测量和低等级控制测量。精密方法技术要求较高，施测过程复杂，需进行若干改正，目前主要在没有或不便使用光电测距仪的精密工程测量或控制测量中使用。

4.1.1　钢尺量距工具

钢尺量距的主要工具是钢尺，另需若干辅助工具。

1）钢尺

钢尺又称钢卷尺，带状，可卷在盒内或金属架上存放、携带与使用，如图 4-1。钢尺由薄钢材料或金属合金材料制作，优质钢尺表面涂有防锈保护材料。尺宽 15mm 左右，尺长一般为 30m，亦有 20、50m 等规格。

钢尺基本分划为毫米，米、分米、厘米处均有数字注记。按 0 刻划在钢尺上的位置有端点尺和刻线尺两种类型，0 刻划线在端点的钢尺称为端点尺，如图 4-2（*a*），0 刻划线离开端点一定距离（15～30cm）的钢尺称为刻线尺，如图 4-2（*b*），现在多数钢尺为刻线尺，使用时务必注意零点位置。

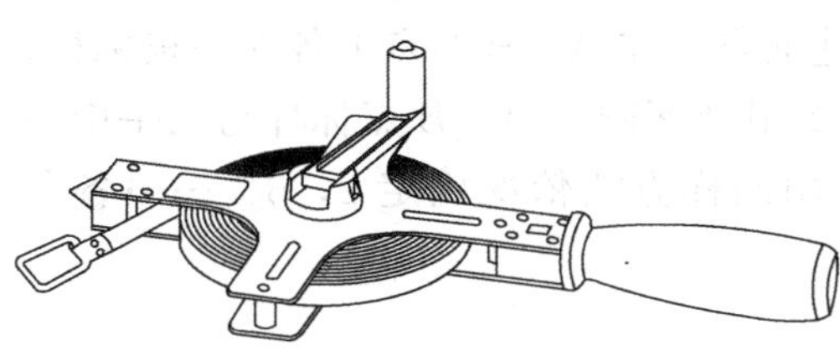

图 4-1　钢尺

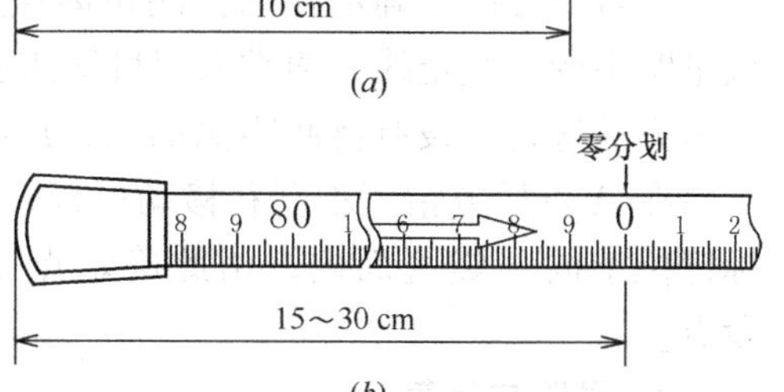

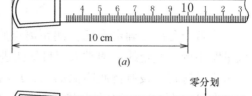

图 4-2　端点尺与刻线尺

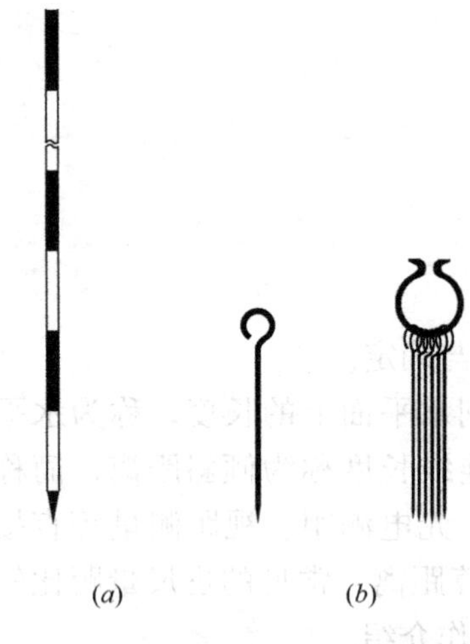

图4-3　标杆与测钎

量距时，应特别注意在地面观测中，不要将6和9等数字读错。在道路上丈量时，必须防止各种车辆碾压折断钢尺。暂时不用时也应将钢尺卷入盒内或支架上。钢尺打结或扭曲时，应细心解开扭结，再慢慢拉伸后使用。用完后擦干净泥水，放置于干燥、通风地方。

2）量距辅助工具

钢尺量距的辅助工具主要有标杆、测钎、垂球、弹簧秤和温度计等。标杆形状如图4-3（*a*），又名花杆，木质或金属材料制作，直径2～3cm，长2～3m，杆身涂有醒目的红、白相间油漆，用于标点定线。测钎形状如图4-3（*b*），由粗铁丝或细钢筋制成，长30～40cm，6根或11根为一组，用于标定量测分段点位和记录已量整尺段数。垂球用于斜坡量距时对点，弹簧秤用于精密量距时对钢尺施加规定拉力，温度计用于精密量距中测定尺面温度后进行温度改正。

4.1.2　钢尺量距一般方法

1）直线定线

当地面两点距离较远、遇到障碍或量距困难时，需将其分为若干段分别进行丈量，以便往返观测检核不合格时只需返工不合格线段，减少重测工作量。

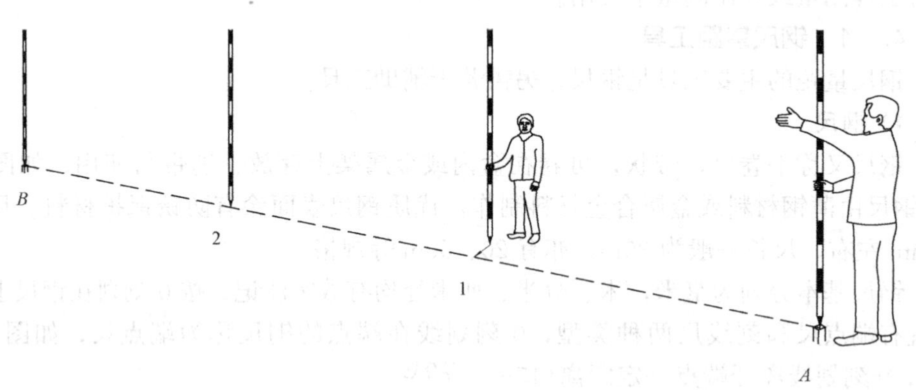

图4-4　直线定线

将若干分段点确定在两待测距离点竖直面内的工作，称为直线定线。钢尺一般量距中的直线定线，通常采用目估法进行。在地面比较平坦地区，可采用图4-4所示方法进行。设有待测距离的*A*、*B*两地面点，在*A*、*B*两点上各立一根标杆，甲站在*A*点后方指挥乙左右移动标杆，直到甲观察确定*A*、*B*点标杆与乙手中的标杆位于同一竖直面内，由此确定点1；用同样方法依次确定2，3，……各分段点。

2）量距与计算

（1）平坦地面量距

由直线定线确定的分段点一般大于尺长 l（30m），丈量距离时仍用目估方法，边定线边丈量。如丈量图 4-4 中的 1、2 两分段点之间的距离，可先在点 2 树立标杆，由后施尺员在点 1 插入测钎，拉紧钢尺使零点对准点 1，指挥前施尺员移动钢尺到 1、2 两点连线上，并遵循将钢尺“拉平、拉稳、拉紧”的施测原则，在钢尺终端（30m 处）地面插入一根测钎作为第 1 个整尺段标记。后施尺员拔起点 1 上的测钎，与前施尺员一起向点 2 方向前行，至后施尺员到达刚才确定的整尺段标记位置，同法依次量取第 2，3，……个整尺段，直至全部 n 个整尺段，最后量取不足整尺段的余长 q，则距离 D 的计算公式如下：

$$D = n \cdot l + q \tag{4-1}$$

为了检查丈量距离中可能出现的错误和提高丈量精度，通常需要进行往、返丈量。往测距离 $D_{往}$ 与返测距离 $D_{返}$ 分别用（4-1）式计算。

往、返测距离之差 $\Delta D = |D_{往} - D_{返}|$ 称为绝对误差。由于绝对误差的大小与距离长短有关，因此，在距离测量中，往、返丈量距离的精度，用相对误差 K 表示，K 应换算为分子是 1 的分式形式，具体表达式为：

$$K = \frac{\Delta D}{D_{平均}} = \frac{1}{\dfrac{D_{平均}}{\Delta D}} \tag{4-2}$$

相对误差的分母越大、精度越高。钢尺一般量距要求满足 $K \leqslant K_{容}$，平坦地面一般要求 $K_{容} = 1/3000$，具体要求，参阅有关规范。（4-2）式中 $D_{平均}$ 为平均距离，满足精度要求时，取往测距离 $D_{往}$ 与返测距离 $D_{返}$ 的平均值作为测段平均距离 $D_{平均}$

$$D_{平均} = \frac{1}{2}(D_{往} + D_{返}) \tag{4-3}$$

钢尺一般量距的记录、计算实例如表 4-1，尺长 $l = 30$m，$K_{容} = 1/3000$，长度单位为 m。

钢尺一般量距的记录、计算手簿 **表 4-1**

起点～止点	往测			返测			绝对误差 D	相对误差 K	平均距离 $D_{平均}$
	尺段数 $n_{往}$	余长 $q_{往}$	距离 $D_{往}$	尺段数 $n_{返}$	余长 $q_{返}$	距离 $D_{返}$			
A-1	6	26.439	206.439	6	26.414	206.414	0.025	1/8257	206.426
1-2	4	12.528	132.528	4	12.546	132.546	0.018	1/7363	132.537
2-B	5	21.447	171.447	5	21.484	171.484	0.037	1/4634	171.466

（2）倾斜地面量距

地面倾斜时，可根据地面坡度的大小，采用水平量距法或倾斜量距法。

①水平量距法

如图 4-5，当地面起伏不大时，在量距过程中，由高处 A 向低处 B 方向将钢尺 0 点端紧贴高处地面，钢尺终点端在低处悬空，采用目估法将钢尺拉成水平状态，将挂有垂球的垂球线靠在钢尺终端（如 30m）刻划线上，使垂球慢慢下滑接触地面标定尺段点，依次分别量取 n 个整尺段水平距离 l 和余长 q。则 A 至 B 的水平距离 D 可用（4-1）式计算。若各尺段长度分别为 d_1、d_2、…、d_n，则用下式计算：

$$D = d_1 + d_2 + \cdots + d_n = \Sigma d \tag{4-4}$$

同法仍然从高向低再量测一次进行检核，满足精度要求时取两次平均值作为成果。

②倾斜量距法

如图 4-6，当地面坡度较大时，则应沿地面量取 A、B 两点之间的倾斜距离 $D_斜$，用水准测量等方法观测对应两点的高差 h，按下式计算水平距离 D

$$D = \sqrt{D_斜^2 - h^2} \tag{4-5}$$

斜量法应采用往、返观测进行检核，符合精度要求后取平均值作为成果。

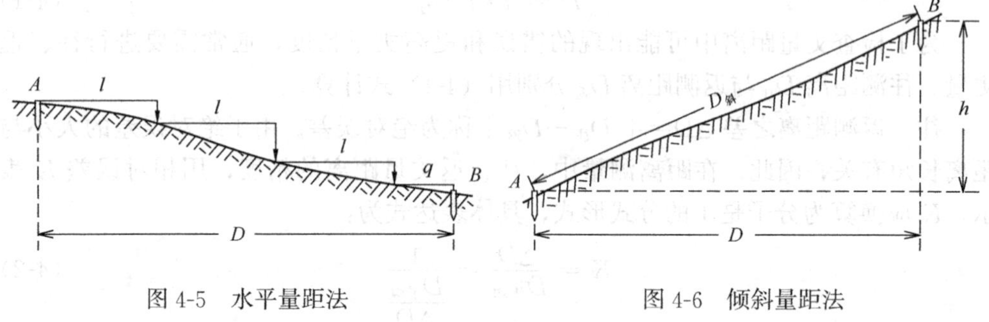

图 4-5 水平量距法　　　　图 4-6 倾斜量距法

4.1.3 钢尺量距精密方法

钢尺精密量距可高达到 1/30000 精度，以下丈量距离的各项限差均对应于 1/20000 相对误差精度要求。

1) 定线与丈量

(1) 定线　如图 4-7，在直线一端点 A 架经纬仪照准另一端点 B 后进行定线，确定各分段点 1、2、…，打入木桩，木桩顶部高出地面 15cm 左右，两分段点间距略小于尺长，定线偏差不应超过 50mm。在木桩顶钉铁皮或其他代用品，根据经纬仪视线在铁皮上精确刻画直线方向线，作 AB 方向线垂线画出横线，形成十字标志。

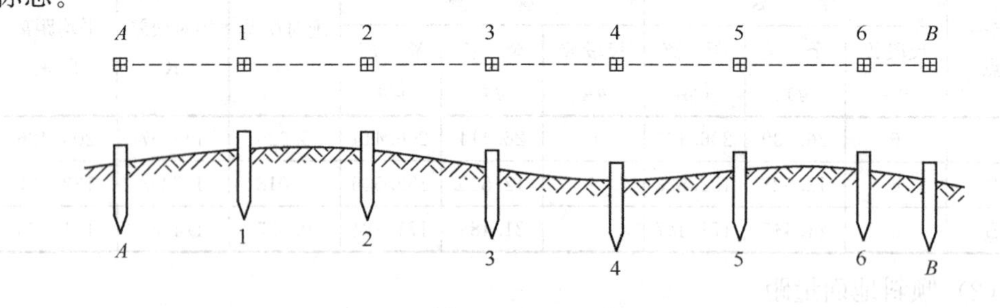

图 4-7 精密量距定线

(2) 丈量距离　用一根钢尺往返丈量或两根钢尺同向丈量。首先，前尺手持 0 刻划端到达分段点 1，将弹簧秤挂在端点圈内，使钢尺刻划紧贴 1 点桩顶面十字刻线，后尺手持钢尺末端，使钢尺刻划紧贴 A 点桩顶面十字刻线。在前尺手喊“预备”后，两尺手同时拉稳、拉紧钢尺，并控制拉力为用标准拉力（钢尺鉴定时的拉力，一般为 10kg）时，后尺手喊“好”的瞬间，前、后读尺员同时分别读数，记录员立即记录钢尺读数（估读至 0.5mm）、量测与记录尺面温度（估读至

0.5℃)、计算尺段长度与平均尺段长度。根据要求，一般需要每次移动钢尺若干厘米后重复量测 3 次，同尺各次尺段长度较差应该不超过 2mm。完成 A-1 尺段丈量后，依次丈量 1-2、2-3、…、6-B 段，完成往测。再从 B 向 A，进行返测，往返测边长丈量较差相对误差应满足相应等级要求（本例为 1/20000）。

(3) 观测尺段高差 用水准测量方法，往返测定相邻两桩顶高差。同一尺段往返高差较差不大于 10mm。

往返距离丈量、温度与高差观测实例数据，见表 4-2。

钢尺精密量距的记录计算手簿 **表 4-2**

地点：通山城关	标准拉力：10kg	前持尺员：	后持尺员：
日期：2008.06.06	标准温度：20℃	前读尺员：	后读尺员：
天气：多云	钢尺名义长度：30m	记录员：	检核：
观测次数：3	尺长改正数：−2.7mm	计算员：	

尺段起止点号	次数	前尺读数	后尺读数	尺段长度	尺长改正数	温度 改正数	高差 改正数	改正后尺段长度
		m	m	m	mm	℃/mm	m/mm	m
A-1	1	0.0550	29.9650	29.9100				
	2	0.0545	29.9660	29.9115		26.6	+0.168	
	3	0.0540	29.9650	29.9110				
	平均			29.9108	−2.7	2.5	−0.5	29.9101
1-2	1	0.0360	29.8450	29.8090				
	2	0.0365	29.8445	29.8080		27.5	−0.098	
	3	0.0370	29.8455	29.8085				
	平均			29.8085	−2.7	2.8	−0.2	29.8084
…	…	…	…	…	…	…	…	…
6-B	1	0.0365	16.0980	16.0615				
	2	0.0355	16.0995	16.0640		28.2	−0.216	
	3	0.0374	16.0985	16.0611				
	平均			16.0622	−1.4	1.6	−1.5	16.0609
Σ								195.2164

2) 计算

(1) 尺长方程式

钢尺的名义长度与实际长度一般不会相同，钢尺的长度也会随着温度的变化而不断地改变。进行精密量距的钢尺，必须经过鉴定获取如下尺长方程式。

$$l_t = l_0 + \Delta l + \alpha l_0 (t - t_0) \tag{4-6}$$

式中 l_t——钢尺在标准拉力（如 30m 长钢尺一般为 10kg），温度为 t 时的实际长度；

l_0——钢尺名义长度（如 20、30m 等）；

Δl——尺长改正数，钢尺在温度 t_0 和标准拉力下鉴定时的名义长度与实际长度之差；

α——钢尺膨胀系数（一般采用 1.25×10^{-5}），温度每变化 1℃时，钢尺 1m 长度的变化量；

t——钢尺使用时的温度；

t_0——钢尺鉴定时的温度（一般为 20℃）。

（2）三项改正数计算

①尺长改正

式（4-6）中 Δl 为钢尺 l_0 长度时的总尺长改正数，则实际丈量尺段长度 l 的尺长改正数 $\Delta l_{\Delta l}$ 为：

$$\Delta l_{\Delta l}=\frac{\Delta l}{l_0}l \tag{4-7}$$

如表 4-2 中，钢尺名义长度 $l_0=30$m，尺长改正数 $\Delta l=-2.7$mm，6-B 段 $l=16.0622$m，则代入式（4-7）得 6-B 尺段尺长改正数为－1.4mm。

②温度改正

式（4-6）右边第二项为 l_0 长度的总温度改正数，则 1m 长度温度改正数为 $\alpha(t-t_0)$，实际丈量尺段长度 l 的温度改正数 Δl_t 为：

$$\Delta l_t=\alpha l(t-t_0) \tag{4-8}$$

如表 4-2 中，钢尺膨胀系数 $\alpha=1.25\times10^{-5}$，钢尺鉴定时的温度 $t_0=20$℃，6-B 段 $l=16.0622$m，实际丈量时的温度 $t=28.2$℃，则代入式（4-8）得 6-B 尺段温度改正数为 1.6mm。

③倾斜改正

设尺段长度 l 对应的水平长度为 $l_{平}$，高差为 h，则 $l_{平}$ 与 l 之差称为倾斜改正，用 Δl_h 表示，根据勾股定理有

$$\Delta l_h=l_{平}-l=\sqrt{l^2-h^2}-l \tag{4-9}$$

由上式可以看出，由于水平长度始终短于倾斜长度，则 Δl_h 衡为负数。将表 4-2 中 6-B 段的 $l=16.0622$m 和 $h=-0.216$m 代入式（4-9）得 6-B 尺段倾斜改正数为－1.5mm。

（3）尺段长度与线段全长计算

各尺段水平长度计算公式为：

$$l_{平}=l+\Delta l_{\Delta l}+\Delta l_t+\Delta l_h \tag{4-10}$$

线段水平距离计算公式为：

$$D_{AB}=\Sigma l \tag{4-11}$$

线段需要往返观测，符合精度要求时，取往返水平长度平均值作为成果。

由上述定线、丈量与计算过程可以看出，钢尺精密量距方法十分烦琐，随着光电测距仪的广泛使用，钢尺精密量距方法的使用已越来越少，主要用于光电测距不便的场合。

4.2 电磁波测距

电磁波测距自 20 世纪 60 年代开始，伴随着光电技术迅速发展起来，并已得到

广泛应用。早期的电磁波测距仪多为分体形式，近年在工程建设中广泛使用全站仪，将距离测量和角度测量融为一体，内置计算芯片，能直接测定、显示与距离相关的倾斜距离、水平距离、垂直距离和点的坐标等。

4.2.1 电磁波测距原理

如图 4-8，欲测定地面 A、B 两点之间的距离，可在 A 点安置一台发射电磁波信号的测距仪，在 B 点安置反射棱镜。则通过测定 A 点测距仪发射的电磁波信号经 B 点反射棱镜反射后回到 A 点的传播时间 t，即可按下式计算测距仪至反射棱镜之间的距离 D。

$$D=\frac{1}{2}ct \tag{4-12}$$

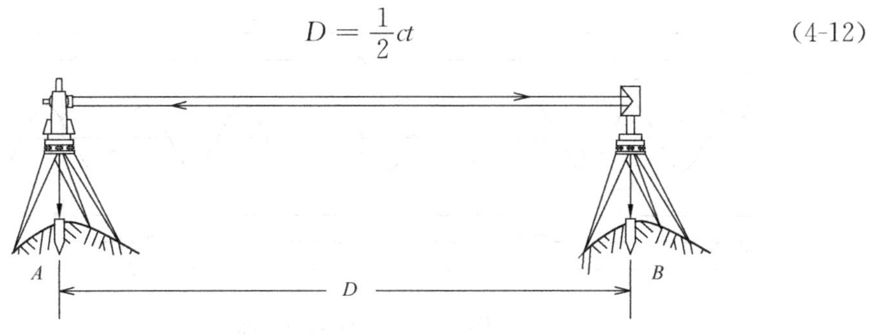

图 4-8 电磁波测距原理

上式中，c 是电磁波在大气中的传播速度。因此，测定距离 D 实际上测定电磁波的传播时间 t。

根据测定时间 t 的方法，电磁波测距方法主要有脉冲法和相位法。重点介绍相位法测距。

(1) 脉冲法测距

脉冲法通过测距仪的脉冲发射、接收系统和目标上的反射棱镜，直接测定脉冲信号在测距仪至反射棱镜之间的往返传播时间 t，按式 (4-12) 计算距离。脉冲法测距精度较低，一般在米级甚至更低，主要用于中、远程测距。

(2) 相位法测距

相位法通过测距仪中的相位计和目标上的反射棱镜，测定测距仪发出的红外调制光（连续的正弦调制光波）在测距仪至反射棱镜之间往返传播后，其相位产生的相对偏移量，间接确定时间 t，按式 (4-12) 计算距离。因其主要使用经过调制而成的红外光，亦称这种仪器为红外测距仪。红外测距仪是以砷化镓发光二极管发出的荧光作为载波源，发出的红外线的强度能随注入电信号的强度而变化。砷化镓发光二极管体积小、亮度高、功耗小、寿命长、连续发光，所以红外测距仪获得广泛使用。相位法测距精度较高，一般可达毫米甚至更高精度，广泛应用于各种工程建设中。

为说明相位法测距原理清楚起见，将反射光波在发射光波的延长线上展开成图 4-9 所示形式。A 点测距仪发射的红外光波到达 B 点再返回 A 所产生的相位移为 φ，由下式计算：

$$\varphi=2\pi N+\Delta\varphi \tag{4-13}$$

式中 N——φ 中的 2π 整周期数，一般不能通过相位计测定；

$\Delta\varphi$ 是不足一个 2π 相位周期的相位移 φ 中的尾数，可以通过相位仪测定其值。根据图 4-9，顾及式（4-12）有：

$$D = \frac{\lambda}{2}(N + \Delta N) = u(N + \Delta N) \tag{4-14}$$

式中 λ——红外光波长，$\lambda = C/f$，C 为光速，f 为调制光波频率；

ΔN——对应于 $\Delta\varphi$ 的不足整周期的比例数，$\Delta N = \Delta\varphi/2\pi$。$0 \leqslant \Delta N < 1$，$\Delta\varphi$ 可以直接测定，因此，ΔN 是可以求出的。

$$u = \frac{\lambda}{2} = \frac{c}{2f} \tag{4-15}$$

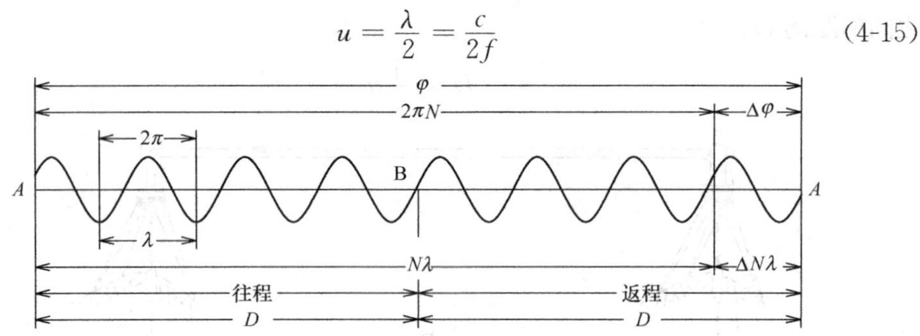

图 4-9 相位法测距原理

由式（4-14）可以看出，相位式测距仪测距的工作原理相当于有一根长度为 u 的尺子（称为光尺，长度等于光波长度的一半）进行量距，被测距离 D 等于 N 个整尺段长度 $u \times N$ 与余长 $u \times \Delta N$ 之和。

由于相位式测距仪的相位计采用比相法测定相位差，不能测定 2π 整周期数 N，但可以测定小于 2π 的 $\Delta\varphi$，即可以测定小于光尺长度的余长 $u \times \Delta N$。顾及相位计一般只能测定 4 位有效数据，因此，短程红外测距仪设置若干根光尺进行组合测量。如，标称测程为 10 千米的红外测距仪，内设有 $u = 10000\text{m}$（称为粗测尺）和 $u = 10\text{m}$（称为精测尺）两根光尺，粗测尺测定千米、百米、十米和米，精测尺测定米、分米、厘米、毫米，组合起来即可精确测定 10km 以内的距离。

4.2.2 全站仪及其距离测量

1) 全站仪的功能与主要技术指标

测距仪有手持式单一测距型（不需要脚架支撑）、组合型（安置在经纬仪架头上，利用其对中、整平），近年在测量中普遍使用全站型电子速测仪，简称全站仪。全站仪将距离、水平角和竖直角的测量功能融合为一体，可通过内置的计算芯片，直接获取水平距离、垂距和坐标等，还可通过内存与通信系统，完成观测与计算数据的自动存储与传输。

全站仪技术指标主要有两个，一个是测角精度指标，与经纬仪精度指标相同。另一个是距离测量的技术指标，包括测程（能测定的最大距离）、固定误差（与距离长短无关）+比例误差（与距离成正比例）。利用全站仪进行高精度测距时，一般需要反射棱镜。亦有直接利用被测目标进行反射的，这种无棱镜反射目前只能测定较短距离，且精度有限。

全站仪种类较多，在我国使用较多的具有代表意义的国外产品主要有徕卡（Leica）、蔡司（Zeiss）、拓普康（Topcon）、索佳（SOKKIA）、尼康（Nikon）

等，国内产品主要有苏一光、博飞、南方等厂家生产的产品。本节将以徕卡TC420为例，简要介绍全站仪的基本构造与测距方法。全站仪的角度测量方法，参见3.2～3.4节的电子经纬仪及其角度测量。

2）全站仪的构造与使用

徕卡TC420全站仪构造见图4-10，外形结构与普通电子经纬仪类似，但内部增有红外光发射装置和相位计等部件，发射红外光经望远镜到图4-11所示反射棱镜进行测距。

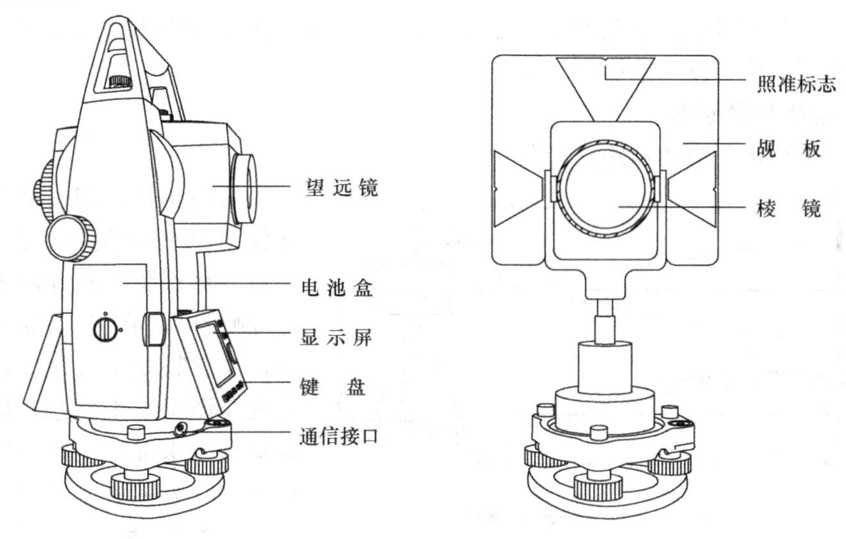

图4-10 徕卡TC420全站仪构造　　图4-11 棱镜构造

仪器操作使用的各种功能键、数据显示等如图4-12所示。测距时，将望远镜照准棱镜中心，按测距键便可实现距离测量。观测数据可显示在显示屏上，也可记录在存储卡上通过通信接口传输到电脑中。其他操作参见仪器使用说明书。

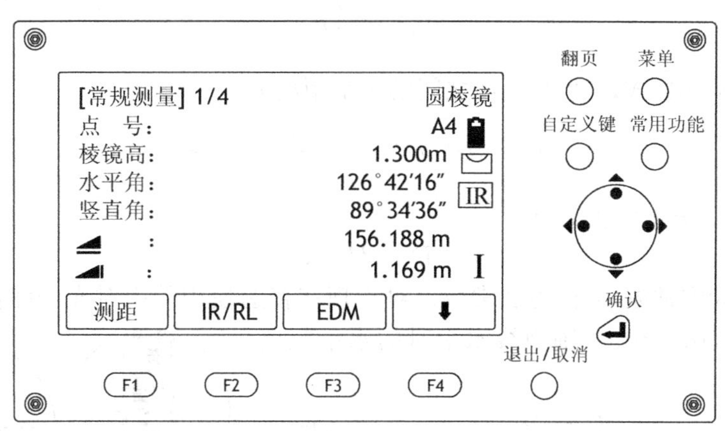

图4-12 全站仪键盘与显示器面板

进行高精度控制测量时，棱镜需稳定地安置在三脚架上，并进行对中、整平。进行低精度碎部测量时，棱镜可以固定在对中杆上。进行角度测量时，应照准棱镜中心或觇板上的照准标志（小三角形等）。

4.3 视距测量

利用望远镜内的视距装置，配合视距尺，根据几何光学和三角学原理，同时测定水平距离和高差的方法，称为视距测量。普通视距测量中的视距装置是经纬仪或水准仪望远镜内十字丝板上刻制的上、下两根短丝，称为视距丝；视距尺一般为普通水准尺。

普通视距测量的测距精度在1/200左右。因操作简便，速度快，不受地面起伏限制，常用于地形图测绘中的碎部测量。

1）视距测量原理

（1）视线水平时的视距测量公式

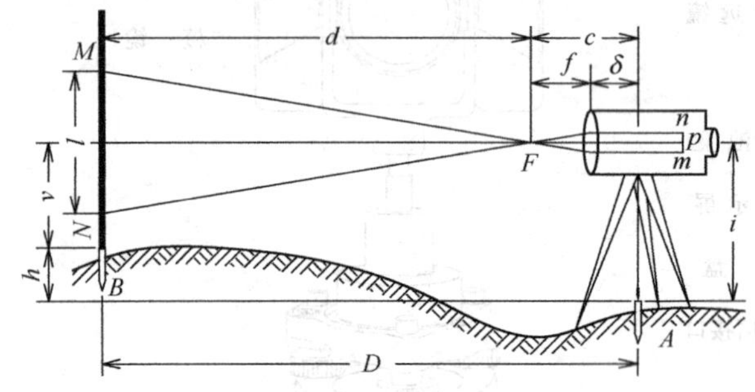

图4-13 视线水平时视距测量

如图4-13，用（倒像）经纬仪进行视距测量，测定A、B两点间的水平距离D和高差h。测量时，在A点安置经纬仪，B点竖立水准尺。将经纬仪视线调至水平状态，即视准轴垂直于水准尺，则十字丝下丝m和上丝n在水准尺上的读数分别为M和N，读数M与N之差l称为视距间隔或读数间隔。

设外对光望远镜物镜焦距为f，十字丝下丝m与上丝n之间的距离为p，物镜焦点F到水准尺的水平距离为d，仪器中心至物镜的距离为δ。则根据几何光学原理有

$$d = \frac{f}{p}l \tag{4-16}$$

顾及（4-16）式，则A至B之间的水平距离为

$$D = d + f + \delta = \frac{f}{p}l + f + \delta \tag{4-17}$$

令$k = f/p$；$c = f + \delta$；

$$D = kl + c \tag{4-18}$$

式中，k称为乘常数，c称为加常数，对于现在普遍使用的内对光经纬仪，设计时通常使$k=100$，$c\approx 0$。则视线水平时的水平距离公式为

$$D = kl \tag{4-19}$$

如图4-14（a），视距间隔$l=1957$mm（上丝读数）-1774mm（下丝读数）$=183$mm，再代入（4-19）式得距离值为18.3m。在地形测量中，可按图4-14（b）所示方法，在视线水平后，用望远

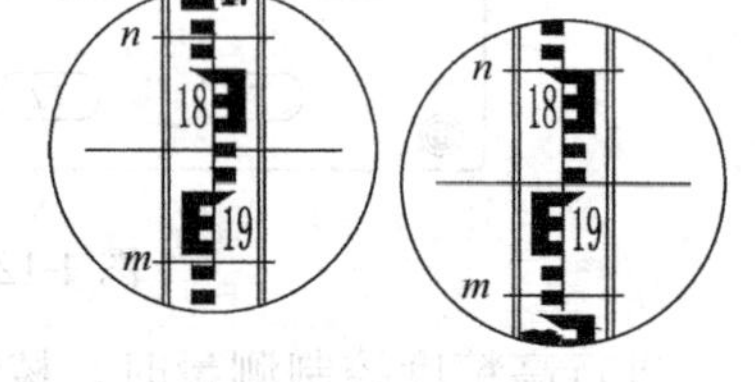

图4-14 视距读数方法

镜微动螺旋调十字丝上丝对准最接近的某整分画线（图中 1800mm 处），然后由整分画线开始向下丝方向数大格（分米）和小格（厘米）数，估读到 0.1 小格。1 大格、1 小格和 0.1 小格分别对应实际距离的 10m、1m 和 0.1m。图 4-14（*b*）为 1 大格加 8.3 小格，因此读得水平距离为 18.3m。这种方法由观测者直接数格完成，避免了两次读数、记录与计算的烦琐过程。

视线水平时高差 h 的计算公式，由图 4-13 所示几何关系可得

$$h = i - v \tag{4-20}$$

式中，i 为仪器高度，即地面点 A 至经纬仪望远镜旋转轴（横轴）的距离；v 为中丝在水准尺上的读数，即地面点 B 至水平视线的距离。

（2）视线倾斜时的视距测量公式

如图 4-15，当地面坡度较大，需要使视准轴倾斜 α 角才能观测上、下丝读数 M、N（正像经纬仪），求出视距间隔 l。由于视准轴不垂直于铅垂竖立的水准尺，不能直接套用式（4-19）计算水平距离 D。

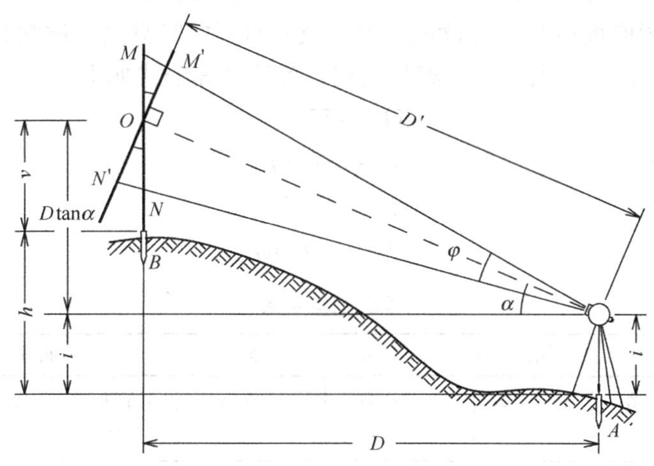

图 4-15 视线倾斜时视距测量公式

设想有水准尺倾斜 α，即垂直于视准轴，则上、下丝读数将分别为 M' 与 N'，对应的视距间隔为 $l'(= M' - N')$。因 φ 角很小，约为 34.38′，可把$\angle OM'M$ 和$\angle ON'N$ 近似看成直角，则在直角三角形 $OM'M$ 和 $ON'N$ 中，有

$$l' = \overline{OM'} + \overline{ON'} = \overline{OM}\cos\alpha + \overline{ON}\cos\alpha = l\cos\alpha$$

由于倾斜 α 角的假想水准尺与视准轴垂直，参照式（4-19），倾斜距离 D' 可按下式计算：

$$D' = kl' = kl\cos\alpha$$

则视线倾斜时 A、B 两点的水平距离 D 为

$$D = D'\cos\alpha = kl\cos^2\alpha \tag{4-21}$$

根据图 4-15 所示几何关系，可得视线倾斜时 A、B 两点的高差 h 为

$$h = D\tan\alpha + i - v \tag{4-22}$$

式（4-21）、式（4-22）是视线倾斜的视距测量公式。当视线倾斜角 $\alpha = 0°$ 时，式（4-21）、式（4-22）变成为视线水平时的视距测量公式（4-19）、（4-20）。

（3）高程计算

地形测量中，需要直接确定各视距点的高程。设测站点的高程为 $H_{站}$，顾及式(4-22)，则 u（$u=1，2，3，\cdots$）点高程为

$$H_u = H_{站} + h_u = H_{站} + D\tan\alpha + i - v \tag{4-23}$$

在一个测站上，测站高程和仪器高是不变的，为了减少重复计算，令

$$H_{视} = H_{站} + i \tag{4-24}$$

则式（4-23）可以写成

$$H_u = H_{视} + D\tan\alpha - v \tag{4-25}$$

2）视距测量观测与计算

以地面点 A 为测站，用视距测量方法观测 1、2、3、4 点，已知数据、观测数据和计算结果，见表 4-3。观测与计算步骤如下：

（1）安置仪器　在 A 点安置经纬仪，包括对中、整平，量取仪器高 i；竖盘置于盘左位置。

（2）观测　依次照准各视距点，分别读取上下丝读数后计算视距间隔 l 与视距 kl 或直接数格读取视距 kl。并读取中丝 v 及其对应的竖盘盘左读数 L。

（3）计算　计算各点水平距离与高程，各项计算公式如下：

视线高程：$$H_{视}=H_A+i \tag{4-24}$$

盘左竖直角：$$\alpha_{左}=90°-L \tag{3-7}$$

水平距离：$$D=kl\cos^2\alpha \tag{4-21}$$

高程：$$H=H_{视}+D\tan\alpha-v \tag{4-25}$$

视距测量手簿　　**表 4-3**

测站：A		测站高程 H_A：30.10m			仪器高 i：1.52m			视线高程 $H_{视}$：31.62m	
点号	视距 kl	中丝读数 v	竖盘读数 L		竖直角 α		水平距离 D	高程 H	备注
取位	0.1m	0.01m	(°)	(′)	(°)	(′)	0.1m	0.01m	
1	43.5	1.57	89	22	0	38	43.5	30.53	竖盘为顺时针注记
2	28.9	1.89	86	16	3	44	28.8	31.61	
3	25.2	2.18	93	02	−3	02	25.1	28.11	
4	19.8	1.95	84	13	5	47	19.6	31.66	

4.4 直线定向

测量中的直线，既具有长度，也具有方向，直线的方向是相对于标准方向而言的。确定直线的方向与标准方向之间的关系，称为直线定向。

1）三北方向

直线定向的基准方向，称为标准方向。我国位于地球北半球，常用的标准方向有真北方向、磁北方向和坐标北方向三种标准方向，通常简称为三北方向。不同国家根据本国的地理位置，可以选用不同的标准方向。

（1）真北方向

如图 4-16，地球旋转轴与地球球面有两个交点，位于地球北部的交点 N 称为真北极、位于地球南部的交点 S 称为真南极。包含地球真北极与真南极的平面，与地球球面的交线，称为真子午线。过地面点 P 并指向北方的真子午线切线方向，称为真北方向。

(2) 磁北方向

如图 4-16，由于磁场作用，地球北、南半球分别有磁北极 Nm 和磁南极 Sm 两个磁极点。包含地球磁北极与磁南极的平面，与地球球面的交线，称为磁子午线。过地面点 P 并指向北方的磁子午线切线方向，称为磁北方向。

(3) 坐标北方向

如图 4-17，平面直角坐标系中，纵轴为 x 轴，向北为正，横轴为 y 轴，向东为正。过平面点 P 且平行于 x 轴北方向（x 轴正方向）的方向，称为坐标北方向。

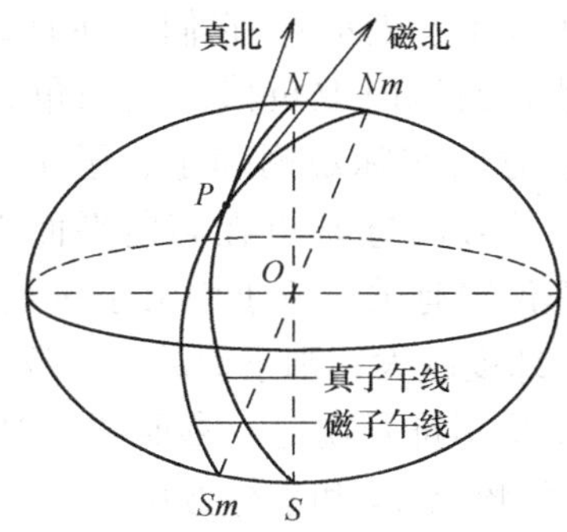

图 4-16 真北与磁北方向

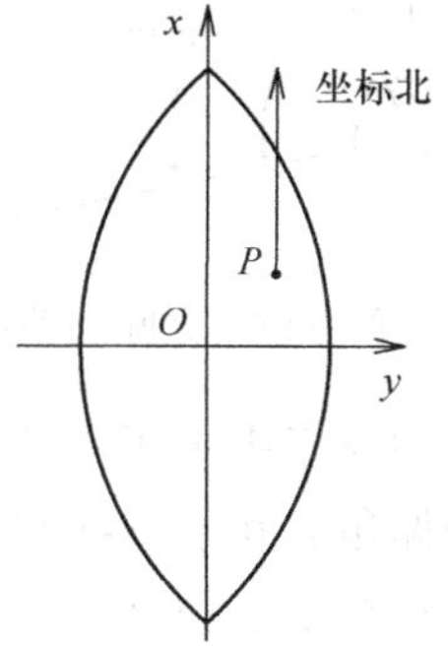

图 4-17 坐标北方向

由于平面直角坐标系有高斯平面直角坐标系（图 4-17 所示，中央子午线为纵轴，赤道为横轴，亦称统一平面直角坐标系）和假定平面直角坐标系（任意两相互垂直的直线构成）之分，对应有高斯坐标北方向和假定坐标北方向，两者之间可通过观测连接角确定相互关系。

2) 方位角

(1) 方位角的概念

对于地面上的任意一条直线，由直线一端的标准方向顺时针转至直线的夹角，称为方位角。根据方位角的定义可知其取值范围为 0°～360°。

由于标准方向有真北方向、磁北方向和坐标北方向，对应的方位角分别称为真方位角、磁方位角和坐标方位角，分别用 A、Am、α 表示。

(2) 方位角的确定

真方位角可通过观测天体（太阳、月球或其他恒星）瞬时位置的天文观测方法确定，也可利用陀螺仪，使陀螺高速旋转后陀螺旋转轴与地球旋转轴平行来测定真北方向。(详情参阅有关文献)。

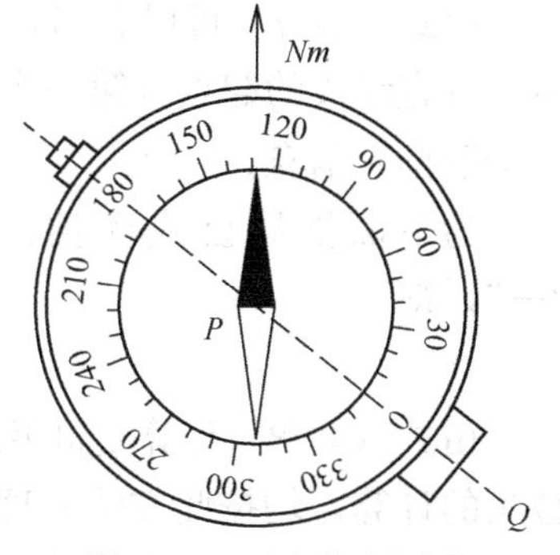

图 4-18 磁方位角测定

磁方位角利用罗盘仪测定，其测量原理如图 4-18，P 点安置罗盘仪，使望远镜照准目标 Q 点，与望远镜固定连接的罗盘仪度盘随望远镜旋转。在平面内自由旋转的磁针（黑白相间的长三角形图形）静止后，磁针（黑色）一端指向磁北方向 Nm，对应读数（128°18′36″）即为直线 PQ 的磁方位角。由于罗盘仪结构简单，操作方便，故磁方位角在一些难于得到统一坐标系统的场合得到较多应用。

坐标方位角由计算确定，将在下面详细介绍。

(3) 三种方位角之间的关系

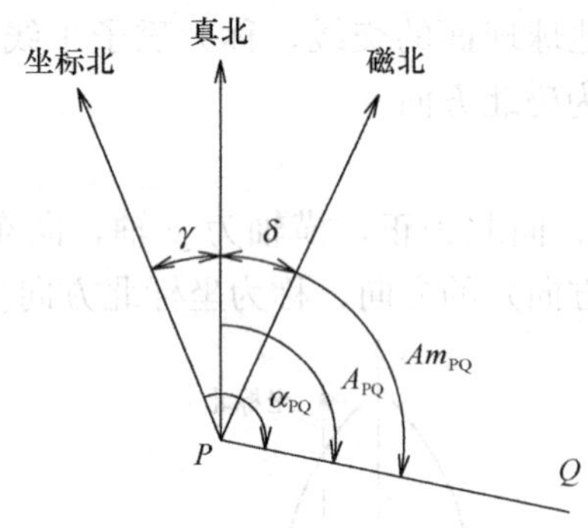

图 4-19　三种方位角之间的关系

如图 4-19，任一地面点 P 都存在真北方向、磁北方向和高斯平面内的坐标北方向，但三者通常情况下并不重合。一般以真北方向作为基准，磁北方向和坐标北方向偏离真北方向产生的夹角，分别称为磁偏角（用 δ 表示）和子午线收敛角（用 γ 表示）。它们偏在真北方向东侧时取正值，西侧时取负值。磁偏角 δ 由真北方向和磁北方向实际观测确定。子午线收敛角 γ 的大小与符号，与 P 点在高斯平面直角坐标系中的地理位置有关，位于中央子午线以东为正，以西为负；相对于中央子午线的经差越大、纬度越大；则 γ 值越大，反之越小。

根据磁偏角 δ 和子午线收敛角 γ 的定义及其符号规定，参照图 4-19 中的几何关系，可得直线 PQ 的真方位角 A_{PQ}、磁方位角 Am_{PQ}和坐标方位角 α_{PQ}之间有如下关系。

$$\left.\begin{aligned} A_{PQ} &= Am_{PQ} + \delta \\ A_{PQ} &= \alpha_{PQ} + \gamma \\ \alpha_{PQ} &= Am_{PQ} + \delta - \gamma \end{aligned}\right\} \qquad (4\text{-}26)$$

3) 坐标方位角的推算

在各种平面直角坐标系（包括高斯坐标系、独立坐标系和假定坐标系）中，经常需要利用坐标方位角推算点的平面坐标。如图 4-20，同一条直线 PQ，在 P 点和 Q 点分别有坐标方位角 α_{PQ} 和 α_{QP}，它们之间满足如下关系：

$$\alpha_{QP} = \alpha_{PQ} \pm 180° \qquad (4\text{-}27)$$

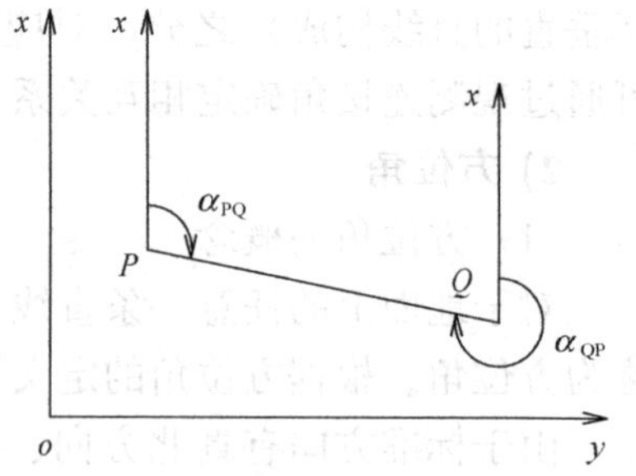

图 4-20　同一直线两坐标方位角的关系

由式（4-27）可以看出，坐标方位角的下标包含有直线段的起点（第一个下标）和终点（第二个下标）信息。

为下面推导公式简洁、方便起见，可将式（4-27）中的“±”省略写为“+”，即

$$\alpha_{QP} = \alpha_{PQ} + 180° \qquad (4\text{-}28)$$

由式（4-28）计算 α_{QP}的结果如果大于 360°，则在 α_{QP} 中减去 360°，以下坐标方位角的计算，均按此方法处理。

实际测量中，经常将若干直线连接成导线形式，观测相邻直线所构成的水平

夹角，然后根据某一直线的已知坐标方位角，便可推算出各直线的坐标方位角。下面以一个简单的导线为实际例子，由此推导出计算各直线坐标方位角的一般公式。

如图 4-21，已知 P 点至 Q 点的坐标方位角 α_{PQ}，在 Q、1、2 点分别用经纬仪观测了水平角 β_Q、β_1 和 β_2，求直线 3 至 2 的坐标方位角 α_{32}。

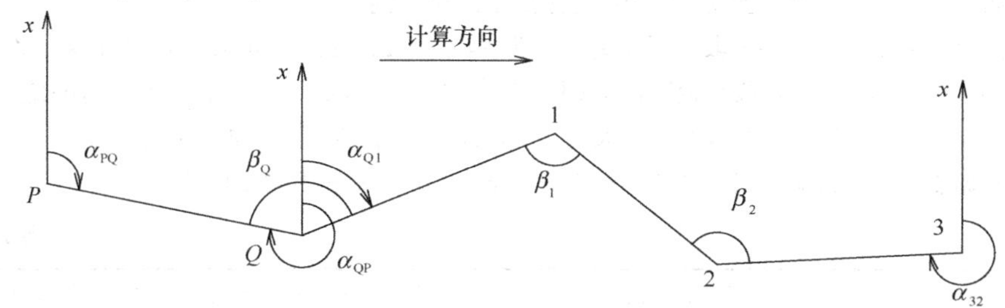

图 4-21 坐标方位角推算

根据计算前进方向约定，位于线路左侧的观测角简称为左角，位于线路右侧的观测角简称为右角，前面的三个观测角中，β_Q 和 β_2 为左角，β_1 则为右角。

根据（4-28）式有 $\alpha_{QP}=\alpha_{PQ}+180°$

根据图 4-21 的几何关系且在最后考虑 360°时 $\alpha_{Q1}=\alpha_{QP}+\beta_{Q(左)}$

综合上述两式得 $\alpha_{Q1}=\alpha_{PQ}+\beta_{Q(左)}+180°$

同理依次有 $\alpha_{12}=\alpha_{Q1}-\beta_{1(右)}+180°$

$\alpha_{23}=\alpha_{12}+\beta_{2(左)}+180°$

$\alpha_{32}=\alpha_{23}+180°$

由上述四式可以依次求出 Q1、12、23、32 直线的坐标方位角 α_{Q1}、α_{12}、α_{23}、α_{32}。将上述等式的左边和右边分别相加，并消除两边的相同因子，经整理后得：

$$\alpha_{32}=\alpha_{PQ}+\beta_{Q(左)}-\beta_{1(右)}+\beta_{2(左)}+4\times180°$$

在上式中，α_{32} 是最终需要求出的直线 32 的坐标方位角，α_{PQ} 是路线开始处已知直线 PQ 的坐标方位角，$\beta_{Q(左)}$、$\beta_{1(右)}$ 和 $\beta_{2(左)}$ 分别是各中间点的观测角，位于路线计算方向左侧时取“+”号，右侧时取“−”号，4×180°中的 4 是起点 P 至终点 3 之间的直线段数。将上式推广到一般情况有

$$\alpha_{终}=\alpha_{始}+\Sigma\beta_{左}-\Sigma\beta_{右}+N\times180° \tag{4-29}$$

式中，$\alpha_{终}$ 是路线终点处所求直线的坐标方位角，$\alpha_{始}$ 是路线开始处已知直线的坐标方位角，$\Sigma\beta_{左}$ 和 $\Sigma\beta_{右}$ 分别是推算路线左侧和右侧参与计算的各观测角之和，N 是起点至终点之间的直线段数。

用式（4-29）计算的坐标方位角结果中，可能存在小于 0°或大于 360°的情况，加或减去若干个数的 360°，直至坐标方位角在 0°～360°的取值范围内。

思考题与习题

1. 钢尺一般量距，为什么可以采用目估方法确定钢尺丈量方向？
2. 钢尺精密量距需要进行哪三项改正？
3. 主要有哪两种电磁波测距方法？它们各适合测多长距离？土建工程中主要使用什么测距

方法？

4. 视距测量所测定的距离能达到多高精度？为什么？

5. 往返测定两段长度不等的距离，它们的往返距离之差相等，其测定精度相同吗？为什么？

6. 方位角有几种？它们各采用什么标准方向？几种方位角之间是何关系？土建工程测量中常用哪种方位角？

7. 同一直线可能有几个坐标方位角？它们之间是何关系？

8. 钢尺一般量距测得 *AB* 段往返距离分别为 246.801m、246.874m；*CD* 段往返距离分别为 316.425m、316.498m；*EF* 段往返距离分别为 186.516m、186.585m。求各段距离的绝对误差、相对误差和平均值。若规定相对误差不大于 1/3000，判断各段距离是否满足精度要求。

9. 根据表 4-4 中已知数据和观测数据，参照表 4-3，完成视距测量计算。

表 4-4

测站：*A*			测站高程：54.64m		仪器高：1.52m 竖直角＝90°－竖盘读数				
点号	视距 (m)	中丝读数 (m)	竖盘读数 (°)	竖盘读数 (′)	点号	视距 (m)	中丝读数 (m)	竖盘读数 (°)	竖盘读数 (′)
1	23.6	1.62	90	00	3	45.9	2.49	91	26
2	34.7	1.83	86	18	4	57.1	1.34	86	48

10. 如图 4-22，已知坐标方位角 $\alpha_{A1}=267°07'29''$，观测水平角 $\beta_1=138°12'23''$，$\beta_2=118°46'44''$。指出观测角 β_1 与 β_2 中，哪个是左角，哪个是右角，并计算直线 12 与 23 的坐标方位角 α_{12} 和 α_{23}。

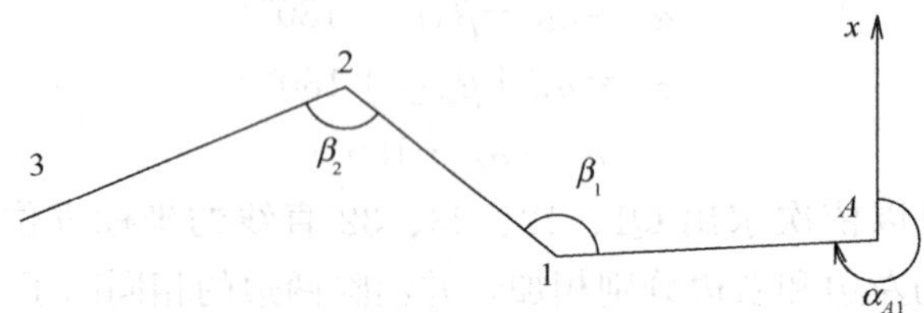

图 4-22 坐标方位角计算题

第 5 章　测量误差基本知识

5.1　测量误差

5.1.1　误差及其来源

1）误差概念

任何一个观测量客观上都对应存在一个唯一的值，这个值称为真值。如：一条闭合水准路线各段高差之和的客观真值等于零，一个三角形的内角和的客观真值等于 180°，某直线段往测距离的真值等于返测距离的真值等。对高差、水平角和距离等进行观测所获得的值，称为观测值，直接观测值的函数亦称为观测值。

实际观测结果证明，无论使用多么精密的仪器，也无论观测者的技术水平有多高，在排除错误的情况下，观测值一般不等于真值。观测值与真值之差，称为真误差，习惯上简称为误差。所有观测值必然存在误差，即使观测值等于真值，误差也仍然存在，只是观测误差在各观测值内部相互抵消。

2）误差来源

产生误差的原因很多，概括起来可以分为三个方面。

（1）人的因素

人体感觉器官的分辨能力总是有限的。如在使用仪器进行对中、整平、照准和读取数据等各个观测过程中，都会因为分辨力影响，不能做到使仪器绝对对中、整平与照准，在读取普通水准尺读数的时候，不能读取 0.1mm 及其更精确的数据等，这些因素将引起观测误差。

再者，人的技术熟练程度和工作的仔细与认真态度不同，观测成果的质量也有差异。

（2）仪器因素

仪器受制造工艺限制和不断使用的磨损等，各种理论设计的轴系关系不能绝对满足，将对观测成果产生误差。如经纬仪水平度盘刻划不均匀和度盘几何中心与仪器旋转轴不重合，将对水平角的观测结果产生误差；再如，水准仪的视准轴与水准管轴应该平行，实际上不可能绝对平行，其产生的 i 角在前后视距不能完全相同的情况下对高差必然存在影响。

仪器误差一般可以通过检验后进行校正，但校正之后仍会存在残余误差影响观测成果。

（3）外界条件因素

测量工作在外界环境中进行，受到各种外界条件因素影响。如，在松软土质地面，存在仪器下沉、水准尺下沉，使视线高度发生相对变化；视线靠近高温的沥青等路面时产生波动、穿越大气时产生折射、靠近建筑屋时产生旁折光；雾、尘埃影响观测目标清晰、透明度；温度变化使钢尺长度发生变化。这些外界条件，都会带来一定的观测误差。

上述误差来源的三个方面，统称为观测条件。

5.1.2　误差的分类

根据各种误差对测量成果影响的性质，可将误差分为系统误差和偶然误差两大类。

1）系统误差

在相同观测条件下进行一系列观测，如果误差出现大小、符号相同，或按照一定的规律变化，这种误差称为系统误差。

系统误差对观测成果影响很大、且具有累积特征，甚至导致成果不能满足技术要求。但由于系统误差的大小、符号以及变化规律可以在观测之前预先知道，因此，能采用相应的观测程序、设置相应的观测规则进行消除，或利用相应的数学处理方法进行改正。

例如，水准测量中视准轴不平行水准管轴产生的 i 角，水平角观测中的视准轴不垂直于望远镜旋转轴（横轴）所形成的 c 角，竖直角观测中的竖盘指标差 x 等，它们的大小与符号在一定的观测时段内是不变量，可通过仪器检验方法求出。可以使前视距离等于后视距离消除 i 角对高差的影响，利用盘左与盘右角度取平均分别消除 c 角对水平角的影响和消除指标差 x 对竖直角的影响。也可通过在观测值中进行 i 角、c 角和指标差 x 的改正消除影响。再如，钢尺随温度变化产生的伸缩，对距离丈量结果产生的绝对误差与距离的长短有关，具有比例规律，可以按距离成比例地进行改正。

2）偶然误差

在相同观测条件下进行一系列观测，如果单个观测值误差的大小、符号没有任何规律，具有偶然性，即不可能在观测之前或观测之后知道，而大量观测数据的误差具有一定的统计规律，这类误差称为偶然误差。

例如，观测水平角时，与人眼的辨别能力、大气透视清晰度以及被照准目标的背景有关的照准误差，使得照准目标时，视准轴可能偏在目标左侧，也可能偏在目标右侧，由此单次观测所得水平角与对应真值之间的差值，其符号的正负、大小都无法在观测之前或之后知道。

偶然误差不能通过采用观测程序、或设置观测规则等措施消除，也不能利用改正的方法消除，但可通过多次重复观测取平均值，使得正、负误差能相互部分抵消，达到削弱偶然误差影响的目的。

综上所述，由于系统误差具有可知规律，能通过观测手段或数学处理方法消除，因此，本章后续对测量误差的研究与讨论，将只针对偶然误差。

5.1.3　偶然误差的统计特性

1）偶然误差的统计特性

偶然误差从表面观察没有规律性，即单个误差的大小、符号不能确定，呈现偶然性，但从整体上对大量偶然误差进行统计分析，偶然误差将表现出一定的统计规律。

例如，设有三角形内角和观测值，用 l 表示，由于观测值不可避免地含有各种误差，一般不等于对应的真值 180°。若用 Δ 表示真值与观测值之差，则有：

$$\Delta = 180° - l$$

现对某三角网中的 $n=206$ 个三角形的内角进行观测，将各内角和观测值按上式计算真误差后，以 $d\Delta=3''$ 为区间间隔统计各区间真误差个数 n_i，按误差正、负符号与 Δ_i 的大小排序，同时计算出对应频率 v_i （$=n_i/n$） 及其密度 （$v_i/d\Delta$），分别依次填入表 5-1。

偶然误差统计特性 **表 5-1**

误差区间	负误差			正误差			备注
	误差个数 n_i	频率 v_i	$v_i/d\Delta$	误差个数 n_i	频率 v_i	$v_i/d\Delta$	
0″～3″	32	0.155	0.052	33	0.160	0.053	
3″～6″	27	0.131	0.044	26	0.126	0.042	$d\Delta=3''$
6″～9″	18	0.087	0.029	19	0.092	0.030	$v_i=n_i/n$
9″～12″	11	0.054	0.018	12	0.059	0.020	$n=206$
12″～15″	7	0.034	0.011	6	0.029	0.010	
15″～18″	4	0.019	0.006	4	0.019	0.006	
18″～21″	2	0.010	0.003	3	0.015	0.005	
21″～24″	1	0.005	0.002	1	0.005	0.002	
24″以上	0	0.000	0.000	0	0.000	0.000	
Σ	102	0.495	0.165	104	0.505	0.168	

表 5-1 统计结果显示，偶然误差绝对值相同的正、负误差个数大致相等；小误差个数比大误差个数多，所有误差没有超过 24″。

对大量实际观测数据进行统计分析，证明偶然误差具有以下统计特性：

①有限性　在一定的观测条件下，偶然误差的绝对值不会超过一定的限值；

②对称性　绝对值相等的正、负误差出现的概率相等；

③渐降性　小误差出现的概率比大误差出现的概率大；

④抵偿性　同一量的偶然误差算术平均值，在观测次数无限增多时趋近于零，即

$$\lim_{n\to\infty}\frac{[\Delta]}{n}=0 \tag{5-1}$$

式中，$[\Delta]=\Delta_1+\Delta_2+\cdots+\Delta_n$；[ ] 为求和符号，本章同。

由上述第 4 特性可知，观测次数无限增多时的偶然误差算术平均值等于 0，这意味着对应的算术平均值等于真值。实际上，观测次数总是有限的，则观测量的算术平均值随观测次数的增多趋近于真值。因此，多次观测的算术平均值将大大减小偶然误差的影响。

2）偶然误差的数学分布

对表 5-1 中的统计数据，以 Δ 为横坐标，y （$=v_i/d\Delta$） 为纵坐标绘制每个区

间的直方图，如图 5-1。由图中可以看出，每个误差区间的长方形面积，代表误差出现在该区间的频率。如，误差区间 3″～6″的面积（图中斜线区域）等于 $y_{3''\sim6''}\times d\Delta=0.042\times3=0.126$。直方图直观、形象地描述了偶然误差在各个误差区间的分布情况及其聚集程度。

在同一观测条件下，观测次数增多时，误差出现在各个区间的频率趋于一个定值；$n\rightarrow\infty$时，误差出现在各个区间的频率将等于其对应的概率。由此可见，$n\rightarrow\infty$（观测次数无限增大），$d\Delta\rightarrow0$（误差区间无限缩小）时，图 5-1 直方图各长方形上顶边将形成一条光滑的、连续的曲线，见图 5-2。这条曲线在概率论中称为正态分布曲线，亦称为偶然误差的理论分布曲线，是一条关于 y 轴对称的曲线。

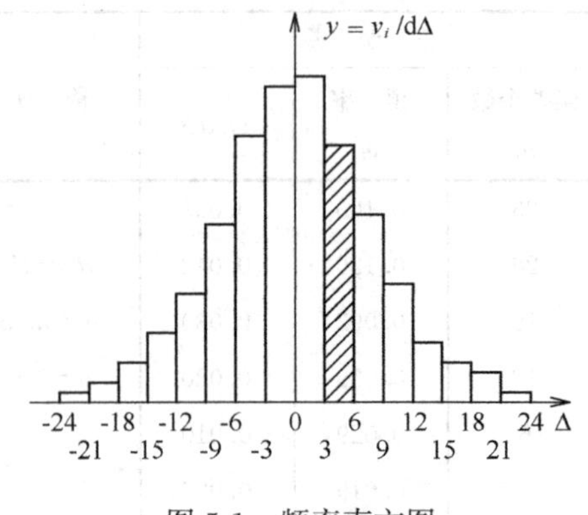

图 5-1　频率直方图

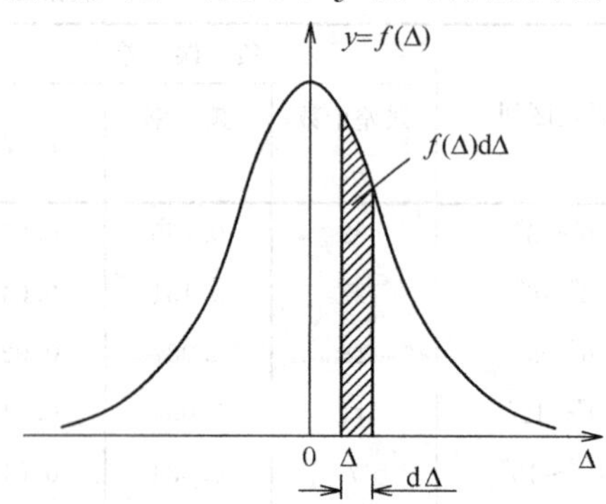

图 5-2　正态分布曲线

可以证明，正态分布曲线的纵坐标 y 与横坐标 Δ 有如下函数关系：

$$y=f(\Delta)=\frac{1}{\sqrt{2\pi\sigma}}\mathrm{e}^{\frac{\Delta^2}{2\sigma^2}} \tag{5-2}$$

式中，π 和 e 分别是圆周率和自然对数之底，σ 称为标准差，具体表达式如下：

$$\sigma=\pm\lim_{n\to\infty}\sqrt{\frac{\Delta_1^2+\Delta_2^2+\cdots+\Delta_n^2}{n}}=\pm\lim_{n\to\infty}\sqrt{\frac{[\Delta^2]}{n}} \tag{5-3}$$

如图 5-2，设 Δ 处 $d\Delta$ 区间内的偶然误差概率为 P（Δ），亦称之为概率元素，则有

$$P(\Delta)=f(\Delta)\mathrm{d}\Delta \tag{5-4}$$

概率元素 P（Δ）的大小等于 Δ 处 f（Δ）与 $\mathrm{d}\Delta$ 之积（斜线区域的面积），f（Δ）称为误差分布的概率密度函数，简称为密度函数。曲线 $y=f$（Δ）与横轴所包围的面积等于 1。

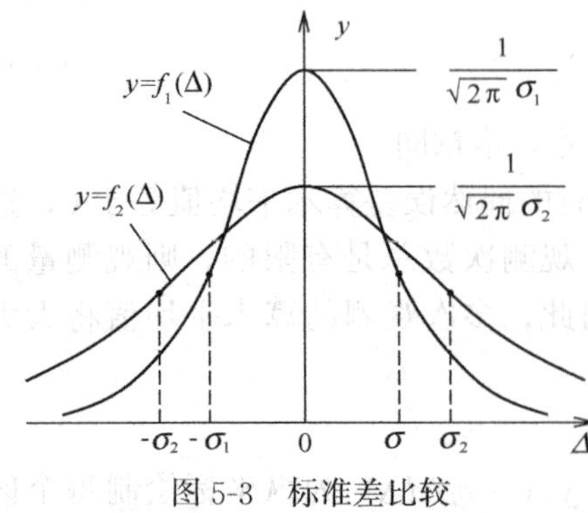

图 5-3　标准差比较

可以证明，标准差 σ 是正态分布函数 $y=f$（Δ）的两个拐点在横轴上对应的坐标。观测条件一定时，σ 值唯一确定，对应的正态分布曲线图形也唯一确定。

由式（5-2）可知，$\Delta=0$ 时，y 有最大值 $y_{\max}=1/\sqrt{2\pi\sigma}$，$y_{\max}$ 与 σ 值大小有关。如图 5-3，σ 值愈小，$y_{\max}$ 则愈大，则聚集在 0 误差附近的小误差愈多，大误差愈少，如图 5-3 中的 $y=f_1$（Δ）曲线和对应的 σ_1；反

之，σ 值愈大，y_{max} 将愈小，则小误差少，大误差多，如图中 $y=f_2$（Δ）曲线及其 σ_2。

综上所述，σ 值的大小能反应成果的质量与精度。

5.2 评定观测值精度的指标

为了保证测量成果满足各种工程建设的技术要求，通常用中误差、相对误差和容许误差来评定和控制测量成果的质量。

5.2.1 中误差

在相同观测条件下，对具有真值 X 的某量进行 n 次观测，其观测值分别为 l_1、l_2、…、l_n，对应的真误差为 Δ_1、Δ_2、…、Δ_n，（$\Delta_i=X-l_i$，$i=1$、2、…、n）。当观测次数 $n\rightarrow\infty$ 时可按上节介绍的式（5-3）计算标准差 σ：

$$\sigma=\pm\lim_{n\to\infty}\sqrt{\frac{[\Delta^2]}{n}}$$

前已叙及，标准差 σ 的大小，能反应观测成果的质量与精度。因此，观测值标准差 σ 是评定精度的理想参数。但实际观测次数 n 总是有限的，因而无法按式（5-3）准确计算出 σ。实际应用中，一般定义与式（5-3）最接近的中误差 m 作为衡量观测值精度的标准：

$$m=\pm\sqrt{\frac{[\Delta^2]}{n}} \tag{5-5}$$

式（5-5）是利用一组同精度观测值的真误差计算中误差的基本公式。中误差 m 是反映一组真误差离散程度的指标，并不是某次或一组观测值的误差。

【例 5-1】 对某三角形内角和进行两组同精度观测，各观测 10 次，其各组真误差分别如下：

第一组：$-3''$，$+2''$，$+4''$，$-1''$，$+3''$，$-2''$，$-4''$，$+1''$，$-1''$，$+1''$

第二组：$-2''$，$+2''$，$+8''$，$-2''$，$0''$，$-1''$，$-4''$，$0''$，$+2''$，$+1''$

【解】 按式（5-5）分别计算如下：

$$m_1=\pm\sqrt{\frac{(-3)^2+2^2+4^2+(-1)^2+3^2+(-2)^2+(-4)^2+1^2+(-1)^2+1^2}{10}}$$
$$=\pm2.5''$$

$$m_2=\pm\sqrt{\frac{(-2)^2+2^2+8^2+(-2)^2+0^2+(-1)^2+(-4)^2+0^2+2^2+1^2}{10}}$$
$$=\pm3.1''$$

上述计算结果表明，第一组中误差 m_1 的绝对值小于第二组中误差 m_2 的绝对值，说明第一组观测值的精度高于第二组观测值的精度。进一步的统计还可看出，两组观测值真误差分别求绝对值之和，其值都等于 22″，但两中误差却相差 0.6″，这是因为式（5-5）使用真误差平方和计算中误差时，对波动较大的真误差更为敏感所至。在第一组真误差中，虽没有 0 误差，但绝对值最大的真误差为 4，相对而言，误差的大小比较集中。在第二组真误差中，虽有 0 误差，但有绝对值大的真误差8，说明第二组观测成果的误差比较分散，可靠性较差。

5.2.2 相对误差

有些观测量，不仅与观测条件有关，也与观测量本身的大小有关。如，用钢尺等精度丈量两段量距 D_1、D_2，它们的长度分别是200m和2000m。如果它们的丈量中误差都是±20cm，从绝对中误差来看，两者的丈量精度相同，但距离丈量的精度，不仅与绝对中误差的大小有关，更与所丈量距离的长短有关。距离越短，其丈量的绝对中误差，相对而言应该较小。因此，衡量 D_1、D_2 两段距离的丈量精度，应考虑观测误差与观测量大小的关系。

观测值中误差的绝对值与观测值之比，称为相对误差。通常化成分子为1的分式形式，用 K 表示。即：

$$K=\frac{|\text{中误差}|}{\text{观测值}}=\frac{|m|}{l}=\frac{1}{l/|m|} \tag{5-6}$$

相对误差因分子固定为1，其分母越大，观测值精度越高；分母越小，观测值精度越低。根据式（5-6），D_1、D_2 两段距离的相对误差分别为：

$$K_1=\frac{|\pm 0.2|}{200}=\frac{1}{2000}$$

$$K_2=\frac{|\pm 0.2|}{2000}=\frac{1}{20000}$$

因 K_2 的分母大于 K_1 的分母，所以，虽两者的绝对中误差相等，但 D_2 段距离的观测精度高于 D_1 距离的观测精度。

5.2.3 极限误差与容许误差

由偶然误差第一统计特性可知，在一定的观测条件下，偶然误差的绝对值不会超过一定的限值。这个限值就是观测条件确定之后，实际观测误差可能出现的最大误差，被称之为极限误差。极限误差的大小，可通过下述统计分析近似确定。

根据式（5-2）分别对标准差 σ 在 $[-\sigma,\ \sigma]$、$[-2\sigma,\ 2\sigma]$ 和 $[-3\sigma,\ 3\sigma]$ 区间进行积分，可求得真误差 Δ 落在对应区域的概率值 $P\{-\sigma<\Delta<\sigma\}$、$P\{-2\sigma<\Delta<2\sigma\}$ 和 $P\{-3\sigma<\Delta<3\sigma\}$：

$$\left.\begin{aligned}
P\{-\sigma<\Delta<\sigma\}&=\frac{1}{\sqrt{2\pi}\sigma}\int_{-\sigma}^{+\sigma}e^{-\frac{\Delta^2}{2\sigma^2}}\mathrm{d}\Delta=0.683\\
P\{-2\sigma<\Delta<2\sigma\}&=\frac{1}{\sqrt{2\pi}\sigma}\int_{-2\sigma}^{+2\sigma}e^{-\frac{\Delta^2}{2\sigma^2}}\mathrm{d}\Delta=0.955\\
P\{-3\sigma<\Delta<3\sigma\}&=\frac{1}{\sqrt{2\pi}\sigma}\int_{-3\sigma}^{+3\sigma}e^{-\frac{\Delta^2}{2\sigma^2}}\mathrm{d}\Delta=0.997
\end{aligned}\right\} \tag{5-7}$$

由式（5-7）可知，在一组等精度观测值中，真误差 Δ 的绝对值大于标准差 σ 的概率为31.7%，大于 2σ 的概率为4.5%，而大于 3σ 的概率仅为0.3%。测量中把绝对值大于 3σ，概率仅为0.3%的真误差 Δ，认为是几乎不可能出现的误差，并把3倍标准差 σ 作为极限误差。

前已叙及，标准差 σ 不能直接求得，可用中误差 m 代替。为了保障测量成果达到工程建设技术要求，测量中规定观测误差不能超过2倍或3倍中误差，这个不能超过的值，称为容许误差，用 $\Delta_{容}$ 表示。即：

$$\Delta_{容}=2|m| \quad 或 \quad \Delta_{容}=3|m| \tag{5-8}$$

如果观测误差绝对值大于 $\Delta_{容}$，则被认为是错误或误差超出容许范围，其观测成果不合格，须检查原因后重新观测。

5.3 误差传播定律及其应用

在等精度观测条件下，直接观测量的中误差 m，可以通过观测值 l_i 与真值 X 的差值求出对应真误差 Δ_i 后，按式（5-5）计算。实际测量中，很多未知量都不是直接观测量，而是直接观测量的函数。如水平角 β 是两个方向读数 a、b 之差，a、b 为直接观测量，则 β 是 a、b 的函数。直接观测量存在误差，必定导致其函数存在误差。同时，直接观测量函数的中误差也必定与直接观测量的中误差存在某种关系。阐述直接观测量函数的中误差与直接观测量的中误差之间关系的定律，称为误差传播定律。

5.3.1 误差传播定律

1）一般函数的误差传播定律

设有直接观测量（亦称独立观测值）x_i（$i=1, 2, \cdots, n$），已知它们的中误差为 m_i（$i=1, 2, \cdots, n$），现有一个未知函数 Z，欲求 Z 的中误差 m_Z。Z 与 x_i 有如下函数关系：

$$Z=F(x_1, x_2, \cdots, x_n) \tag{5-9}$$

当直接观测量 x_i 的观测值 l_i（$i=1, 2, \cdots, n$）分别具有真误差 Δx_i（$i=1, 2, \cdots, n$）时，则函数 Z 必将随之对应产生真误差 ΔZ。将式（5-9）取全微分有如下方程：

$$\mathrm{d}Z=\frac{\partial F}{\partial x_1}\mathrm{d}x_1+\frac{\partial F}{\partial x_2}\mathrm{d}x_2+\cdots\cdots+\frac{\partial F}{\partial x_n}\mathrm{d}x_n$$

因 Δx_i 和 ΔZ 均很小，可用误差 ΔZ 和 Δx_i 代替微分 $\mathrm{d}Z$ 和 $\mathrm{d}x_i$，则上式可写成

$$\Delta Z=\frac{\partial F}{\partial x_1}\Delta x_1+\frac{\partial F}{\partial x_2}\Delta x_2+\cdots\cdots+\frac{\partial F}{\partial x_n}\Delta x_n \tag{5-10}$$

式（5-10）中，$\frac{\partial F}{\partial x_i}$ 是函数 F 对各自变量（直接观测量）x_i 的偏导数，将 $x_i=l_i$ 代入时，可得它们都是确定的常数。令

$$\frac{\partial F}{\partial x_i}=f_i \tag{5-11}$$

将式（5-11）代入式（5-10）得：

$$\Delta Z=f_1\Delta x_1+f_2\Delta x_2+\cdots\cdots+f_n\Delta x_n \tag{5-12}$$

为了求得直接观测量 x_i 和函数 Z 的中误差，对 x_i 进行 k 次观测，得到 k 组真误差 $\Delta x_{i(j)}$（$i=1,2,\cdots,n; j=1,2,\cdots,k$）。于是，根据式（5-12）可以写出 k 个真误差方程如下：

$$\Delta Z_{(1)}=f_1\Delta x_{1(1)}+f_2\Delta x_{2(1)}+\cdots\cdots+f_n\Delta x_{n(1)}$$

$$\Delta Z_{(2)} = f_1 \Delta x_{1(2)} + f_2 \Delta x_{2(2)} + \cdots\cdots + f_n \Delta x_{n(2)}$$

$$\cdots\cdots \qquad \cdots\cdots$$

$$\Delta Z_{(k)} = f_1 \Delta x_{1(k)} + f_2 \Delta x_{2(k)} + \cdots\cdots + f_n \Delta x_{n(k)}$$

将上式各个方程等式两边分别取平方后求和，并整理得：

$$[\Delta Z^2] = f_1^2[\Delta x_1^2] + f_2^2[\Delta x_2^2] + \cdots\cdots + f_n^2[\Delta x_n^2] + \sum_{\substack{i,j=1 \\ i \neq j}}^{n} 2 f_i f_j [\Delta x_i x_j]$$

将上式两边均除以 k 得

$$\frac{[\Delta Z^2]}{k} = f_1^2 \frac{[\Delta x_1^2]}{k} + f_2^2 \frac{[\Delta x_2^2]}{k} + \cdots\cdots + f_n^2 \frac{[\Delta x_n^2]}{k} + \sum_{\substack{i,j=1 \\ i \neq j}}^{n} 2 f_i f_j \frac{[\Delta x_i x_j]}{k} \tag{5-13}$$

根据偶然误差第二特性，绝对值相等的正、负误差出现的概率相等，当 $i \neq j$ 时，$\Delta x_i \Delta x_j$ 出现正负的可能性也是相同的。顾及偶然误差正、负误差之和的相互抵偿性质，当 $k \rightarrow \infty, i \neq j$ 时，有

$$\lim_{k \leftrightarrow \infty} \frac{[\Delta x_i \Delta x_j]}{k} = 0$$

则式（5-13）可以写成

$$\lim_{k \leftrightarrow \infty} \frac{[\Delta Z^2]}{k} = \lim_{k \leftrightarrow \infty} \{ f_1^2 \frac{[\Delta x_1^2]}{k} + f_2^2 \frac{[\Delta x_2^2]}{k} + \cdots\cdots + f_n^2 \frac{[\Delta x_n^2]}{k} \} \tag{5-14}$$

当 k 有限时，顾及式（5-5）关于中误差的定义，则式（5-14）可以写成如下中误差函数式。

$$m_Z^2 = f_1^2 m_1^2 + f_2^2 m_2^2 + \cdots\cdots + f_n^2 m_n^2 \tag{5-15}$$

将式（5-11）代入式（5-15），并将等式两边求平方根得：

$$m_Z = \sqrt{\left(\frac{\partial F}{\partial x_1}\right)^2 m_1^2 + \left(\frac{\partial F}{\partial x_2}\right)^2 m_2^2 + \cdots\cdots + \left(\frac{\partial F}{\partial x_n}\right)^2 m_n^2} \tag{5-16}$$

式（5-16）是根据直接观测量（独立观测值）x_i 的中误差 m_i，求独立观测值函数 Z 的中误差 m_Z 的计算公式。

2）求函数中误差的基本步骤

（1）根据需要解决问题的性质，建立数学模型，即仿式（5-9）列出一般函数关系：

$$Z = F(x_1, x_2, \cdots, x_n)$$

式中的 $(x_1, x_2, \cdots, x_n)$ 必须是相互独立的观测值，使得 $i \neq j$ 时，$\lim_{k \leftrightarrow \infty} \frac{[\Delta x_i \Delta x_j]}{k} = 0$

（2）对函数式进行全微分，仿式（5-10），列出函数真误差与独立观测值真误差之间的关系式：

$$\Delta Z = \frac{\partial F}{\partial x_1} \Delta x_1 + \frac{\partial F}{\partial x_2} \Delta x_2 + \cdots\cdots + \frac{\partial F}{\partial x_n} \Delta x_n$$

（3）直接列出以下误差传播公式，并计算函数中误差

$$m_Z = \sqrt{\left(\frac{\partial F}{\partial x_1}\right)^2 m_1^2 + \left(\frac{\partial F}{\partial x_2}\right)^2 m_2^2 + \cdots\cdots + \left(\frac{\partial F}{\partial x_n}\right)^2 m_n^2}$$

3）常见简单函数及其误差传播公式

式（5-9）与式（5-16）分别表达的是一般函数及其对应误差传播公式。在实际测量中，经常碰到倍数函数、和差函数与线性函数等简单函数，现将其函数关系式及其误差传播公式列入表 5-2。

常见简单函数及其误差传播公式　　表 5-2

函数名称	函 数 关 系 式	函 数 中 误 差 公 式
倍数函数	$Z = kx$	$m_Z = km_x$
和差函数	$Z = x_1 \pm x_2 \pm \cdots \pm x_n$	$m_Z^2 = m_{x_1}^2 + m_{x_2}^2 + \cdots\cdots + m_{x_n}^2$
线性函数	$Z = k_1x_1 \pm k_2x_2 \pm \cdots \pm k_nx_n$	$m_Z^2 = k_1^2m_{x_1}^2 + k_2^2m_{x_2}^2 + \cdots\cdots + k_n^2m_{x_n}^2$

表 5-2 中，Z 为函数；x，x_i（i=1，2，……n）均为相互独立的直接观测量；k，k_i（i=1，2，……n）是 x，x_i对应的系数，均为常数；m_Z为函数 Z 的中误差；m_x，m_{x_i}（i=1，2，……n）是 x，x_i对应的中误差。

5.3.2 应用实例

1）利用真误差计算中误差实例

欲确定某经纬仪的测角中误差 m，可利用该经纬仪独立观测 n 个三角形的各个内角。各内角的观测值分别用 α_i、β_i、γ_i（$i = 1,2,\cdots\cdots n$）表示，它们的观测精度相同（通常称为等精度观测），对应的中误差均为 m，各三角形内角和用 L_i（$i = 1,2,\cdots\cdots n$）表示，由 $L_i = \alpha_i + \beta_i + \gamma_i$ 公式计算。根据“闭合差=观测值−理论值”的基本公式和 L_i的理论值为 180°，则各三角形内角和 L_i的闭误差 w_i（$i = 1,2,\cdots\cdots n$）由于可由下式计算：

$$w_i = L_i - 180° \tag{5-17}$$

而“真误差=理论值−观测值”，真误差与闭合差绝对值相等，符号相反，再根据中误差定义公式（5-5），可得到三角形内角和 L 的中误差 m_L的计算公式如下：

$$m_L = \pm\sqrt{\frac{[(-w)\cdot(-w)]}{n}} = \pm\sqrt{\frac{[ww]}{n}} \tag{5-18}$$

又因 L 是直接观测量（独立观测值）α、β、γ 的函数，即

$$L = \alpha + \beta + \gamma$$

顾及 $m_\alpha = m_\beta = m_\gamma = m$ 和表 5-2 中“和差函数”的中误差公式，则有

$$m_L^2 = m_\alpha^2 + m_\beta^2 + m_\gamma^2 = 3m^2$$

将式（5-18）代入上式，并整理后得

$$m = \pm\sqrt{\frac{[ww]}{3n}} \tag{5-19}$$

式（5-19）称为菲列罗公式，是根据三角形内角和的真误差计算中误差的公式，也是利用真误差计算中误差的典型实例。常用于确定经纬仪的测角精度和三角测量中预先估算角度测量精度。

2）观测值函数精度评定实例

（1）倍数函数

【例 5-2】 已测定圆半径 $r=28.96\text{m}$，其中误差为 $m_r=\pm0.05\text{m}$，求圆周长 L 的中误差 m_L。

【解】 圆周长与半径的函数式为

$$L = 2\pi r$$

根据表 5-2 中的倍数函数误差传播定律公式有

$$m_L = 2\pi m_r$$

将观测数据及其中误差代入上式得圆周长 L 的中误差 m_L

$$m_L = 2\times3.1416\times(\pm0.05\text{m}) = \pm0.31\text{m}$$

（2）和差函数

【例 5-3】 水准测量每站的高差 $h_i(i=1,2,\cdots\cdots n)$ 对应的中误差均为 $m_{站}$，某路线观测了 n 个测站，求该线路高差 h 的中误差 m_h。

【解】 线路高差 h 与各测站高差 $h_i(i=1,2,\cdots\cdots n)$ 的函数式为

$$h = h_1 + h_2 + \cdots\cdots + h_n$$

根据表 5-2 中的和差函数误差传播定律公式直接有

$$m_h^2 = m_{站}^2 + m_{站}^2 + \cdots\cdots m_{站}^2 = nm_{站}^2$$

由此可得等精度观测的和差函数中误差公式为

$$m_h = \pm\sqrt{n}m_{站}$$

（3）线性函数

【例 5-4】 等精度观测三角形三个内角 α'、β' 和 γ'，其角度观测中误差为 m，且 $m_{\alpha'}=m_{\beta'}=m_{\gamma'}=m$，求经角度闭合差分配后的改正后内角 α、β 和 γ 的中误差 m_α、m_β、m_γ。

【解】 内角和闭合差 w 公式为

$$w = \alpha' + \beta' + \gamma' - 180°$$

将闭合差按反号后平均分配的原则对每个观测角进行改正，以改正后角 α 与原观测角 α'、β' 和 γ' 的函数为例的函数式为

$$\alpha = \alpha' - \frac{1}{3}w = \frac{2}{3}\alpha' - \frac{1}{3}\beta' - \frac{1}{3}\gamma' + \frac{180°}{3}$$

上式最后等号右边的变量是相互独立的、不同的观测量，对应真误差方程为

$$\Delta_\alpha = \frac{2}{3}\Delta_{\alpha'} - \frac{1}{3}\Delta_{\beta'} - \frac{1}{3}\Delta_{\gamma'}$$

再根据表 5-2 中的线性函数误差传播定律公式有

$$m_\alpha^2 = \left(\frac{2}{3}\right)^2 m_{\alpha'}^2 + \left(\frac{1}{3}\right)^2 m_{\beta'}^2 + \left(\frac{1}{3}\right)^2 m_{\gamma'}^2$$

将各等精度观测角的中误差 m 代入上式，并整理后有改正后角 α 的中误差公式如下：

$$m_\alpha = \pm\sqrt{\frac{2}{3}}m$$

同理可求得改正后 β 和 γ 具有 α 角的同样精度。由上式可以看出，改正后角度

的精度高于原观测量的精度。

(4) 非线性函数

【例 5-5】 已观测倾斜距离 $S=62.38\text{m}$，对应测距中误差 $m_S=\pm0.06\text{m}$；倾斜角 $\alpha=16°$，对应中误差 $m_\alpha=\pm36''$；$\rho''=206265''$，求水平距离 D 及其中误差 m_D。

【解】 水平距离与观测值的函数关系

$$D=S\cos\alpha=62.38\text{m}\times\cos16°=59.96\text{m}$$

因

$$\frac{\partial D}{\partial S}=\cos\alpha=\cos16°$$

$$\frac{\partial D}{\partial \alpha}=-S\sin\alpha=-62.38\text{m}\times\sin16°$$

按式 (5-16) 有

$$m_D=\pm\sqrt{\left(\frac{\partial D}{\partial S}\right)^2 m_S^2+\left(\frac{\partial D}{\partial \alpha}\right)^2\frac{m_\alpha^2}{\rho''^2}}$$

$$=\pm\sqrt{\cos^2 16°\times(\pm0.06\text{m})^2+(-62.38\text{m}\times\sin16°)^2\times(\pm36'')^2/\rho''^2}$$

$$=\pm0.058\text{m}$$

5.4 最或然值及其精度评定

有些观测量的真值可以确定，如闭合水准路线高差之和的真值为 0，三角形三个内角和的真值等于 180°。但有很多观测量的真值不可能确定，如，不同两地面点的高差和距离、两个方向所构成的水平角等。这些不能确定真值的观测量，一般可通过多次观测，按照一定的原则进行数据处理，获取一个最可靠的、最接近于真值的值，这个值称为最或然值。

最或然值可以通过等精度观测获取，也可采用不等精度方法获取。

5.4.1 算术平均值及其精度评定

1) 算术平均值

设等精度对具有真值 X 的未知量观测 n 次，其观测值为 l_i ($i=1$，2，……n)，观测值的真误差用 Δ_i ($i=1$、2、…、n) 表示，则有

$$\left.\begin{aligned}\Delta_1&=X-l_1\\ \Delta_2&=X-l_2\\ &\cdots\cdots\cdots\cdots\\ \Delta_n&=X-l_n\end{aligned}\right\}$$

将上式求和，并整理后得

$$X=\frac{[l]}{n}+\frac{[\Delta]}{n} \tag{5-20}$$

式 (5-20) 第一项为观测值的算术平均值，用 x 表示，即

$$x=\frac{[l]}{n}=\frac{1}{n}l_1+\frac{1}{n}l_2+\cdots\cdots+\frac{1}{n}l_n \tag{5-21}$$

式 (5-20) 第二项为算术平均值 x 的真误差，用 Δ_x 表示，即

$$\Delta_x=\frac{[\Delta]}{n} \tag{5-22}$$

则式（5-20）为

$$X = x + \Delta_x \tag{5-23}$$

顾及偶然误差第4特性及式（5-1），式（5-22）为 $\lim\limits_{n\to\infty}\Delta_x = \lim\limits_{n\to\infty}\frac{[\Delta]}{n} = 0$。即，当 $n\to\infty$ 时，由式（5-23）有 $X=x$，观测量的算术平均值 x 等于真值 X。实际上，观测次数 n 总是有限的，随着观测次数 $n\to\infty$ 时，Δ_x 将趋近于（不可能等于）0，算术平均值 x 趋近于（不可能等于）真值 X。因此得出一条公理：等精度观测值的算术平均值为未知量的最或然值。

实际测量中，不论观测次数多少，均取等精度观测值的算术平均值作为最或然值。

2）算术平均值中误差

式（5-21）中的 l_1、l_2、……l_n 为相互独立的等精度观测值，它们的中误差均为 m，根据表5-2中线性函数误差传播公式，可得算术平均值的中误差公式如下：

$$m_x^2 = \left(\frac{1}{n}\right)^2 m^2 + \left(\frac{1}{n}\right)^2 m^2 + \cdots\cdots + \left(\frac{1}{n}\right)^2 m^2$$

整理后得

$$m_x = \frac{m}{\sqrt{n}} \tag{5-24}$$

由式（5-24）可以看出，算术平均值 x 的中误差 m_x 是观测值 l_i（$i=1$，2，……n）的中误差 m 的 $1/\sqrt{n}$ 倍。随着观测次数的增加，x 的精度将不断提高。但算术平均值中误差与观测次数的平方根成反比，当观测次数增加到一定数量时，再增加观测次数，精度提高效果将很少。因此，不能靠增加过多的观测次数去提高精度。

3）利用等精度观测值的改正数计算中误差

对于等精度观测值 l_i（$i=1$，2，……n），如果无法求出真值 X，可以用算术平均值 x 作为观测值的最或然值。评定观测值 l_i 及其最或然值 x 的精度时，虽有关系式（5-24），但因不知道真值而无法求出真误差 Δ_i（$i=1$，2，……n），故而不能直接利用式（5-5）计算观测值的中误差 m。

当确定观测值最或然值 x 后，可利用"最或然值＝观测值＋改正数"公式，求出各观测值改正数 v_i（$i=1$，2，……n）。

$$v_i = x - l_i \tag{5-25}$$

用等精度观测值的改正数计算观测值中误差 m 的公式为：

$$m = \pm\sqrt{\frac{[vv]}{n-1}} \tag{5-26}$$

式（5-26）亦称为白塞尔公式，将其代入式（5-24）可得用等精度观测值的改正数计算算术平均值中误差 m_x 的公式为：

$$m_x = \pm\sqrt{\frac{[vv]}{n(n-1)}} \tag{5-27}$$

以下证明式（5-26）。将式（5-25）求和，并顾及式（5-21）得：

$$[v]=n\cdot x-[l]=n\cdot\frac{[l]}{n}-[l]$$

即：

$$[v]=0 \tag{a}$$

根据真误差的定义有

$$\Delta_i=X-l_i \tag{b}$$

式（b）一式（5-25）

$$\Delta_i=v_i+(X-x) \tag{c}$$

将式（c）平方后求和

$$[\Delta\Delta]=[vv]+2(X-x)[v]+n(X-x)^2 \tag{d}$$

由式（5-22）、式（5-23）得

$$(X-x)^2=\Delta_x^2=\left(\frac{[\Delta]}{n}\right)^2=\frac{(\Delta_1+\Delta_2+\cdots\cdots+\Delta_n)^2}{n^2}=\frac{[\Delta\Delta]}{n^2}+\frac{\sum\limits_{\substack{i,j=1\\ i\neq j}}^{n}\Delta_i\Delta_j}{n^2} \tag{e}$$

根据偶然误差的特性，式（e）中最后等号右边第二项的分子为0，则式（e）可简化为

$$(X-x)^2=\frac{[\Delta\Delta]}{n^2} \tag{f}$$

将式（a)、式（f）代入式（d）得

$$[\Delta\Delta]=[vv]+\frac{[\Delta\Delta]}{n} \tag{g}$$

根据式（5-5)，式（g）可以写成

$$nm^2=[vv]+m^2 \tag{h}$$

将式（h）式整理后，可得式（5-26)，证毕

【例 5-6】 设对某水平角进行 5 次等精度观测，观测数据见表 5-3，计算观测值的最或然值、观测值中误差和最或然值中误差。

等精度观测值的最或然值计算及精度评定　　表 5-3

<table>
<tr><th rowspan="2">序号</th><th colspan="3">观测值 l</th><th>改正数 v</th><th rowspan="2">vv</th><th rowspan="2">计　算</th></tr>
<tr><th>(°)</th><th>(′)</th><th>(″)</th><th>(″)</th></tr>
<tr><td>1</td><td>23</td><td>35</td><td>26</td><td>+8</td><td>64</td><td rowspan="6">算术平均值 $x=\frac{[l]}{n}=23°35'34''$
观测值中误差 $m=\pm\sqrt{\frac{[vv]}{n-1}}=\pm\sqrt{\frac{136}{5-1}}=\pm5.8''$
算术平均值中误差 $m_x=\frac{m}{\sqrt{n}}=\pm\frac{5.8''}{\sqrt{5}}=\pm2.6''$</td></tr>
<tr><td>2</td><td>23</td><td>35</td><td>38</td><td>−4</td><td>16</td></tr>
<tr><td>3</td><td>23</td><td>35</td><td>36</td><td>−2</td><td>4</td></tr>
<tr><td>4</td><td>23</td><td>35</td><td>30</td><td>+4</td><td>16</td></tr>
<tr><td>5</td><td>23</td><td>35</td><td>40</td><td>−6</td><td>36</td></tr>
<tr><td>Σ</td><td></td><td></td><td></td><td>0</td><td>136</td></tr>
</table>

5.4.2 带权平均值及其精度评定

1）权与带权平均值

对某观测量分两组进行 $k(=k_1+k_2)$ 次等精度观测，各次的观测值中误差为 m。第一组观测 k_1 次，观测值为 $l_{1i}(i=1,2,\cdots\cdots,k_1)$；第二组观测 k_2 次，观测值为 $l_{2i}(i=1,2,\cdots\cdots,k_2)$。根据算术平均值公式（5-21）和算术平均值中误差公式（5-

24)，可分别计算出两组观测值的算术平均值 L_1、L_2 及其中误差为 m_1、m_2。

$$\left.\begin{aligned} L_1 &= (l_{11}+l_{12}+\cdots\cdots+l_{1k_1})/k_1 \\ L_2 &= (l_{21}+l_{22}+\cdots\cdots+l_{2k_2})/k_2 \end{aligned}\right\} \tag{a}$$

$$\left.\begin{aligned} m_1^2 &= m^2/k_1 \\ m_2^2 &= m^2/k_2 \end{aligned}\right\} \tag{b}$$

由式（b）可以看出，当 $k_1 \neq k_2$ 时，$m_1 \neq m_2$，即，新组合的 L_1、L_2 是两个不同精度的观测值。它们的最或然值 x 可以利用分组观测的 k 个等精度观测值计算。

$$x = \frac{[l]}{k} = \frac{(l_{11}+l_{12}+\cdots\cdots+l_{1k_1})+(l_{21}+l_{22}+\cdots\cdots+l_{2k_2})}{k_1+k_2} \tag{c}$$

将式（a）整理后代入式（c）得

$$x = \frac{k_1L_1+k_2L_2}{k_1+k_2} \tag{d}$$

将式（b）式整理后代入式（d）得

$$x = \frac{\dfrac{m^2}{m_1^2}\cdot L_1+\dfrac{m^2}{m_2^2}\cdot L_2}{\dfrac{m^2}{m_1^2}+\dfrac{m^2}{m_2^2}} \tag{e}$$

用任意常数 μ^2 代替上式中的 m^2［等效于上式等号右边分子、分母同乘以 μ^2/m^2。

令

$$p_1 = \frac{\mu^2}{m_1^2} \quad p_2 = \frac{\mu^2}{m_2^2} \tag{f}$$

则式（e）为

$$x = \frac{p_1L_1+p_2L_2}{p_1+p_2} = \frac{p_1}{p_1+p_2}L_1+\frac{p_2}{p_1+p_2}L_2 \tag{g}$$

由上述推导过程可以看出，式（g）确定的 x，既是 k（$=k_1+k_2$）个中误差为 m 的等精度观测值 l_{1i}（$i=1$，2，……k_1）、l_{2i}（$i=1$，2，……k_2）的最或然值(算术平均值)，也是中误差分别为 m_1、m_2 的两个不等精度观测值 L_1、L_2 的最或然值。

式（f）中的 p_1、p_2 与不等精度观测值 L_1、L_2 的中误差 m_1、m_2 的平方成反比，即，观测值的中误差越小，精度则越高，p 值越大；反之，观测值的中误差越大，精度则越低，p 值越小。又由式（g）可以看出，p_1、p_2 分别代表了 L_1、L_2 在 x 中所占的比重或者权重。因此，把式（f）定义的 p_1、p_2 称为中误差分别为 m_1、m_2 的不等精度观测值 L_1、L_2 的权系数，简称为权；式（g）中的 x 称为权分别为 p_1、p_2 的不等精度观测值 L_1、L_2 的带权平均值。亦称为广义算术平均值。

一般情况下，设有 n 个不等精度的观测值 L_1、L_2、……、L_n，对应的中误差分别为 m_1、m_2、……、m_n

令

$$p_i = \frac{\mu^2}{m_i^2} \quad (i-1,2,\cdots\cdots,n) \tag{5-28}$$

式中，p_i 是中误差为 m_i 的观测值 L_i 的权，$(i=1,2,\cdots\cdots,n)$。μ 为任意常数，其值为权等于 1 的观测值 L_k 的中误差 m_k。等于 1 的权称为单位权，对应的观测值称为单位权观测值，μ 称为单位权中误差。单位权观测值可以是一个实际的观测值，也可以是一个虚构的观测值。

根据概率与数理统计学中的最小二乘原理，可以证明，中误差分别为 m_i，对应权为 p_i 的 n 个不等精度观测值 L_i 的带权平均值（广义算术值，最或然值）x 具有（g）的相同形式的计算公式，即

$$x = \frac{p_1L_1 + p_2L_2 \cdots\cdots + p_nL_n}{p_1 + p_2 + \cdots\cdots + p_n} = \frac{[pL]}{[p]} \tag{5-29}$$

2）权与带权平均值的中误差

将式（5-29）展开成独立观测值函数形式如下：

$$x = \frac{[pL]}{[p]} = \frac{p_1}{[p]}L_1 + \frac{p_2}{[p]}L_2 + \cdots\cdots + \frac{p_n}{[p]}L_n$$

根据表 5-2 中的线性函数中误差公式，并顾及式（5-28），则有

$$\begin{aligned} m_x^2 &= \frac{p_1^2}{[p]^2}m_1^2 + \frac{p_2^2}{[p]^2}m_2^2 + \cdots\cdots + \frac{p_n^2}{[p]^2}m_n^2 \\ &= \frac{p_1^2}{[p]^2} \cdot \frac{\mu^2}{p_1} + \frac{p_2^2}{[p]^2} \cdot \frac{\mu^2}{p_2} + \cdots\cdots + \frac{p_n^2}{[p]^2} \cdot \frac{\mu^2}{p_n} \\ &= \frac{\mu^2}{[p]^2}(p_1 + p_2 + \cdots\cdots + p_n) \end{aligned}$$

故：

$$m_x = \pm \frac{\mu}{\sqrt{[p]}} \tag{5-30}$$

式（5-30）是带权平均值 x 的中误差 m_x 的计算公式。

3）单位权中误差与观测值中误差的计算

在一些知道观测值的权 p_i 而不知道观测值中误差 m_i 的时候，需要先求出单位权中误差 μ 后，再根据式（5-28）的变换方程 $m_i = \mu/\sqrt{p_i}$ 求出各观测值的中误差。

（1）单位权中误差

已知不等精度观测值 L_i 的权 p_i 和真误差 Δ_i，（i=1，2，……n），欲求单位权中误差 μ，可假设存在一组虚拟观测值 L'_i，对应的权为 p'_i，中误差为 m'_i，真误差 $\Delta'_i(i = 1,2,\cdots\cdots n)$。且满足

$$L'_i = L\sqrt{p_i} \tag{h}$$

根据误差传播理论有

$$\Delta'_i = \Delta_i\sqrt{p_i} \tag{i}$$

$$m'^2_i = m_i^2 p_i \tag{j}$$

将式（5-28）的变换式 $m'^2_i = \mu^2/p'_i$ 和 $m_i^2 = \mu^2/p_i$ 代入式（k），

则有

$$\frac{\mu^2}{p'_i} = \frac{\mu^2}{p_i} \cdot p_i = \mu^2$$

由上式可以看出，$p'_i = 1$，说明 $L'_i(i = 1,2,\cdots\cdots n)$ 是 n 个等精度的单位权观测值，它们的中误差 m'_i 均等于单位权中误差 μ。因此，可利用（i）式确定的 L'_i 的真误差 Δ'_i，顾及 $\mu = m'_i$，便可按式（5-5）计算单位权中误差。

$$\mu = \pm\sqrt{\frac{[\Delta'\Delta']}{n}} = \pm\sqrt{\frac{[\sqrt{p}\Delta \cdot \sqrt{p}\Delta]}{n}}$$

即
$$\mu = \pm \sqrt{\frac{[p\Delta\Delta]}{n}} \tag{5-31}$$

式（5-31）是利用不等精度观测值的权和真误差计算单位权中误差的公式。当真误差无法求得时，可根据式（5-29）计算出带权平均值 x 后，求出各观测值的改正数 v_i，

$$v_i = x - L_i (i = 1, 2, \cdots\cdots n) \tag{5-32}$$

仿照式（5-26），可推导出利用不等精度观测值改正数和权计算单位权中误差公式：

$$\mu = \pm \sqrt{\frac{[pvv]}{n-1}} \tag{5-33}$$

（2）不等精度观测值中误差

当求出单位权中误差 μ 和各观测值 L_i 的权 p_i 时，可以根据式（5-28）的变换公式计算各观测值的中误差 m_i。

$$m_i = \frac{\mu}{\sqrt{p_i}} (i = 1, 2, \cdots\cdots n) \tag{5-34}$$

【例 5-7】 如图 5-4，分别以 BM_1、BM_2、BM_3、BM_4 四个已知高程点为起点，沿 1、2、3、4 四条不同长度的路线进行水准测量，求 P 点高程并评定 P 点最或然值精度和各观测值精度。已知数据、观测数据、计算过程与结果等，见表 5-4。

不等精度观测值的最或然值计算及精度评定　　　　**表 5-4**

路线	起点	起点高程 H	观测高差 h	P 点观测高程 H_P'	距离 D	权 p	δ	$p\delta$	改正数 v	pvv	观测值精度 m
		m	m	m	km		mm	mm	mm		mm
1	BM_1	21.326	+8.362	29.688	8.3	1.2	28	33.6	−11	145	±10
2	BM_2	41.538	−11.871	29.667	6.6	1.5	7	10.5	+10	150	± 9
3	BM_3	22.856	+ 6.815	29.671	7.2	1.4	11	15.4	+ 6	50	± 9
4	BM_4	36.007	− 6.328	29.679	2.8	3.6	19	68.4	− 2	14	± 6
H_0=29.660m		$[p\delta]/[p]$=17mm			Σ	7.7		127.9		359	
H_P=29.677m				μ=±11mm					m_P=±4mm		

【解】 具体计算步骤如下：

图 5-4　不等精度观测实例

（1）计算各观测值的权

路线长度以千米为单位，设每千米观测高差中误差为 $m_{千米}$，对于 D_i（i=1，2，3，4；以千米为单位）长度的路线，根据表 5-2 中和差函数的中误差公式有：

$$m_i^2 = m_{千米}^2 \cdot D_i \tag{a}$$

设 10 千米长路线长度的高差中误差为单位权中误差 μ。即：

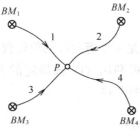

$$\mu_i^2 = m_{10千米}^2 = m_{千米}^2 \times 10 \tag{b}$$

各路线的权为

$$p_i = \frac{\mu^2}{m_i^2} = \frac{m_{千米}^2 \times 10}{m_{千米}^2 \times D_i} = \frac{10}{D_i} \tag{c}$$

(2) 计算 P 点最或然高程 H_{P}

由各路线的起点高程与观测高差，计算 P 点观测高程 $H'_{\mathrm{P}_i}(i=1,2,3,4)$。为了计算方便，本例选取 $H_0=29.660\mathrm{m}$，则

$$\delta_i = H'_{\mathrm{P}_i} - H_0$$

最或然高程为

$$H_{\mathrm{P}} = H_0 + \frac{[p\delta]}{[p]} = 29.660\mathrm{m} + \frac{127.9\mathrm{mm}}{7.7} = 29.660\mathrm{m} + 0.017\mathrm{m} = 29.677\mathrm{m}$$

(3) 计算单位权中误差 μ 和最或然高程中误差 m_{P}

单位权中误差 μ

$$\mu = \pm\sqrt{\frac{[pvv]}{n-1}} = \pm\sqrt{\frac{359}{4-1}} = \pm 11\mathrm{mm}$$

P 点最或然高程中误差 m_{P}

$$m_{\mathrm{P}} = \pm\frac{\mu}{\sqrt{[p]}} = \pm\frac{11}{\sqrt{7.7}} = \pm 4\mathrm{mm}$$

(4) 根据 (c) 式变换式计算各路线观测值中误差

$$m_i = \pm\frac{\mu}{\sqrt{p_i}}$$

思考题与习题

1. 什么叫系统误差？什么叫偶然误差？它们各有何特性？举例说明两种误差。

2. 什么叫标准差？什么叫中误差？两者是何关系？

3. 通常用哪些指标评定观测成果的精度？

4. 什么叫最或然值？算术平均值在什么条件下是最或然值？

5. 什么叫观测值的权，什么叫单位权？它们各有何作用？

6. 举例说明哪些观测值的真值不可能得到或能够得到。

7. 量取正方形一条边的长度 d 的中误差为 $m_{\mathrm{d}}=\pm0.02\mathrm{m}$，求正方形周长 D（$=4d$）的中误差 m_{D}。

8. 测回法观测某水平角一个测回，设各方向读数的中误差均为 $m_{方}=\pm6''$，求盘左角值 $\beta_{左}$、盘右角值 $\beta_{右}$ 和一测回平均角值 $\beta_{均}$ 的中误差 $m_{左}$，$m_{右}$，和 $m_{均}$。

9. 用长度为 l，一尺段丈量中误差为 $m_l=\pm0.015\mathrm{m}$ 的钢尺丈量某段距离 n 个整尺段，求总距离 D 的中误差 m_{D}。

10. 电磁波测距仪测定某斜距长度为 $d=653.425\mathrm{m}$，其测距中误差 $m_{\mathrm{d}}=\pm8\mathrm{mm}$；竖直角为 $\alpha=6°28'32''$，测角中误差为 $m_\alpha=\pm12''$，求水平距离 D 及其中误差 m_{D}。

11. 对某水平角同精度观测六次，其观测值分别为 69°28′45″、69°28′31″、69°28′42″、69°28′36″、69°28′35″、69°28′46″，计算最或然值及其中误差。

12. 由四个已知高程点 BM_1、BM_2、BM_3 和 BM_4 出发分别向待求点 P 测定高差后计算 P 点高程，已知数据与观测数据如表 5-5，若以 1km 高差观测值为单位权观测值，求单位权中误

差、P 点最或然值及其中误差。

表 5-5

已知点名	高 程（m）	路线长度（km）	观测高差（m）	已知点名	高 程（m）	路线长度（km）	观测高差（m）
BM_1	38.652	2.63	−1.863	BM_3	28.966	2.12	7.829
BM_2	41.528	3.16	−4.746	BM_4	32.754	2.75	4.024

第 6 章　小地区控制测量

6.1　控制测量概述

在地形图测绘、工程勘测、施工和监测等测量中，为了控制全局、限制误差积累、提高成果精度，需要遵循“从整体到局部，先控制后碎部的原则”。一般在测区选定若干具有控制意义的点，这些点称为控制点。将控制点按照一定规律与要求组成的网状几何图形，称为控制网，图 6-1 是一种平面控制网的基本图形。确定控制网、点平面位置的测量工作，称为平面控制测量，确定控制网、点高程的测量工作称为高程控制测量。控制测量是平面控制测量和高程控制测量的总称。在小的区域（15km^2 以内）布设控制网进行的控制测量，称为小地区控制测量。

6.1.1　控制网及其布设形式

根据控制网的用途、等级、地形条件以及仪器等，控制网的布设方案千变万化，各不相同，但基本图形并不很多。以下列举一些常用控制网布设图形。为了简化叙述，图中“Δ”和“⊗”符号分别代表平面与高程已知点，双线线段代表距离与方向为已知线段（边），“○”代表待求点。

1）水平控制网布设形式

水平控制网可以布设成三角网、导线网、GPS 网和各种交会图形。

（1）三角网

根据观测值不同，三角形网有不同名称。观测三角形内角的网，称为三角网，有国家等级控制中的三角网和小地区控制中的小三角网之分；观测三角形边长的网称为三边网；边长、内角混合观测的网称为边角网或边角组合网。上述控制网对应的控制测量分别称为三角测量、小三角测量、三边测量和边角测量。

三角网由控制点构成三角形并连续邻接组成水平控制网。三角形顶点称为三角点。对于非独立水平控制网，它的一般布设形式如图 6-1 所示，A、B、C 为已知控制点，1、2、3……为待求坐标的控制点。必要起算数据为三个点的坐标 A（x_A，y_A）、B（x_B，y_B）、C（x_C，y_C）中任意两点或一个控制点的坐标 A（x_A，y_A），一条起算边长 D_{AB}，一个起算方位角 α_{AB}。观测数据可以是三角形的内角、也可以是边长或两者。由起算数据和观测数据便可求出各待定控制点的平面直角坐标，各三角形的边长与方位角等。

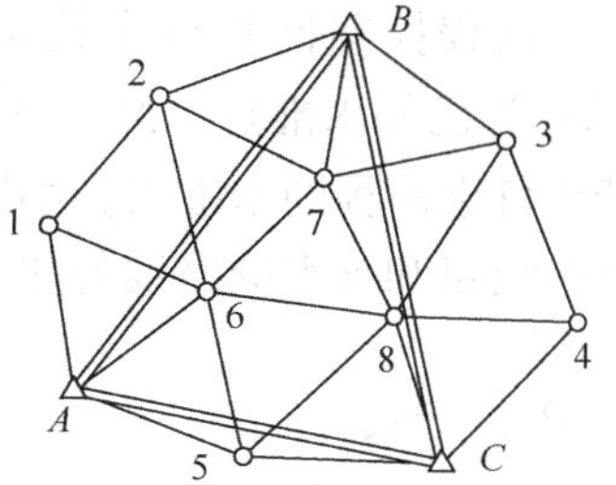

图 6-1　国家三、四等三角网

小地区布设的小三角网一般使用特定的布设图形。图 6-2 中的（a）单三角锁、

(*b*) 大地四边形、(*c*) 中点多边形和 (*d*) 线形锁是几种最常用的小三角网图形。中点多边形和大地四边形主要用于小地区或工程建设中，特别是桥梁等工程建设的测量中。

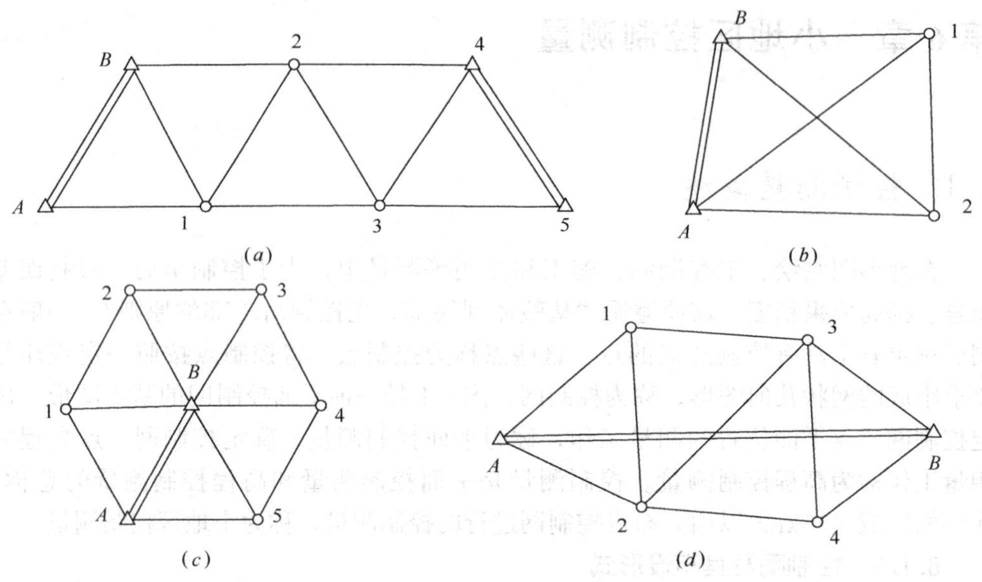

图 6-2　小三角网基本图形

(*a*) 单三角锁；(*b*) 大地四边形；(*c*) 中点多边形；(*d*) 线形锁

小三角网曾经是小地区控制测量普遍采用的布网图形，它的优点是图形结构强，可以只观测水平角（除基线外）；缺点是受图形条件限制，特别是在建筑密集区域布设三角网非常困难，计算也十分烦琐，目前使用较少。详细的观测、计算等，参考测绘专业书籍。

(2) 目前常用的小地区平面控制网

导线网因布点灵活，特别是利用电磁波测距以来，已经广泛应用于各种工程建设，详见 6.2 节；单点加密时，常用各种交会方法，详见 6.3 节；GPS 定位测量精度高、速度快、操作便捷，近年得到极大发展和被广泛使用，详见 7.5 节。

2) 高程控制网布设形式

高程控制网可以布设成图 6-3 所示的水准网，其中，BM_1、BM_2、BM_3 和 BM_4 为已知水准点，N_1、N_2 为节点，在已知点与节点、节点与节点之间布设有若干待求高程的水准点。小地区大多采用 2.3.1 节中介绍的附合水准路线、闭合水准路线路和支水准路线等单一水准路线。水准网和单一水准路线通过水准测量方法观测控制点间的高差，再经过数据处理后求出未知点的高程。

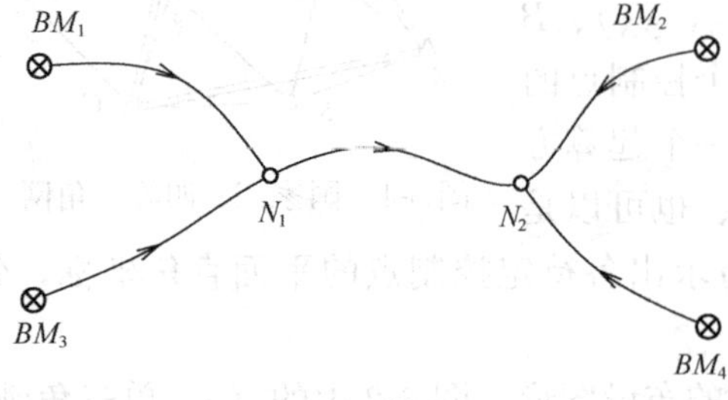

图 6-3　水准网

在电磁波测距导线测量中，可布设成满足相应等级要求的三角高程网，亦可布设成类似于水准测量的单一线路，通过观测水平距离与竖直角间接获得控制点间的高差及其高程。

非独立高程控制网的必要已知数据为一个点的高程。

6.1.2 控制网的分类

各类控制网一般遵循分级布网，逐级控制原则。在全国范围内布设的控制网称为国家基本控制网，用于地球科学研究和地理空间的精确定位，是各种比例尺地形测图和工程建设的基本控制。在城市和工程建设区域（以下简称测区）内建立的控制网，分别称为城市控制网和工程控制网，是大比例尺地形图测绘、城市规划与管理、工程勘察和施工测量的依据。直接用于大比例尺地形测图的控制网，称为图根控制网，简称图根控制。国家基本控制网、城市控制网和工程控制网、图根控制，均包含有平面控制网和高程控制网。

1) 国家基本控制网

我国国家基本控制网包括国家水平控制网和国家高程控制网。按控制次序和施测精度各自均分为一、二、三、四等逐级布设。一等控制网的精度最高，密度最稀，二、三、四等精度逐级降低，但密度逐级加密。

(1) 国家水平控制网点

经典水平控制网的布设，主要采用三角锁、三角网和导线网等几何图形。如图 6-4，国家一等水平控制网大致沿经纬线方向，在全国陆地范围内，纵横交叉布设成三角锁链形状，亦称一等三角锁。纵、横向锁段平均长度约为 200km 左右，三角形平均边长，平原地区一般为 20km，山区一般为 25 km，三角形测角中误差 0.7″，最弱边长相对中误差 1∶150000，一等三角锁是国家统一的精密骨干大地控制网。主要考虑三角锁应满足骨干控制网的精度。

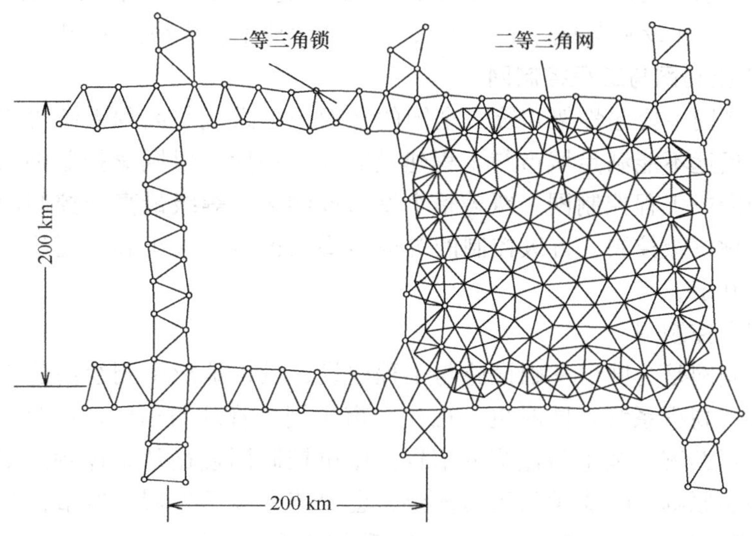

图 6-4 国家一等三角锁和二等三角网

二等平面控制网在一等三角锁控制下布设，其图形为图 6-4 所示三角网，亦称为二等三角网。它是国家三角网的全面基础，也是地形测图的基本控制。既考虑控制网的精度要求，也顾及控制点的密度要求。二等三角网三角形平均边长 13km，三角形测角中误差 1.0″，最弱边长相对中误差要求与一等三角锁相同。

三、四等平面控制网在一、二等三角网（锁）控制下布设，如图 6-1，它们主要考虑满足地形测图和工程建设的控制点加密。三、四等三角网（点）以高等级三角网（点）为基础，尽可能采用插网方式布设，也可采用插点方式布设，且可在二等三角网内越级直接插入四等全面网，而不需经过三等网的加密。三、四等三角网三角形平均边长分别为8km和4km，三角形测角中误差分别为1.8″和2.5″，最弱边长相对中误差分别为1∶80000和1∶40000。

国家平面控制测量，除了经典的三角测量、精密导线测量外，还有卫星大地测量、惯性大地测量等现代测量方法。特别是全球定位系统（GPS）定位技术，已经广泛应用于大地测量和工程建设项目。目前，我国已利用GPS定位技术，建立作为国家高精度卫星大地网骨架，并覆盖全国的国家GPS A级、B级网。在许多局部地区建立了区域性的国家GPS C、D、E级网和服务于工程项目的GPS工程网。

(2) 国家高程控制网

国家高程控制网逐级布设为国家一、二、三、四等水准网，采用水准测量方法建立。

一等水准网是国家高程控制骨干，是扩展低等级高程控制网的基础，也是研究地壳和地面垂直运动等地球科学问题的主要依据。一般沿地面坡度平缓的交通线路布设成闭合环线，并构成网状覆盖全国。环线周长一般为1000～1500km，每隔15～20年沿相同路线重复观测一次。二等水准网在一等水准网环线内布设成加密网，一般沿公路、大路以及河流岸边布设，是国家高程控制的全面基础，环线周长一般为500～750km。一、二等水准测量统称为精密水准测量。

三、四等水准网在一、二等水准网的基础上进一步加密，直接提供大比例尺地形图测绘和工程建设所需的高程控制点，一般布设成附合线路、环线网或结点网。

2）城市控制网与工程控制网

国家控制网主要起骨架和统一全国的平面坐标系统与高程系统等作用，但控制点的密度远远不能满足城市与工程建设需要。一般应以国家控制网为基础，建立城市控制网或工程控制网。覆盖整个城市或测区，等级最高的控制网称为首级控制网，简称首级控制。首级控制的等级需要根据城市大小和工程建设的测区范围及其用途确定。

(1) 城市控制网

城市控制网是为城市基础设施与工程建设、城市地形图测绘而建立的统一平面坐标系统和高程系统，同时也是现代城市规划、管理与运营，市政、工业与民用建筑等工程勘测、施工与监测的依据。城市控制网遵循从整体到局部、分级布网、逐级控制原则。既要满足当前需要，也要兼顾今后发展。城市控制网的等级参照国家控制网技术要求确定，平面和高程控制网最高等级均为二等。

建立城市平面控制网可采用全球定位系统（GPS）、三角测量、各种形式的边角组合测量和导线测量。城市平面控制网等级：GPS网、三角网和边角组合网依次为二、三、四等，一、二级，其中一、二级三角网的三角形相对小于国家三角网的三角形，亦称为一、二级小三角；导线网依次为三、四等和一、二、三级。不同等级的平面控制网，根据城市等级和规模均可作为首级网。首级网以下等级，一般用低一等级网加密，根据条件可以越级布网。

城市高程控制测量分为水准测量和三角高程测量，水准测量等级依次分为二、三、四等，是城市大比例尺测图、城市工程测量和城市地面沉降观测的基本控制。光电测距三角高程测量按规定的技术要求可代替四等水准测量，经纬仪三角高程测量主要用于山地的图根高程控制和平面控制网点的高程测定。整个城市的首级高程控制网不应低于三等水准测量，在城市的局部测区则根据面积与工程需要，各等高程控制网均可作为首级高程控制。

城市控制网应该满足有关技术要求。例如，在城市平面等级控制网中，全球定位系统（GPS）网应满足相邻点间边长精度及其他技术要求；三角网和边角组合网应满足有关的平均边长、测角中误差、起始边边长相对中误差、最弱边边长相对中误差、测距中误差、测距相对中误差等技术要求。具体技术要求，详见有关城市测量规范。

（2）工程控制网

为工程建设布设的平面控制网和高程控制网，称为工程控制网。工程平面控制网布设图形和等级，与城市控制网基本相同。工程高程控制网的等级分为二、三、四、五等，各等高程控制网均可布设成水准网，四、五等可布设成三角高程网。工程控制网技术参数随工程要求不同，与城市控制网存在差别。具体技术要求，详见有关工程测量规范。

（3）小地区控制网

一般称测区面积在 $15km^2$ 以内的区域为小地区，在小地区内建立的控制网，称为小地区控制网。

3）图根控制

直接用于地形图测绘的控制网称为图根控制网，简称图根控制。图根控制网中的控制点，称为图根控制点，简称为图根点。在城市与工程建设的地形测量中，需要根据地形图比例尺和地形复杂程度建立图根控制网，加密图根点。图根点的密度必须满足测图需要和有关规范的要求。

图根平面控制点布设，可采用图根三角锁（网）、图根导线方法，一般不超过两次附合，在城市测量的个别极困难地区可三次附合。局部地区可采用光电测距极坐标法和交会点法。

6.2 导线测量

6.2.1 导线布设形式与技术要求

1）导线及其布设形式

如图 6-5 所示，若干相邻控制点直线连接所构成的折线图形，称为导线。导线中的控制点，简称为导线点，转折角亦称为导线角，连接控制点的直线称为导线边。用钢尺丈量导线边长的导线称为钢尺量距导线，用全站仪、光电测距仪测定导线边长的导线称为电磁波测距导线。导线测量是指在测区地面上选定若干导线点并构成导线，依次测定各导线边长度和导线角值，根据起始数据和观测数据，计算求出各导线点坐标的工作。

随着全站仪、光电测距仪的日益普及和广泛应用，导线测量已经成为城市平面控制测量和工程平面控制测量的主要方法，特别适合于地物分布较为复杂的建筑区、视线障碍较多的隐蔽地区以及带状地区。根据控制测量目的，结合地形情况和高级控制点的分布，小地区导线一般布设成附合导线、闭合导线和支导线等单一导线形式，大的复杂地区可布设导线网。

（1）附合导线

如图 6-5（*a*），从一个已知点 *A* 和已知方向 *BA* 出发，经过 1、2、……若干导线点后，附合到另一个已知点 *C* 和已知方向 *CD* 上的导线，称为附合导线。此种导线具有应满足的已知几何条件，能够检核导线角和导线边长测定的错误和系统误差。

（2）闭合导线

如图 6-5（*b*），从一个已知点 *A* 和已知方向 *BA* 出发，经过 1、2、……若干导线点后，回到原来的已知点和已知方向上的导线，称为闭合导线，亦称环形导线。此种导线也具有应满足的已知几何条件，能够检核导线角和导线边长的测定错误，但不能检核钢尺受温度变化产生伸缩带给导线边长测定的系统误差。

（3）支导线

如图 6-5（*c*），从一个已知点 *A* 和已知方向 *BA* 出发，经过 1、2、……若干导线点后，既不附合到另一个已知点和已知方向，也不回到原来的已知点和已知方向上的导线，称为支导线，亦称自由导线。支导线终止端没有已知数据，不存在已知几何条件，无法检核导线角和导线边长的测定错误和系统误差。因此，有关规范对支导线的点数均有限制，一般规定不超过两点。

（4）导线网

对于测区面积较大或地形复杂地区，应使用单一导线组合成的导线网，如图 6-5（*d*）。

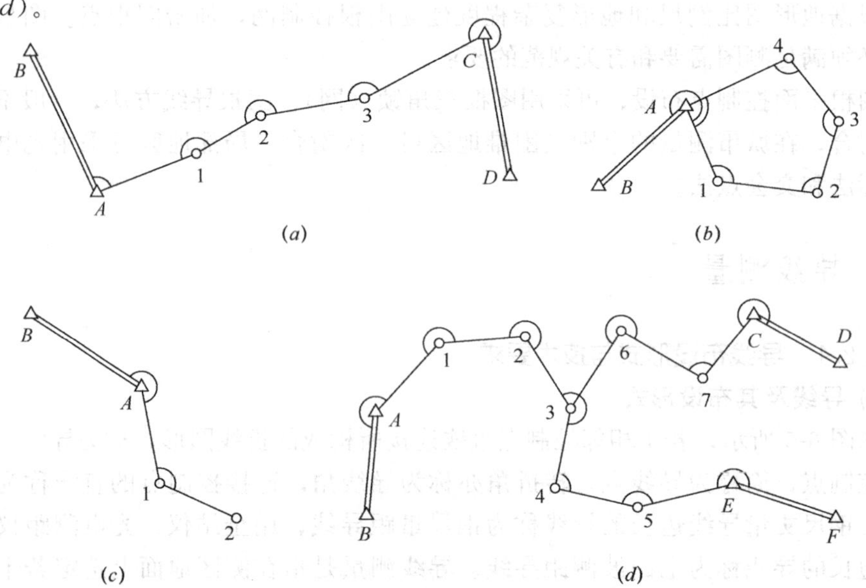

图 6-5　导线布设形式

（*a*）附合导线；（*b*）闭合导线；（*c*）支导线；（*d*）导线网

2）导线测量技术要求

测量规范对导线长度，边长、观测精度等均有具体要求，表 6-1 是现行国家标准的工程测量规范中，对平面基础控制测量与图根控制测量的工程导线测量的主要技术要求，其他具体细节详见《工程测量规范》。对于不同行业，可参照有关行业的测量规范执行。

工程导线测量的主要技术要求　　表 6-1

等级	导线长度	平均边长	测角中误差	测距中误差	测回数			方位角闭合差	导线全长相对闭合差
	m	m	(″)	mm	DJ_1	DJ_2	DJ_6	(″)	
三等	14000	3000	±1.8	±20	6	10		$\pm3.6\sqrt{n}$	1/55000
四等	9000	1500	±2.5	±18	4	6		$\pm5\sqrt{n}$	1/35000
一级	4000	500	±5	±15		2	4	$\pm10\sqrt{n}$	1/15000
二级	2400	250	±8	±15		1	3	$\pm16\sqrt{n}$	1/10000
三级	1200	100	±12	±15		1	2	$\pm24\sqrt{n}$	1/5000
图根首级 图根一般	$\leqslant1.0M$	$\leqslant1.5D$	±20 ±30				1	$\pm40\sqrt{n}$ $\pm60\sqrt{n}$	1/2000

上表有关图根控制测量的规定中，M 为测图比例尺分母，其值分别为 500、1000、2000 和 5000；D 为最大视距长度，对于不同的测图方法，以及同一测图方法的地物点与地形点，其值均不相同；n 为测站数。

6.2.2　导线测量外业

导线测量外业主要包括踏勘定点、导线角观测、导线边长测定。

1）踏勘定点

在踏勘选点之前，应先收集测区地形图和高一级控制点成果等资料。根据测区范围、导线用途，结合地形和控制点分布以及工程施工等因素，拟定出导线的布设形式以及导线点位置的初步方案。然后进行实地踏勘，经现场勘察、调整，最后确定导线点的位置。

导线选点时应注意以下几点：

(1) 相邻导线点间，应通视良好，便于测角；钢尺量距时，应选地势较为平坦或坡度较平缓地段。

(2) 导线总长和平均边长应符合表 6-1 中的要求，尽量避免相邻导线边长度相差悬殊，以保证和提高测角精度。导线的平均边长较短时，应控制导线的边数，一般为规定导线长度与平均边长计算的边数。

(3) 导线点应选在土质坚实的安全地方，便于保存标志和安置仪器；视野尽量开阔，便于扩展、加密控制点和施测碎部。

(4) 导线点应有足够密度，分布均匀，覆盖面广，便于控制整个测区和测绘地形图。

导线点若属临时控制点，则只需在泥土地面的点位处打入一木桩，桩顶面钉一小钉，或在混凝土、沥青地面的点位处钉入刻有“十”字标志的特制大铁钉。木桩上小钉几何中心、特制大铁钉中的“十”字交叉点即为临时导线点点位标志。导线点若属永久控制点，则应埋设图 6-6 所示中心置入规定规格钢筋的混凝土标石，钢筋柱顶面刻有“十”字，“十”字交叉点即为永久导线点点位标志。导线点应进行编号。为寻找导线点方便，应绘制各导线点与周围邻近固定而明显地物点的关系略图，测量和标注对应关系尺寸，称为“点之记”，如图 6-7，并与导线点资料和成果一并保存。

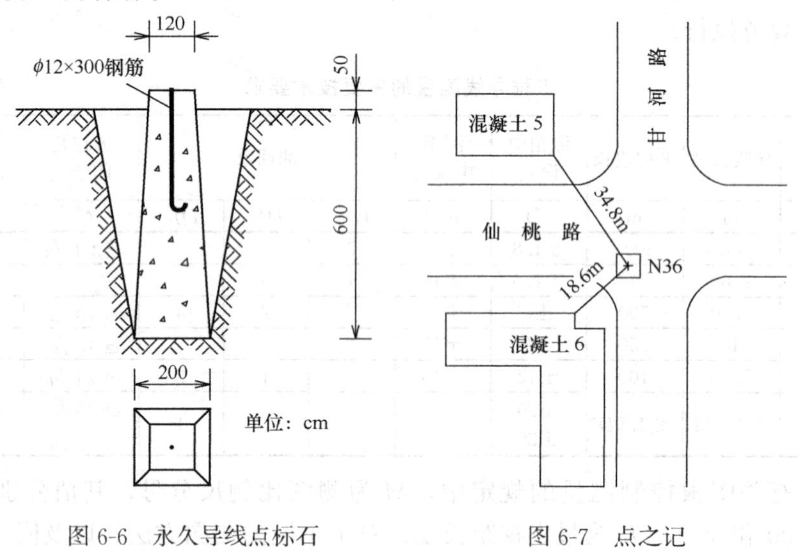

图 6-6 永久导线点标石　　图 6-7 点之记

2）导线角观测

导线角按表 6-1 的技术要求，用经纬仪观测。对于加密图根导线，用 DJ_6 级经纬仪观测一测回，根据测角中误差规定，运用误差理论，可以推算求得与表 6-1 技术要求对应的盘左盘右观测角值之差的限差为 40″。满足限差要求时，取其平均值。当图根导线为首级控制时，可以按相同方法求出相应的盘左盘右观测角值之差的限差。对于图根支导线，应用 DJ_6 级经纬仪观测各导线点的左、右角各一个测回，其圆周角闭合差不应超过 40″。

导线角位于导线推算路线前进方向左侧时称为左角，位于右侧时称为右角。为便于计算、防止出错，应避免左、右角混测，一般观测左角。闭合导线按闭合环线逆时针方向前进时，内角为左角。导线边长较短时，应特别注意仪器对中，并尽量照准目标底部，减小角度观测误差。

3）导线边长测定

导线边长按表 6-1 要求，用全站仪、光电测距仪等仪器测定，或用钢尺等工具丈量。对于钢尺量距的图根导线，一般使用鉴定过的钢尺，采用双次丈量法，两次丈量值较差相对误差限差一般为 1/3000，作为首级控制时为 1/4000，满足量距精度要求时，取其平均值。图根导线全长相对闭合差限差一般为 1/2000。

当钢尺尺长改正数与尺长之比大于 1/10000 时，应加尺长改正；量距时平均尺温与鉴定时温度相差 10℃时，应进行温度改正；尺面倾斜大于 1.5％时，应进行倾斜改正。

4）连测

为了获取坐标和方向的起算数据，导线须与高级控制网点连接，与已知点连接的导线边，称为连接边，连接边与已知边的夹角，称为连接角，观测连接角和连接边的工作称为连测。如图 6-5（*a*）附合导线中，已知点位于导线端点，导线边 *A*1、3*C* 为连接边，导线角∠*BA*1、∠3*CD* 为连接角；图 6-5（*b*）闭合导线中，导线边 *A*1 为连接边，导线角∠*BA*1 为连接角。当已知点不在导线中时，需增加观测连接角和连接边。若导线附近无高级控制点，可用罗盘仪观测导线起始边的磁方位角，并假定某点的坐标作为导线起算数据。

表 6-2 是图 6-5（*a*）所示图根附合导线测量的外业记录手簿。记录字体应端正、清楚，不能涂改。外业记录手簿必须妥善保存，防止丢失。

图根附合导线测量手簿 **表 6-2**

测站	竖盘位置	目标	水平度盘读数 (°) (′) (″)	半测回角值 (°) (′) (″)	一测回平均角值 (°) (′) (″)	边号	实测边长 (m)	相对误差	平均边长 (m)
A	左	*B*	0 07 06	94 21 18	94 21 12				
		1	94 28 24						
	右	*B*	180 07 42	94 21 06		*A*-1	212.870	1/4435	212.894
		1	274 28 48						
1	左	*A*	2 11 30	171 03 12	171 03 09	1-*A*	212.918		
		2	173 14 42						
	右	*A*	182 12 00	171 03 06		1-2	148.600	1/5306	148.586
		2	353 15 06						
2	左	1	5 03 30	200 24 36	200 4 42	2-1	148.572		
		3	205 28 06						
	右	1	185 03 06	200 24 48		2-3	205.956	1/3120	205.923
		3	25 27 54						
3	左	2	4 34 18	161 40 42	161 40 54	3-2	205.890		
		C	166 15 00						
	右	2	184 34 36	161 41 06		3-*C*	268.574	1/8393	268.590
		C	346 15 42						
C	左	3	2 18 18	288 02 06	288 02 15	*C*-3	268.606		
		D	290 20 24						
	右	3	182 18 51	288 02 24					
		D	110 21 06						

6.2.3 坐标计算基本公式

在平面直角坐标系中，根据直线的长度、坐标方位角和一个端点的坐标，求另一端点坐标，称为坐标正算。根据直线两端的坐标，求直线的长度和坐标方位角，称为坐标反算。

1）坐标正算

在图 6-8 所示的测量平面直角坐标系中，设 *A* 点坐标（x_A，y_A）、*A* 点至 *B* 点的距离 D_{AB} 和坐标方位角 α_{AB} 均为已知，求 *B* 点坐标（x_B，y_B）。

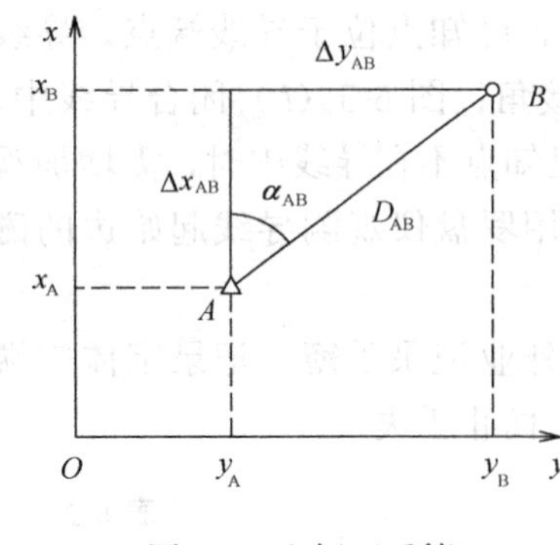

图6-8 坐标正反算

设 Δx_{AB} 和 Δy_{AB} 分别代表 A 点至 B 点的纵坐标增量和横坐标增量，则计算 B 点坐标的公式为：

$$\left.\begin{aligned} x_B &= x_A + \Delta x_{AB} \\ y_B &= y_A + \Delta y_{AB} \end{aligned}\right\} \tag{6-1}$$

其中

$$\left.\begin{aligned} \Delta x_{AB} &= D_{AB} \cdot \cos \alpha_{AB} \\ \Delta y_{AB} &= D_{AB} \cdot \sin \alpha_{AB} \end{aligned}\right\} \tag{6-2}$$

由（6-2）式可以看出，坐标增量 Δx_{AB} 和 Δy_{AB} 均有正有负。而距离 D_{AB} 恒为正，则 Δx_{AB} 和 Δy_{AB} 的正负号取决于坐标方位角 α_{AB} 所在的象限。

2）坐标反算

在图6-8中，已知 A 点坐标（x_A，y_A）和 B 点坐标（x_B，y_B），求 A 点至 B 点的距离 D_{AB} 和坐标方位角 α_{AB}。根据图6-8中关系，其距离 D_{AB} 的计算公式为：

$$D_{AB} = \sqrt{(x_B - x_A)^2 + (y_B - y_A)^2} \tag{6-3}$$

根据（6-1）式坐标增量与坐标关系和图6-8中坐标增量与坐标方位角关系，并顾及坐标方位角 α_{AB} 在0°～360°之间取值，其坐标方位角的反算公式为：

$$\alpha_{AB} = \arctan \frac{y_B - y_A}{x_B - x_A} + \begin{cases} 0^\circ & x_B - x_A \geqslant 0, y_B - y_A \geqslant 0;\text{第一象限} \\ 180^\circ & x_B - x_A < 0;\quad\text{第二、三象限} \\ 360^\circ & x_B - x_A \geqslant 0, y_B - y_A < 0;\text{第四象限} \end{cases} \tag{6-4}$$

6.2.4 导线计算

导线计算是指根据起算数据和外业观测数据，通过数据处理与推算，求出导线点坐标。

1）附合导线计算

计算前应全面检查观测成果，若发现错误应查明原因，超过限差时返工，保证观测成果的正确性。检查合格后，进行计算准备，包括：绘制图6-9所示附合导线计算示意图，将直线 BA 与 CD 的坐标方位角、起点 A 与终点 C 的坐标等已知起算数据，各导线角、导线边长等观测数据分别标注到示意图中相应位置，并填入表6-3（附合导线的坐标计算）中的坐标方位角、坐标、观测角和边长等栏的相应位置，带下划线的数据为起算数据。当所观测的导线角既有左角，也有右角，或者全为右角时，为计算方便，一般换算成左角后再填入表中。

附合导线的计算，包括坐标方位角闭合差、导线全长相对闭合差的计算、调整，坐标计算。具体方法、步骤与过程如下：

(1) 坐标方位角闭合差的计算与调整

对图6-9所示附合导线，由直线 BA 的坐标方位角 α_{BA} 和各导线角的观测值（左角，下同）β_i'（i=A，1，2，3，C），按式（4-29）可以求出直线 CD 的坐标方位角观测值 α'_{CD}。

$$\alpha'_{CD}=\alpha_{BA}+\Sigma\beta'_i+N\times180^\circ \tag{6-5}$$

此处，$N=5$。若 $\alpha'_{CD}>360^\circ$时，应减去若干 360°，使 α'_{CD} 的值在 0°～360°之间。

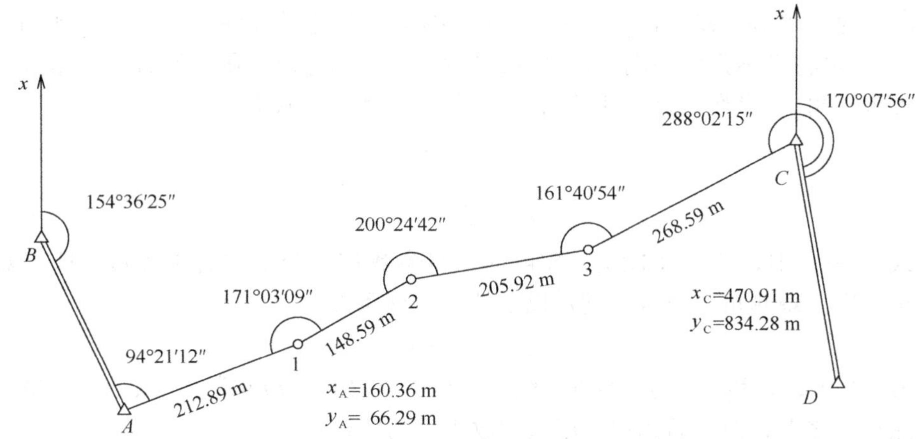

图 6-9　附合导线的坐标计算

附合导线的坐标计算　　表 6-3

点号	观测角 v_β/β' (″)/(°)(′)(″)	改正后角 β (°)/(′)(″)	坐标方位角 α (°)(′)(″)	边长 D (m)	观测坐标增量 $v_x/\Delta x'$ (cm/m)	观测坐标增量 $v_y/\Delta y'$ (cm/m)	改正后坐标增量 Δx (m)	改正后坐标增量 Δy (m)	坐标 x (m)	坐标 y (m)
B										
			154 36 25							
A	−8 94 21 12	94 21 04							160.36	66.29
			68 57 29	212.89	−4 76.44	+5 198.69	76.40	198.74		
1	−8 171 03 09	171 03 01							236.76	265.03
			60 00 30	148.59	−2 74.28	+4 128.69	74.26	128.73		
2	−9 200 24 42	200 24 33							311.02	393.76
			80 25 03	205.92	−3 34.28	+5 203.05	34.25	203.10		
3	−8 161 40 54	161 40 46							345.27	596.86
			62 05 49	268.59	−5 125.69	+6 237.36	125.64	237.42		
C	−8 288 02 15	288 02 07							470.91	834.28
			170 07 56							
D										
Σ	−41 915 32 12	915 31 31		835.99	−14 310.69	+20 767.79	310.55	767.99		
辅助计算	$f_\beta=154^\circ36'25''+915^\circ32'12''+900^\circ00'00''-170^\circ07'56''=+41''$ $f_{\beta容}=\pm60''\sqrt{5}=\pm134''$				$f_x=310.69-(470.91-160.36)=+14\text{cm}$ $f_y=767.79-(834.28-66.29)=-20\text{cm}$ $f_D=\sqrt{(+14)^2+(-20)^2}=24.4\text{cm}$ $k=0.244/835.99=1/3426$ $k_{容}=1/2000$					

由于观测值 β'_i 存在观测误差，则直线 CD 的坐标方位角观测值 α'_{CD}（观测值 β'_i 的函数亦称为观测值）与已知值 α_{CD} 一般不相等，它们之间的差值称为坐标方位角闭合差，用 f_β 表示。

$$f_\beta = \alpha'_{CD} - \alpha_{CD} = \alpha_{BA} - \alpha_{CD} + \Sigma \beta'_i + N \times 180° \tag{6-6}$$

坐标方位角闭合差的大小，反映了导线角的观测精度。有关测量规范对不同等级的导线，规定了不同的容许值 $f_{\beta容}$（参见表6-1）。对于一般图根导线，$f_{\beta容}=\pm 60''\sqrt{n}$，$n$为观测角个数。若 $f_\beta > f_{\beta容}$，说明测角误差超过容许值，应重新观测；若 $f_\beta \leqslant f_{\beta容}$，可将坐标方位角闭合差 f_β 反号后，按平均分配原则，对各观测角进行改正。各观测角 β'_i 的改正数 v_β 和改正后角值 β_t 的计算公式为：

$$v_{\beta_i} = -\frac{f_\beta}{n} \tag{6-7}$$

$$\beta_i = \beta'_i + v_{\beta_i} \tag{6-8}$$

式（6-7）中，若 f_β不能被 n 整除时，将余数均匀分配到若干较短边所夹观测角改正数中。观测角改正数应满足以下计算检核条件

$$\Sigma v_{\beta_i} = -f_\beta \tag{6-9}$$

表6-3中，f_β和 $f_{\beta容}$的计算在“辅助计算”栏进行，改正数 v_β 以秒为单位，填在观测角 β'之上，改正后角值 β 填入“改正后角”栏。

（2）坐标方位角推算

根据已知直线的坐标方位角和导线角的改正后角，按照以下方位角推算公式，依次计算各导线边的坐标方位角。

$$\alpha_{i,i+1} = \alpha_{i-1,i} + 180° + \beta_l \quad （当 \beta_l 为左角时） \tag{6-10}$$

$$\alpha_{i,i+1} = \alpha_{i-1,i} + 180° - \beta_l \quad （当 \beta_l 为左角时） \tag{6-11}$$

当所计算的 $\alpha_{i,i+1} > 360°$时，其值应减360°；$\alpha_{i,i+1} < 0°$时，其值应加360°。

式（6-10）和式（6-11）中，对于图6-9所示实例，$i=A$，1，2，3，C。$i=A$时，$i+1=1$，$i-1=B$；$i=C$时，$i+1=D$，$i-1=3$。利用式（6-10）计算过程为：$\alpha_{A1}=\alpha_{BA}+180°+\beta_A$，$\alpha_{12}=\alpha_{A1}+180°+\beta_1$，……其他依此类推。最后由 α_{3C}和 β_C求出 α_{CD}，其值必须与已知数据相等，检核计算是否正确。各导线边坐标方位角的计算结果，填入表6-3中“坐标方位角”栏。

（3）坐标增量闭合差的计算与调整

根据各导线边的边长观测值 D 和计算求出的坐标方位角 α，按式（6-2）求出对应导线边的纵、横坐标增量（以下简称为“观测增量”）$\Delta x'$、$\Delta y'$。若用 $\Sigma\Delta x'$、$\Sigma\Delta y'$分别代表附合导线起点 A 至终点 C 的纵、横坐标观测增量之和，（x_A，y_A）、（x_C，y_C）分别代表起点和终点的纵、横坐标已知值，由于存在导线边长测定误差和坐标方位角闭合差调整不完全合理等因素影响，观测增量之和 $\Sigma\Delta x'$、$\Sigma\Delta y'$与对应理论值（x_C-x_A）、（y_C-y_A）之间存在差值，此差值分别称为纵、横坐标增量闭合差，用 f_x 和 f_y 表示。按照闭合差等于观测值减理论值的一般定义公式，则：

$$\left.\begin{aligned} f_x &= \Sigma \Delta x' - (x_C - x_A) \\ f_y &= \Sigma \Delta y' - (y_C - y_A) \end{aligned}\right\} \tag{6-12}$$

由起点坐标 A（x_A，y_A）与观测增量之和 $\Sigma\Delta x'$、$\Sigma\Delta y'$计算的终点坐标为 C'（x'_C，y'_C），则

$$\left.\begin{aligned} x'_C &= x_A + \Sigma \Delta x' \\ y'_C &= y_A + \Sigma \Delta y' \end{aligned}\right\} \tag{6-13}$$

根据式（6-12）并顾及式（6-13）得

$$\left.\begin{aligned} f_x &= x'_C - x_C \\ f_y &= y'_C - y_C \end{aligned}\right\} \tag{6-14}$$

式（6-14）说明，f_x、f_y 是由观测值计算的终点位置 C'（x'_C，y'_C）与已知的终点位置 C（x_C，y_C）之间的点位误差在纵、横坐标方向上的两个分量，C' 与 C 点之间的距离 f_D 为：

$$f_D = \sqrt{f_x^2 + f_y^2} \tag{6-15}$$

f_D 与导线总长度之比称为导线全长相对闭合差，将其化为分子为 1 的分式，用 K 表示为：

$$K = \frac{f_D}{\Sigma D} = \frac{1}{\frac{\Sigma D}{f_D}} \tag{6-16}$$

K 用于衡量导线测量的精度，其值越小，精度越高。不同等级导线测量的导线全长相对闭合差 K 的容许值 $K_{容}$ 见表 6-1。若 $K > K_{容}$，说明成果不合格，必须重新观测。

当 K 值满足精度要求，即 $K \leqslant K_{容}$ 时，将纵、横坐标增量闭合差 f_x 和 f_y 反号后，按与导线边长成正比例的分配原则，分别对纵、横坐标观测增量进行改正。设 v_{x_i}、v_{y_i} 分别表示第 i 条导线边纵、横坐标观测增量的改正数，则

$$\left.\begin{aligned} v_{x_i} &= -\frac{f_x}{\Sigma D} \times D_i \\ v_{y_i} &= -\frac{f_y}{\Sigma D} \times D_i \end{aligned}\right\} \tag{6-17}$$

纵、横坐标观测增量的改正数之和分别等于反号后的闭合差，即

$$\left.\begin{aligned} \Sigma v_x &= -f_x \\ \Sigma v_y &= -f_y \end{aligned}\right\} \tag{6-18}$$

对于按式（6-17）计算 v_{x_i}、v_{y_i} 时进行取舍导致式（6-18）不能完全满足时，应根据取舍数值对 v_{x_i}、v_{y_i} 时进行调整，使其凑整后满足式（6-18），并进行检核。

各导线边观测增量与对应改正数之和，即为改正后增量，分别用 Δx、Δy 表示，即：

$$\left.\begin{aligned} \Delta x_i &= \Delta x'_i + v_{x_i} \\ \Delta y_i &= \Delta y'_i + v_{y_i} \end{aligned}\right\} \tag{6-19}$$

附合导线纵、横坐标改正后增量之和 $\Sigma\Delta x$、$\Sigma\Delta y$ 分别与已知值 $x_C - x_B$、$y_C - y_B$ 相等。

计算实例的纵、横坐标观测增量、改正后增量填入表 6-3 对应栏中，f_x、f_y、f_D 和 K 的计算以及 $K_{容}$ 均填入“辅助计算”栏，观测增量改正数单位为厘米，填在对应观测增量之上。

（4）坐标计算

根据起点坐标和改正后增量，按式（6-1）依次计算各导线点纵、横坐标，直至终点，并比较终点计算坐标与已知坐标是否相等，作为计算的最后检核。

2）闭合导线计算

图 6-10 为闭合导线，其图形为多边形。已知起点坐标 A（x_A，y_A），起始导线边坐标方位角 α_{BA}，已观测连接角$\angle BA1$、多边形全部内角和边长，已知数据和观测数据均标在图中。闭合导线的计算方法、步骤和闭合差的分配原则等，与附合导线基本相同，不同之处除了需要计算连接边坐标方位角外，最主要的不同是成果检核条件不同。附合导线以两端的已知坐标方位角和坐标作为检核条件，而闭合导线以闭合的几何图形作为检核条件，具体表现在闭合差的名称和计算公式存在差异。以下仅介绍闭合导线与附合导线的不同之处。

（1）计算连接边坐标方位角

根据已知边坐标方位角和连接角计算连接边坐标方位角，以表 6-4 为例，在辅助计算栏中进行。

$$\alpha_{A1} = \alpha_{BA} + \beta'_{A连} \pm 180°$$

上式中，$\beta'_{A连}$ 是闭合导线的连接角，即$\angle BA1$。将计算得出的 α_{A1} 作为闭合导线已知坐标方位角填入表 6-4 中辅助计算栏里。

（2）角度闭合差计算公式

闭合导线的多边形内角观测值之和 $\Sigma\beta'_i$ 与对应的理论值 $(n-2)\times180°$之差称为角度闭合差，用 f_β 表示。

$$f_\beta = \Sigma\beta'_i - (n-2)\times 180° \tag{6-20}$$

式中，n 为导线边数，也是多边形边数。在计算闭合导线闭合差容许值及其闭合差分配时，都不能考虑连接角$\angle BA1$。

（3）坐标增量闭合差计算公式

闭合导线各边坐标观测增量之和 $\Sigma\Delta x'$、$\Sigma\Delta y'$ 对应的理论值均为零，因此，纵、横坐标增量闭合差 f_x 和 f_y 的计算公式为：

$$\left.\begin{aligned} f_x &= \Sigma\,\Delta x' \\ f_y &= \Sigma\,\Delta y' \end{aligned}\right\} \tag{6-21}$$

闭合导线角度闭合差、坐标增量闭合差的限差、分配原则分别与附合导线的坐标方位角闭合差、坐标增量闭合差相同。

图 6-10 所示闭合导线的坐标计算，见表 6-4。

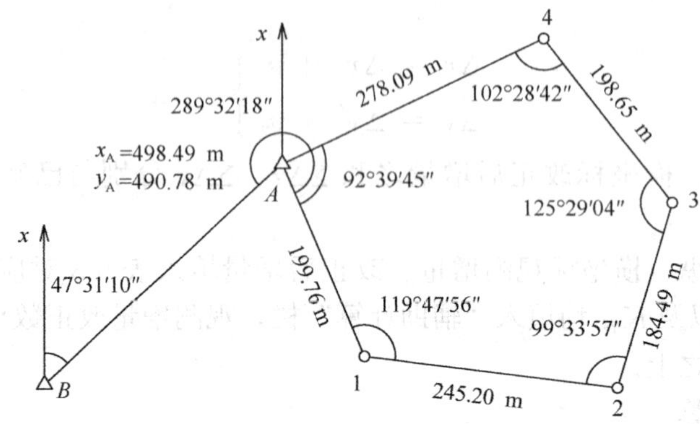

图 6-10　闭合导线的坐标计算

闭合导线的坐标计算　　　　表 6-4

点号	观测角 v_β/β' (″)/(°)(′)(″)	改正后角 β (°)/(′)(″)	坐标方位角 α (°)(′)(″)	边长 D (m)	观测坐标增量 $v_x/\Delta x'$ (cm/m)	观测坐标增量 $v_y/\Delta y'$ (cm/m)	改正后坐标增量 Δx (m)	改正后坐标增量 Δy (m)	坐标 x (m)	坐标 y (m)
A									498.49	490.78
			157 03 28	199.76	+2 −183.96	−3 77.87	−183.94	77.84		
1	+7 119 47 56	119 48 03							314.55	568.62
			96 51 31	245.20	+3 −29.28	−4 243.45	−29.25	243.41		
2	+7 99 33 57	99 34 04							285.33	812.03
			16 25 35	184.49	+2 176.9	−3 52.17	176.98	52.14		
3	+8 125 29 04	125 29 12							462.28	864.17
			321 54 47	198.65	+2 156.35	−3 −122.54	156.37	−122.57		
4	+7 102 28 42	102 28 49							681.65	741.60
			244 23 36	278.09	+3 −120.19	−4 −250.78	−120.16	−250.82		
A	+7 92 39 45	92 39 52							498.49	490.78
			157 03 28							
1										
Σ	+36 539 59 24	540 00 00		1106.19	+12 −0.12	−17 0.17	0.000	0.000		

辅助计算：

$\alpha_{A1}=47°31'10''+289°32'18''-180°=157°03'28''$

$f_\beta=539°59'24''-(5-2)\times180°=-36''$

$f_{\beta容}=\pm60''\sqrt{5}=\pm134''$

$f_x=-12\text{cm}$

$f_y=+17\text{cm}$

$f_D=\sqrt{(-12)^2+(+17)^2}=20.8\text{cm}$

$k=0.208/1106.19=1/5318$

$k_{容}=1/2000$

6.3 交会法定点

测绘地形图时，图根平面控制点除采用图根三角锁（网）、图根导线等方法加密外，在局部地区，可以采用前方交会法、侧方交会法、后方交会法和测边交会法等交会方法进行控制点加密。

6.3.1 前方交会法与侧方交会法

1）观测图形

如图 6-11，A、B 为已知点，P 为待定点，α、β、γ 为观测角。

在两个已知点 A、B 上分别对待定点 P 观测水平角 α、β，再通过已知点坐标和观测的水平角计算未知点坐标的方法，称为前方交会法。

在已知点 A（或 B）和待定点 P 上分别对另一已知点 B（或 A）观测水平角 α（或 β）和 γ，再通过已知点坐标和观测的水平角计算未知点坐标的方法，称为侧方交会法。

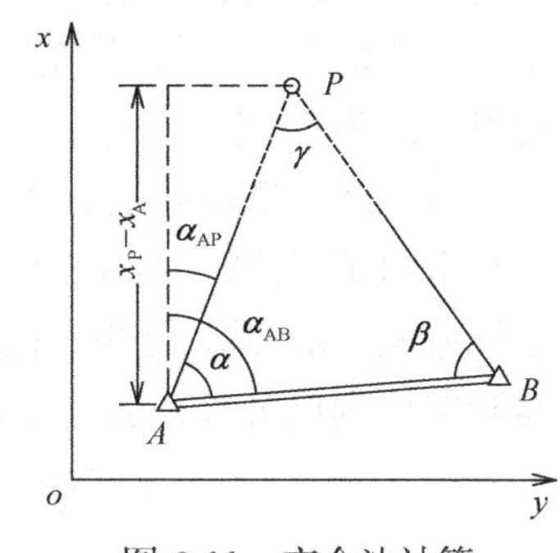

图 6-11　交会法计算

根据三角形内角和等于 180°的关系，侧方交会法中没有观测的已知点处的水平角可以通过观测的两个角度计算求出，因此，侧方交会法可使用前方交会法的公式计算未知点坐标。

前方交会法和侧方交会法中的交会角应在 30°～150°之间。

2）计算公式

在图 6-11 中，已知 A、B 两点坐标（x_A，y_A），（x_B，y_B）和水平角观测值 α、β，则待定点 P 的坐标（x_P，y_P）可按下式求得：

$$\left.\begin{aligned} x_p &= \frac{x_A\cot\beta + x_B\cot\alpha - y_A + y_B}{\cot\alpha + \cot\beta} \\ y_p &= \frac{y_A\cot\beta + y_B\cot\alpha + x_A - x_B}{\cot\alpha + \cot\beta} \end{aligned}\right\} \tag{6-22}$$

现证明式（6-22），先证明第一式。如图 6-11，设 A 点至 P 点距离为 D_{AP}，A 点至 B 点距离为 D_{AB}，则 A 点至 P 点的纵坐标增量用下式表示：

$$\begin{aligned} x_P - x_A &= D_{AP}\cos\alpha_{AP} \\ &= \frac{D_{AB}\sin\beta}{\sin(\alpha+\beta)} \cdot \cos(\alpha_{AB} - \alpha) \\ &= \frac{D_{AB}\sin\beta(\cos\alpha_{AB}\cos\alpha + \sin\alpha_{AB}\sin\alpha)}{\sin\alpha\cos\beta + \cos\alpha\sin\beta} \\ &= \frac{\sin\beta(\Delta x_{AB}\cos\alpha + \Delta y_{AB}\sin\alpha)}{\sin\alpha\cos\beta + \cos\alpha\sin\beta} \end{aligned}$$

将等式右边分子、分母同除以 $\sin\alpha\sin\beta$ 后，再将等式左边的 x_A 移项到等式右边得：

$$\begin{aligned} x_P &= x_A + \frac{\Delta x_{AB}\cot\alpha + \Delta y_{AB}}{\Delta x_{AB}\cot\alpha + \Delta y_{AB}} \\ &= \frac{x_A\cot\beta + (x_A + \Delta x_{AB})\cot\alpha + \Delta y_{AB}}{\cot\alpha + \cot\beta} \\ &= \frac{x_A\cot\beta + x_B\cot\alpha - y_A + y_B}{\cot\alpha + \cot\beta} \end{aligned}$$

同理可证（6-22）第二式。

在式（6-22）中，已知点 A、B 和待定点 P，按 A、B、P 顺序逆时针方向依次编号，且 A 点交会角为 α，B 点交会角为 β，已知点、待定点的顺序及其交会角的对应位置不能改变。

3）前方交会法计算实例

为了检查错误和衡量观测成果是否符合规定的精度要求，要求前方交会应有三个或三个以上的已知控制点。表 6-5 前方交会计算实例图中，A、B、C 为已知控制点，P 为待定点，α_1、β_1、α_2、β_2 为交会角观测值。计算时分为两组前方交会，由 A、B 点坐标和 α_1、β_1 求出 P 点第一组坐标（x'_P, y'_P），由 B、C 点坐标和 α_2、β_2 求出 P 点第二组坐标（x''_P, y''_P）。一般规范规定由两组 P 点计算坐标对应的坐标差 δ_x、δ_y 所求得的点位之间的距离 e 不大于两倍测图比例尺精度 $e_{容}$。设 M 代表测图比例尺分母，其 e 和 $e_{容}$ 的计算公式为：

$$e = \sqrt{\delta_x^2 + \delta_y^2} = \sqrt{(x'_p - x''_p)^2 + (y'_p - y''_p)^2} \tag{6-23}$$

$$e_{容} = 2 \times 0.1M = 0.2M \quad \text{mm} \tag{6-24}$$

前方交会计算实例（坐标单位：m） **表 6-5**

点名	x		观测角		y		观测略图
A	x_A	28.462	α_1	64°12′20″	y_A	62.753	
B	x_B	113.362	β_1	58°54′45″	y_B	335.602	
P	x'_P	317.422			y'_P	105.992	
B	x_B	113.362	α_2	56°51′20″	y_B	335.602	
C	x_C	363.595	β_2	71°41′14″	y_C	372.876	
P	x''_P	317.308			y''_P	106.027	
中数	x_P	317.365			y_P	106.010	
辅助计算	$\delta_x=+0.114$		$e=0.119$		$e_容=0.200$		
	$\delta_y=-0.035$		$M=1000$		$e<e_容$		

6.3.2 后方交会法

1）观测图形

如图 6-12，A、B、C 为已知点，P 为待定点，α、β 为观测角。在待定点 P 上观测三个已知点 A、B、C，分别测得水平角 α、β，再通过已知点坐标和观测的水平角计算未知点坐标的方法，称为后方交会法。

后方交会中，如果 P 点位于 A、B、C 三点构成的圆周上，则 P 点有无数解，即，解不是唯一的。如图 6-13，P 点在圆周上的任意位置时，其 α 与 β 的值不变，A、B、C 三点构成的圆称为危险圆。实际布设后方交会图形时，P 点应该离开危险圆的带状区域，一般要求 α、β 和 B 点内角之和不在 160°～200°之间。

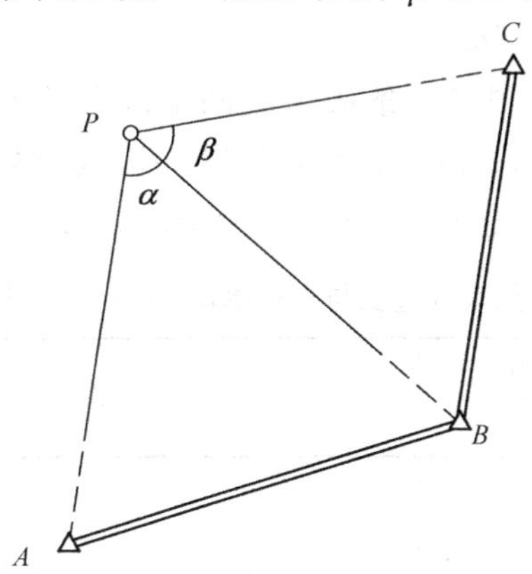

图 6-12 后方交会图形

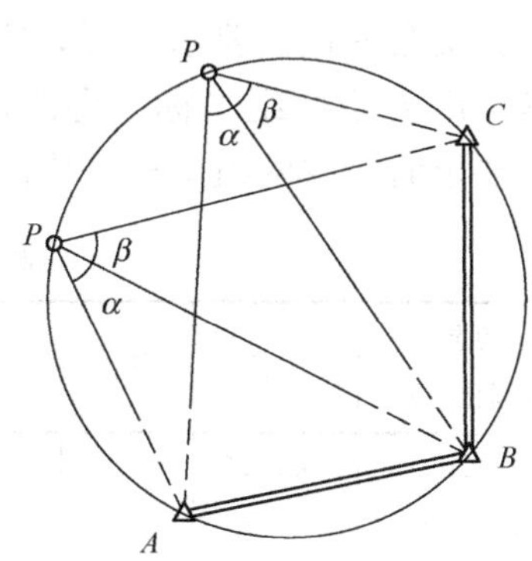

图 6-13 后方交会危险圆

2）计算公式

在图 6-12 中，设 P、A、B、C 点按照逆时针顺序排列，则待求点的坐标由下式计算：

$$\left.\begin{aligned} x_P &= x_B + \Delta x_{BP} \\ y_P &= y_B + \Delta y_{BP} \end{aligned}\right\} \tag{6-25}$$

式中

$$\Delta x_{BP} = \frac{(y_B - y_A)(\cot\alpha - \tan\alpha_{BP}) - (x_B - x_A)(1 + \cot\alpha\tan\alpha_{BP})}{1 + \tan^2\alpha_{BP}} \tag{6-26}$$

式（6-26）中 $\Delta y_{BP} = \Delta x_{BP}\tan\alpha_{BP}$

$$\tan\alpha_{BP} = \frac{(y_B - y_A)\cot\alpha + (y_B - y_C)\cot\beta + (x_A - x_C)}{(x_B - x_A)\cot\alpha + (x_B - x_C)\cot\beta - (y_A - y_C)} \tag{6-27}$$

上述后方交会法计算公式的推导从略。采用后方交会法加密控制点时，需要至少多观测一个已知点，组成两组后方交会图形进行解算，用于检核观测错误和提高观测成果的精度。

6.3.3　测边交会法

如图 6-14，A（x_A，y_A）、B（x_B，y_B）为已知点，求待定点坐标 P（x_P，y_P）。在已知点或待定点上分别观测 A、B 点对应边的水平距离 D_A、D_B 后，通过已知点坐标和观测的水平距离计算未知点坐标的方法，称为测边交会法。

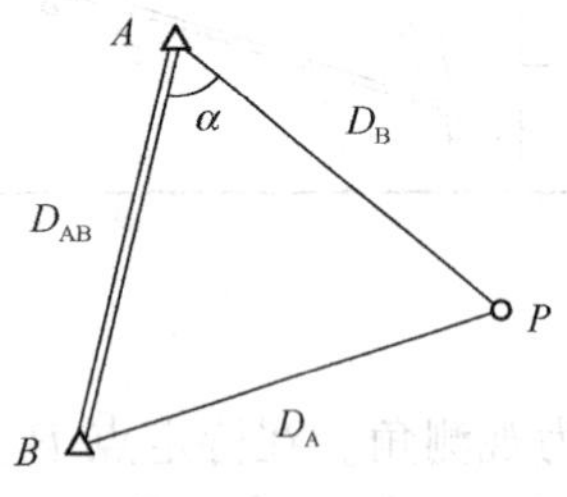

图 6-14　测边交会法

为了公式的通用性和推导公式方便，约定 P、A、B 按逆时针方向编号，并设 A 点的水平角为 α。根据 A、B 点已知坐标，可按式（6-3）求出 A、B 两点水平距离 D_{AB}，于是，在 $\triangle PAB$ 中，按三角函数的余弦定理可求出 α 角，即：

$$\alpha = \arccos \frac{D_B^2 + D_{AB}^2 - D_A^2}{2D_B D_{AB}} \tag{6-28}$$

则 AP 边的坐标方位角为

$$\alpha_{AP} = \alpha_{AB} - \alpha \tag{6-29}$$

按式（6-1）、式（6-2），可得 P 的坐标（x_P，y_P）的计算公式为：

$$\left.\begin{aligned} x_P &= x_A + D_B \cos\alpha_{AP} \\ y_P &= y_A + D_B \sin\alpha_{AP} \end{aligned}\right\} \tag{6-30}$$

与前方交会的检核要求一样，需要至少测定三条边组成两个以上的测边交会图形，解算出 P 点两组坐标，再按式（6-23）、式（6-24）计算并检核交会点位精度。满足要求时，取两组坐标平均值作为 P 点坐标。测边交会实例见表 6-6。

测边交会计算表（边长与坐标单位：m）　　**表 6-6**

三角形号	边名（起止点）	边长	点名	坐标 x	坐标 y	略图
1	D_{B1}(AP)	292.087	A	719.847	156.474	
	D_{AB}(AB)	285.752	B	441.836	90.411	
	D_A(BP)	307.106	P	535.366	382.928	
2	D_C(BP)	307.106	B	441.836	90.411	
	D_{BC}(BC)	252.994	C	282.198	286.681	
	D_{B2}(CP)	270.768	P	535.271	382.958	
P 点平均坐标				535.318	382.943	
辅助计算				成果检核		
1		2		$\delta_x = +0.095$	$M=100$	
$\alpha_{AB} = 193°22'02''$		$\alpha_{BC} = 129°07'25''$		$\delta_y = -0.030$		
$\alpha_1 = 61°11'57''$		$\alpha_2 = 56°50'11''$		$e = 0.010$		
$\alpha_{AP} = 129°10'05''$		$\alpha_{BP} = 72°17'14''$		$e_{容} = 0.200$		

6.4 三、四等水准测量

三、四等水准测量既是国家三、四等高程控制测量的主要方法，也是地形图测绘、城市建设、各种路网管线的勘测、施工等的首级与加密高程控制测量方法，应用十分普遍。

6.4.1 三、四等水准测量的技术要求

三、四等水准点一般设置为永久点，水准点的标志、标石及其埋设，应符合有关测量规范的要求。根据高等级已知高程点的分布现状，三、四等水准路线可以布设成单一附合路线、闭合路线、往返观测的支水准路线或水准网。一般应与国家一、二等高程控制点联测，独立地区应布设成闭合环线。

三、四等水准测量以及图根水准测量技术要求，详见表 6-7、表 6-8。

水准测量主要技术要求 **表 6-7**

等级	路线长度	每千米高差中误差	水准仪型号	水准尺	观测次数		往返较差、附合或环线闭合差	
					附合或环线	与已知点联测	平地	山地
	km	mm					mm	mm
三等	≤50	6	DS1	因瓦	往返各一次	往一次	$\pm12\sqrt{L}$	$\pm4\sqrt{n}$
			DS3	双面		往返各一次		
四等	≤16	10	DS3	双面		往一次	$\pm20\sqrt{L}$	$\pm6\sqrt{n}$
五等	—	15	DS3	单面		往一次	$\pm30\sqrt{L}$	—
图根	≤5	20	DS10	单面		往一次	$\pm40\sqrt{L}$	$\pm12\sqrt{n}$

注：1. 结点之间或结点与高级点之间，其路线的长度，不应大于表中规定的 0.7 倍；

2. L 为往返测段、附合或闭合的水准路线长度（km），n 为测站数。

水准测量测站观测技术要求 **表 6-8**

等级	水准仪型号	视线长度	前后视距差	前后视距累积差	视线离地面最低高度	基本分划、辅助分划或黑面、红面读数较差	基本分划、辅助分划或黑面、红面高差较差
		m	m	m	m	mm	mm
三等	DS1	100	3	6	0.3	1.0	1.5
	DS3	75				2.0	3.0
四等	DS3	100	5	10	0.2	3.0	5.0
五等	DS3	100	大致相等	—	—	—	—
图根	DS 10	100	—	—	—	—	—

注：三、四等水准采用变动仪器高度观测单面水准尺时，所测两次高差较差，应与黑面、红面高差之差的要求相同。

6.4.2 三、四等水准测量观测与计算检核

1）测站观测程序

以倒像水准仪为例，在安置好水准仪后，其观测程序如下，填入表 6-9 中对位置：

①照准后视水准尺黑面，读、记录下、上、中丝读数，填入（1）、（2）、

（3）栏；

②照准前视水准尺黑面，读、记录下、上、中丝读数，填入（4）、（5）、（6）栏；

③照准前视水准尺红面，读、记中丝读数，填入（7）栏；

④照准后视水准尺红面，读、记中丝读数，填入（8）栏。

上述程序根据方向与水准尺面，被简称为：后—前—前—后；黑—黑—红—红。

进行四等水准测量时，可以采用类似程序：后—后—前—前；黑—红—黑—红。

三、四等水准测量观测手簿　　表 6-9

往测自 M3　至　BM1　　2007 年 9 月 28 日

时刻开始 15 时 30 分　　天气：晴

结束 15 时 56 分　　呈像：清晰

测站编号	后尺 下丝 / 上丝 / 后视距离 / 视距差 d	前尺 下丝 / 上丝 / 前视距离 / Σd	方向及尺号	标尺读数 黑面	标尺读数 红面	K 加黑减红	高差中数	备考
	(1)	(4)	后	(3)	(8)	(14)		
	(2)	(5)	前	(6)	(7)	(13)		
	(9)	(10)	后—前	(15)	(16)	(17)	(18)	
	(11)	(12)						
1	2158	0931	后 46	1940	6728	−1		*M3*
	1722	0488	前 47	0710	5398	−1		
	43.6	44.3	后—前	1230	1330	0	+1230	
	−0.7	−0.7						
2	2038	2500	后 47	1643	6331	−1		
	1251	1712	前 46	2109	6897	−1		
	78.7	78.8	后—前	−0466	−0566	0	−0466	
	−0.1	−0.8						
3	2450	2441	后 46	1977	6766	−2		
	1506	1490	前 47	1967	6654	0		
	94.4	95.1	后—前	0010	0112	−2	+0011	
	−0.7	−1.5						
4	2050	1290	后 47	1666	6351	+2		
	1282	0528	前 46	0908	5694	+1		*BM1*
	76.8	76.2	后—前	0758	0657	+1	+0758	
	+0.6	−0.9						
Σ	8696	7162	后	7226	26176	−2		
	5761	4218	前	5694	24643	−1		
	293.5	294.4	后—前	1532	1533	−1	+1533	
	−0.9		总视距＝293.5＋294.4＝587.9m					

2）测站计算与检核

（1）视距计算

后视距离　　(9)＝[(1)−(2)]÷10(以 m 为单位，下同)

前视距离　　(10)＝[(4)−(5)]÷10

前后视距差　　(11)＝(9)－(10)

前后视距累积差(12)＝前站(12)＋本站(11)

(11)、(12) 应满足表 6-8 中相应要求。

(2) 高差计算

前视的黑面、红面读数较差(13)＝(6)＋K－(7)(K＝4687 或 4787，下同)

后视的黑面、红面读数较差(14)＝(3)＋K－(8)

黑面高差　　(15)＝(3)－(6)

红面高差　　(16)＝(8)－(7)

黑、红面高差较差　　(17)＝(15)－[(16)±100]

(17)＝(14)－(13)(计算检核，应等于上式结果)

黑、红面高差中数　　(18)＝{(15)＋[(16)±100]}/2

(13)、(14)、(17)应满足表 6-8 中相应要求。

3) 每页计算检核

每页最下留出一个测站的记录位置，在其测站编号栏填入“Σ”，表示求和。将除“Σd”(前后视距累积差) 栏外的所有栏分别求和后，填入“Σ”(求和) 区域的对应位置，并应满足以下各式，用于计算检核。

(1) 视距部分应满足条件

$$\Sigma(9)=[\Sigma(1)-\Sigma(2)]\div 10$$

$$\Sigma(10)=[\Sigma(4)-\Sigma(5)]\div 10$$

视距差总和等于后视距离总和减前视距离总和等于本页末站视距累积差Σd，即：

$$\Sigma(11)=\Sigma(9)-\Sigma(10)=\text{本页末站}(12)$$

满足上述关系式后，计算总视距，即：

$$\text{总视距}=\Sigma(9)+\Sigma(10)$$

(2) 高差部分应满足条件

后视黑、红面读数总和之和减前视黑、红面读数总和之和等于黑、红面高差总和之和，并等于 2 倍高差中数之和。即：

$$\begin{aligned}\Sigma(15)+\Sigma(16)&=[\Sigma(3)+\Sigma(8)]-[\Sigma(6)+\Sigma(7)]\\&=2\Sigma(18)(\text{偶数站数时})\\&\text{或}=2\Sigma(18)\pm 100(\text{奇数站数时})\end{aligned}$$

表 6-9 中 Σ(15)＋Σ(16)＝3065≠2Σ(18)＝3066，属计算凑整原因。

6.4.3 三、四等水准测量成果检核与计算

单一水准路线的成果检核与计算，分别见 2.3.3 和 2.3.4。

水准网的成果检核与计算，详见专业测量平差文献。

6.5 三角高程测量

在地面坡度较大、水准测量困难等情况下，可以在满足精度要求条件下，采用三角高程测量。特别是电磁波测距的三角高程测量，在地形图测绘、各种工程

勘测等工程建设中，得到了广泛应用。

6.5.1 三角高程测量基本原理

三角高程测量原理如图6-15，在已知高程的地面点A上架设经纬仪，观测至待定高程的地面点B上的目标，测得竖直角α和水平距离D（或观测倾斜距离后利用竖直角计算水平距离），量取仪器高度i和目标高度v。利用三角学原理可得A、B两点之间的高差h_{AB}为：

$$h_{AB}=D\tan\alpha+i-v \quad (6\text{-}31)$$

当两点间距较大时，三角高程测量必须考虑地球曲率和大气折光对高差的影响，其大小已在2.4.3节中介绍，具体计算式为：

$$f_{AB}=0.43\frac{D^2}{R} \quad (2\text{-}22)$$

式中，R为地球半径，近似值为$R=6371000$m。

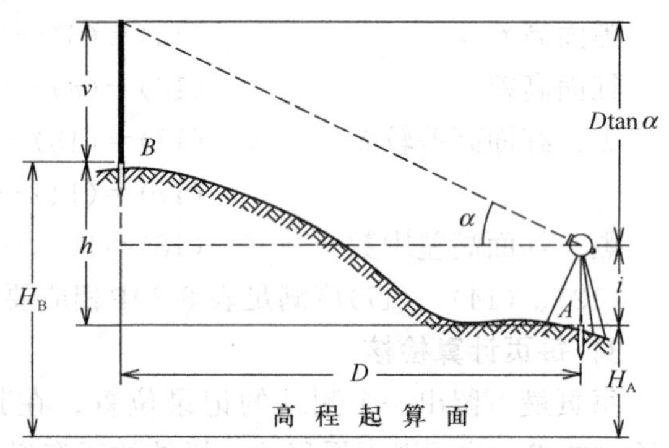

图6-15 三角高程测量原理

若已知A点高程H_A，并顾及地球曲率与大气折光影响时，则B点高程H_B由下式计算。

$$H_B=H_A+h_{AB}+f_{AB}$$

将式（6-31）、式（2-22）代入上式得

$$H_B=H_A+D\tan\alpha+i-v+0.43\frac{D^2}{R} \quad (6\text{-}32)$$

6.5.2 三角高程测量的技术要求

三角高程测量可以采用全站仪同时测定竖直角与距离，或者经纬仪测定竖直角、电磁波测距仪或钢尺测定距离方法进行。

三角高程控制测量，通常与平面控制测量同步进行，布设成三角高程控制网或三角高程导线。目前，三角高程测量主要采用电磁波测距方法获取两点间的倾斜距离或水平距离，称之为电磁波测距三角高程测量。电磁波测距三角高程测量的等级有四等、五等和图根等，对应于四等、五等和图根水准。各等级的电磁波测距三角高程测量的起止点应不低于高一等级的水准点。其主要技术要求，见表6-10。

电磁波测距三角高程测量的边长、路线边数、观测目标类型、读数次数、量取仪器与目标高度的取位精度等，参见有关测量规范。

电磁波测距三角高程测量的主要技术要求　　表6-10

等级	仪器型号	测回数		指标差较差（″）	竖直角较差（″）	对向观测高差较差 mm	附合或环行闭合差 mm
		三丝法	中丝法				
四等	DJ2	—	3	≤7	≤7	$40\sqrt{D}$	$20\sqrt{\Sigma D}$
五等	DJ2	1	2	≤10	≤10	$60\sqrt{D}$	$30\sqrt{\Sigma D}$
图根	DJ6	—	2	≤25	≤25	400D	$40\sqrt{\Sigma D}$

注：D为电磁波测距边长度，以km为单位。

6.5.3 三角高程观测与成果计算

三角高程测量主要是竖直角观测、电磁波测距或钢尺量距、量取仪器与目标高度，可按第三、四章中介绍的方法进行观测。

对于一条边的三角高程观测，可以是单向观测，直接利用（6-32）式计算 B 点高程。当利用三角高程测量进行高程控制测量，或要求三角高程测量的高程点具有较高精度时，通常需要进行对向观测。对于 A 至 B 的对向观测，由 A 向 B 观测，称为直觇；由 B 向 A 观测，称为反觇。对向观测取平均，可以消除地球曲率与大气折光对三角高程产生的影响。

三角高程测量一条边的直反觇观测与计算实例，见表 6-11。

三角高程直反觇的观测与计算（长度单位：m） **表 6-11**

待求点	B				
起算点	A				
觇法	直	反	觇法	直	反
水平距离 D	469.385	469.391	球气差改正 f	0.015	0.015
竖直角 α	4°12′27″	−4°05′36″	单向高差 h	34.056	−34.022
$D\tan\alpha$	34.531	−33.591	高差中数	34.039	
仪器高度 i	1.510	1.554	起算点高程 H_A	30.618	
目标高度 v	2.000	2.000	待求点高程 H_B	64.657	

三角高程网的计算，参见有关测量平差的专业文献。在小地区的三角高程控制测量中，一般布设成闭合或附合路线的三角高程导线。对每边进行对向观测，按表 6-11 方法计算各边高差中数。计算路线高差闭合差 f_h，当 $f_h \leqslant f_{h容}$ 时，将闭合差 f_h 反号后，按与边长成比例的原则分配到各高差中数中，得到改正后各边的改正后高差，再从起点开始，用起点高程、改正后高差，求出路线中各点高程。

思考题与习题

1. 小地区平面控制网有哪些布设形式？它们各适合什么情况？目前主要布设成哪种形式？

2. 导线有哪几种布设图形？其外业测量包括哪些主要工作？

3. 钢尺尺长随温度变化成比例伸缩时，钢尺量距的附合导线与闭合导线能消除其影响吗？为什么？

4. 三、四等水准测量有哪些检核与限差要求？

5. 三角高程控制测量为什么要直觇、反觇观测？其目的是为了消除或削弱什么误差？

6. 附合导线已知数据、观测数据如图 6-16 所示，参照表 6-3，完成成果计算。

7. 闭合导线已知数据、观测数据如图 6-17 所示，参照表 6-4，完成成果计算。

8. 前方交会观测数据如图 6-18，已知点纵横坐标分别为：A（812.342，151.727）、B（359.232，155.537）、C（106.593，454.051），求待定点坐标 P（x_P，y_P）。

9. 测边交会观测数据如图 6-19，已知点纵横坐标分别为：A（923.453，262.838）、B（470.343，266.648）、C（217.704，565.162），求待定点坐标 P（x_P，y_P）。

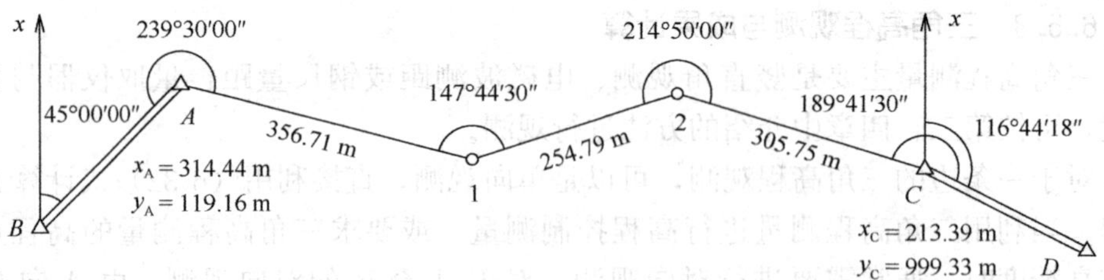

图 6-16　附合导线计算题

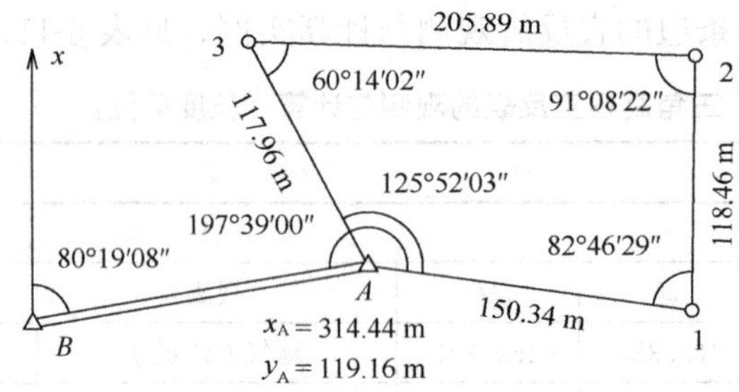

图 6-17　闭合导线计算题

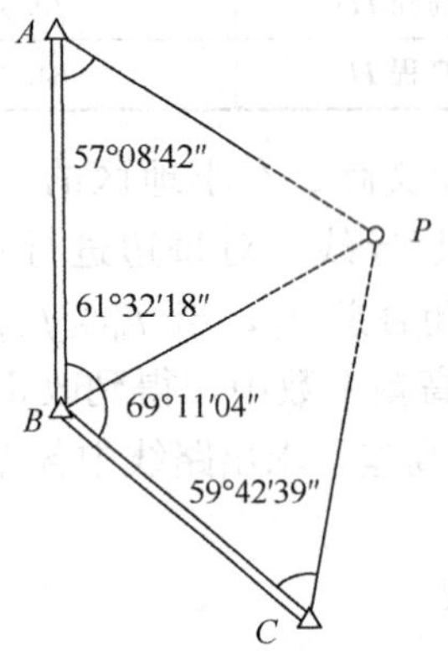

图 6-18　前方交会计算题

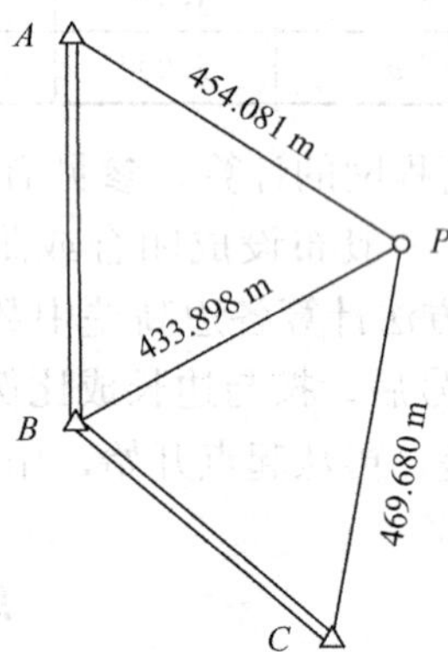

图 6-19　测边交会计算题

第 7 章　卫星定位测量

7.1　卫星导航定位系统概述

7.1.1　全球定位系统

由美国建立，在全球范围内进行导航与定位的系统，称为全球定位系统。英文名称为 Global Positioning System，简称 GPS。

利用 GPS，在地理空间参考系中，根据卫星的已知瞬时位置与卫星至目标的测量距离，即可计算确定被测目标的空间位置。其中，被测目标可以是陆地或海上目标，也可以是空中目标；可以是固定目标，也可以是运动目标。

GPS 于 1973 年 12 月开始由美国国防部批准其海、陆、空三军联合研制，历经方案论证设计（1974～1978 年）、研制试验（1979～1987 年）和生产实验（1988～1994 年）三个阶段，历时 20 年，耗资约 300 亿美元，于 1994 年全面建成，并正式投入使用。

目前，GPS 已经具备在海、陆、空进行全方位、全天候、实时三维导航与定位能力，同时可以测时、测速。其动态精度可达米级至分米级，静态相对定位精度可达厘米甚至毫米级，测时精度可达毫微秒级，测速精度可达分米至厘米级。

美国建立的 GPS，实现了海、陆、空的侦察机、轰炸机、军舰、坦克的导航，导弹制导等军事目的。现在的研究与发展，GPS 已广泛应用于国民经济许多领域，乃至人们的日常生活。海上船舶、民航飞行、陆地车辆、交通运输、旅行探险的导航，公路与铁路勘察、石油与地质勘探、地形与工程测量、地震与灾害监测、大陆板块运动、环境监测等定位，都在使用 GPS。随着 GPS 接收机成本的降低，人们的日常生活将越来越离不开 GPS。

7.1.2　其他卫星导航定位系统

利用卫星导航与定位的系统，除了美国的全球定位系统外，还有俄罗斯的全球导航卫星系统、中国的北斗导航系统和欧盟的伽利略系统。

俄罗斯的全球导航卫星系统，其英文名称为 Global Orbiting Navigation Satellite System，简称为 GLONASS 或格鲁纳斯。该系统的空间部分与美国的 GPS 相同，由 24 颗卫星组成，亦为全球导航与定位的系统，于 1999 年达到比较完善的阶段。由于经济的原因，系统中设计寿命已经到期的卫星没能适时获得替补，使系统一直未能正常工作。目前，俄罗斯正在恢复 GLONASS，已具备导航、定位能力。

我国的北斗导航系统，命名为 COMPASS。随着 2000 年 10 月 31 日“北斗一号”导航定位试验卫星发射升空，我国成为世界上除美、俄外的第三个拥有独立导航卫星的国家。该系统第一代为局域导航定位系统，服务于亚太地区，目前正在建设第二代北斗系统，设计为30颗工作卫星，于2007年4月发射第一颗第二代卫星，计划在2015年建成。

欧盟正在建设的伽利略系统，英文名称为Galileo Navigation System，简称GNS。该系统为全球导航定位系统，空间部分由30颗卫星组成，已于2005年12月28日发射第一颗试验卫星，属于民用系统，我国为该系统的合作成员国家。

随着科技发展和一些国家经济实力增强，出于经济、战略和政治等因素，将会有更多的国家建立自己的导航定位系统。

7.2　GPS构成

GPS由空间卫星、地面监控系统、用户设备三部分组成，其基本构成如图7-1所示。

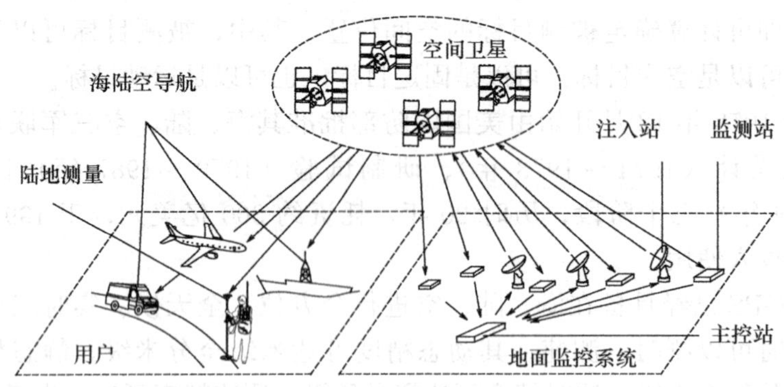

图7-1　GPS构成

7.2.1　空间卫星

GPS卫星星座由24颗工作卫星星座和若干备用卫星星座组成，分别分布在编号为A、B、C、D、E、F的6根轨道上。每根轨道上等角距（均为90°）分布有位置编号为1、2、3、4的4颗工作卫星星座和位置编号为5～6的1～2颗备用卫星星座。每颗星座的编号由轨道编号与位置编号组成，如B轨道3号位置，其星座编号为B3。GPS的24颗工作卫星星座分布如图7-2所示。

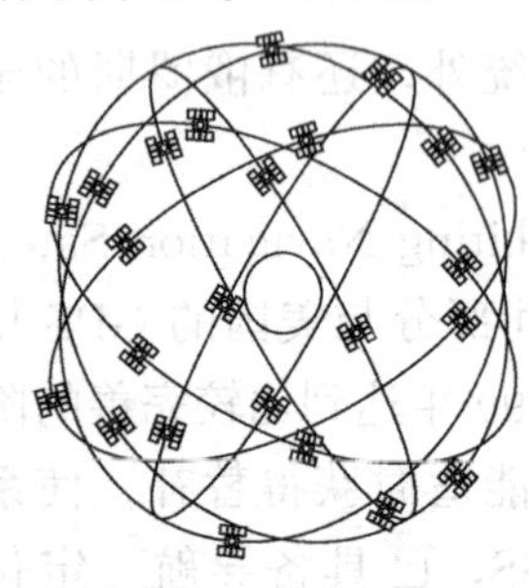

图7-2　卫星星座分布

每颗卫星除了有一个发射顺序编号外，还有一个PRN（Pseudo Random Noise：伪随机噪声码）编号。一般来讲，每个星座在轨道上的位置与编号是相对固定的，但各个星座中的卫星并不是永远固定不变的。例如，B3星座（B轨道3号位置）某时段是PRN编号为28的卫星，当该颗卫星不能正常工作时，可能被备用星座中PRN编号为2的卫星所替代。

GPS卫星外形结构如图7-3所示。卫星主体呈圆柱形，直径约1.5m。星体两侧各伸展一块太阳能板，由定向系统控制太阳能板始终面向太阳，为卫星提供工作用电，同时给15A.h的镉镍电池充电，保证卫星飞越地球阴影区时仍能正常工作。卫星体底部装有由 12 个单元构成的多波束天线，面向地球发射导航定位信号。卫星体两端面上还装有遥测、遥控天线，用于与地面监控系统的通信。

卫星体内的主要设备包括：原子时钟、导航电文存储器、导航定位信号发射器、地面监控指令与信息接收器、微处理器以及卫星姿态与轨道控制系统。每颗卫星上的核心设备是 4 台高精度的原子时钟，实际使用中只有 1 台在工作，其余 3 台均为备用。原子钟的频率稳定度均在 10^{-13}～10^{-14}以上，可以为 GPS 提供高精度的时间标准。

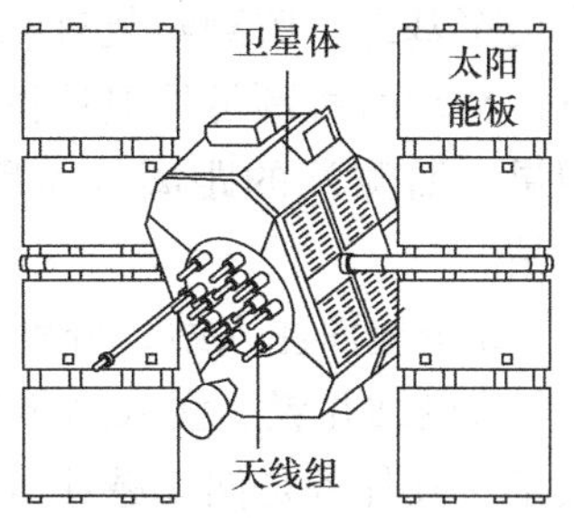

图 7-3　GPS 卫星外形结构

GPS 卫星主要功能包括：接收地面监控指令并调整卫星的姿态与轨道，接收、存储地面站注入的导航电文与有关信息，提供高精度的时间标准，向用户发送导航定位信号。

7.2.2　地面监控系统

根据高空中高速运动的 GPS 卫星来确定用户的空间位置时，卫星的空间位置（卫星星历）必须是已知的。GPS 卫星发射升空后，由于地球非中心引力、日月引力、太阳光辐射压力、大气阻力、地球潮汐等诸多不规则的复杂因素的影响，使得 GPS 卫星不可能绝对地按照理论设计的姿态与轨道运行。GPS 卫星的实际瞬时位置，由地面监测系统观测确定。利用测定的 GPS 卫星空间位置，主控系统可以外推计算出未来一段时间的卫星星历，并注入卫星后分发给用户；也可以发布调控指令，使卫星按照指定的姿态与轨道运行。

为了实现对 GPS 卫星的控制、监测，并向卫星注入数据，GPS 建立了地面监控系统。该系统包括 1 个主控站、5 个监测站和 3 个注入站，其分布如图 7-4 所示。

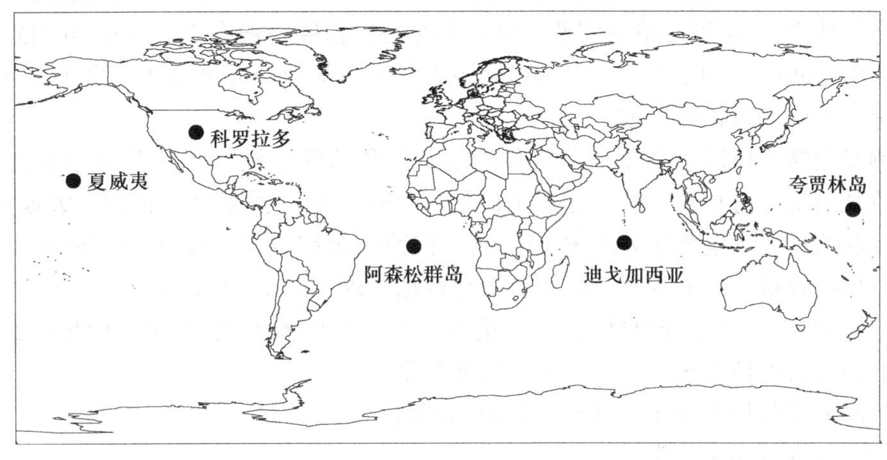

图 7-4　地面监控系统

主控站设在美国的科罗拉多州佛肯空军基地的联合空间工作中心，拥有以大型计算机为主体的数据收集、计算、传输、诊断等设备和与监测站、注入站相互联络的通信系统。主控站的主要任务是：收集监测数据，编发导航电文，监控系统状态。

5个地面监测站中，有2个分别位于美国本土的科罗拉多主控站和夏威夷岛，另3个分别位于太平洋的夸贾林岛、印度洋的迪戈加西亚和大西洋的阿森松群岛三个美军基地。监测站装有双频 GPS 接收机和高精度铯钟，能够在主控站指令控制下，自动对每颗可见卫星按一定时间间隔（如1.5s），持续进行跟踪观测，将所测卫星至监测站的距离（伪距）、气象数据、时间等进行处理、存储，并传送给主控站。

3个地面注入站，分别与三大海洋中的夸贾林岛、迪戈加西亚和阿森松群岛的3个监测站并置。注入站装有计算机、L 波段信号发射器和直径约3.6m的天线等设备。其任务是向飞越注入站上空的 GPS 卫星注入由主控站传送来的导航电文和有关控制指令。另外，注入站还按一定时间间隔（如60s），自动向主控站传送信号，报告本站的工作状况。

7.2.3 GPS 用户设备

GPS 卫星发射的导航定位信号，是一种可供无数用户同时共享的信息资源。用户用于接收 GPS 卫星发射的导航定位调制波信号的设备，简称为 GPS 接收机。

1）GPS 接收机分类

GPS 导航定位技术应用广泛，根据用途等，GPS 接收机有多种类型，以下介绍两种分类。

（1）按用途分类

根据不同用途，GPS 接收机可分为：导航型、测量型和授时型。土建工程测量主要使用测量型接收机。本章未作特别说明时，一般特指测量型 GPS 接收机。

导航型接收机用于运动目标的导航，包括飞行器、船舶、车辆以及人的运动。导航型接收机主要利用测距码（C/A 码和 P 码）获得伪距观测量进行导航。导航精度取决于使用的测距码，美国军方及其特许用户使用 P 码，精度可达 2～3m，民用导航使用 C/A 码，精度较低，单点实时定位精度一般在 5～10m。RTD（real time differential：实时差分）GPS 以伪距观测量为基础，提供流动观测站米级精度的坐标，可以进行精密导航。

测量型接收机用于高精度的定位测量和位移监测。测量型接收机主要使用载波相位观测量进行相对定位，相对定位精度可达厘米、甚至更高精度。大地测量、工程控制测量、水电站大坝位移量监测，铁路与公路勘测、施工等精密测量，使用测量型接收机，一般为观测结束后进行数据处理。GPSRTK（real time kinematic：实时相位差分）以载波相位观测量为基础，提供流动观测站厘米级精度的坐标，利用自带通信系统，可进行实时快速测量。

授时型接收机专用于时间测定和频率控制。

（2）按载波频率分类

GPS 目前主要发射 L 波段的 L_1、L_2 两种载波，用于导航与定位，接收机按能够接收的载波频率数量分为只能接收载波 L_1 对应的调制波的单频接收机和能够同时接收载波 L_1、L_2 对应的调制波双频接收机。

实测数据统计表明，单频接收机一般只能用于站间距离在 15km 以内的精密定位，30km 以上的站间距离，必须采用双频接收机才能进行精密定位。

2）测量型 GPS 接收机及其配套设备

我国目前常用的部分测量型 GPS 接收机主要有美国 Trimble（以下简称天宝）、瑞士、美国、德国联合生产的 Leica（徕卡）和国产的南方、中海达、华测等接收机。

（1）测量型 GPS 接收机

测量型 GPS 接收机由 GPS 信号接收天线、接收机主机、控制器和电源等组成。

① GPS 信号接收天线

GPS 信号接收天线，简称 GPS 天线，由信号接收天线、前置放大器和频率变换器组成。其作用是将来自于 GPS 卫星的微弱电磁波经信号接收天线转化为相应电流，通过前置放大器放大后，再由频率变换器将高频 GPS 信号变成中频信号，以便获得稳定的信号传输给 GPS 主机。图 7-5 为天宝 GPS 天线，其相位中心为定位点位置，卫星信号经信号输出接口传输到接收机主机，对中杆口可拧入对中杆或机座杆。

② GPS 接收机主机

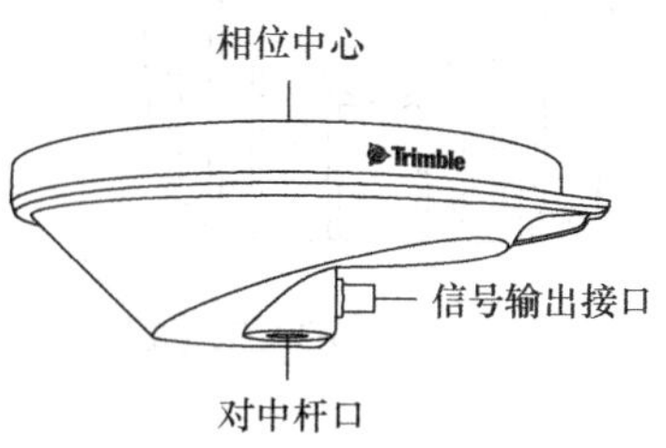

图 7-5　GPS 卫星信号接收天线

组成 GPS 接收机主机的主要部件包括：标频器、频率合成器、信号波道、存储器、微处理器、数控接口、按键与指示灯等。其中，标频器和频率合成器的作用是在一种压控振荡器的支撑下，运用分频与倍频功能，产生一系列与基准频率的频率不同，但稳定度相同的输出信号。信号波道，可以理解为 GPS 信号经过接收机天线进入接收机的路径，是接收主机的核心部分，由硬件与软件有机组合而成，用于分离接收到的不同卫星的信号，搜索跟踪卫星、解译导航电文、进行伪距与载波相位测量。存储器存储解译的 GPS 导航电文、伪距观测量、载波相位观测量和测站信息数据。微处理器是 GPS 接收机的计算与控制系统。数控接口用于数据与信号传输、内置电池充电等。按钮与指示灯用于基本操作与指示工作状态。

图 7-6 为天宝接收机主机。其中，按钮与信号灯部分包括开/关机、数据存储按钮和卫星跟踪、数据记录、电台通信、A/B 电池指示灯；数控接口有五个，分别是连接卫星信号接收天线的卫星信号输入接口、数据通信接收天线接口、连接控制器的数据通信接口、充电或连接计算机接口、充电或连接电台的数据输出接口。

③控制器

控制器亦称为手簿，其功能相当于便携计算机。协助完成各种设置、进行数据处理、显示有关信息与成果。图 7-7 为天宝控制器。

④电源

为了方便野外使用，GPS 主机内一般内置两块锂电池，为 RAM 存储器供电、野外 RTK 测量和更换外接蓄电池时不中断观测。同时可使用外接电源，如 12V 可充电直流镉镍电池、普通汽车电瓶或稳定的规定电压的直流电源等，用于长时间连续不间断观测。

(2) 测量型GPS接收机配套设备

在快速、实时定位的GPSRTK测量中，需要配置通信电台（亦称为数据链）、数据通信发射天线、数据通信接收天线和电台供电外接电池。其中，通信电台如图7-8所示。

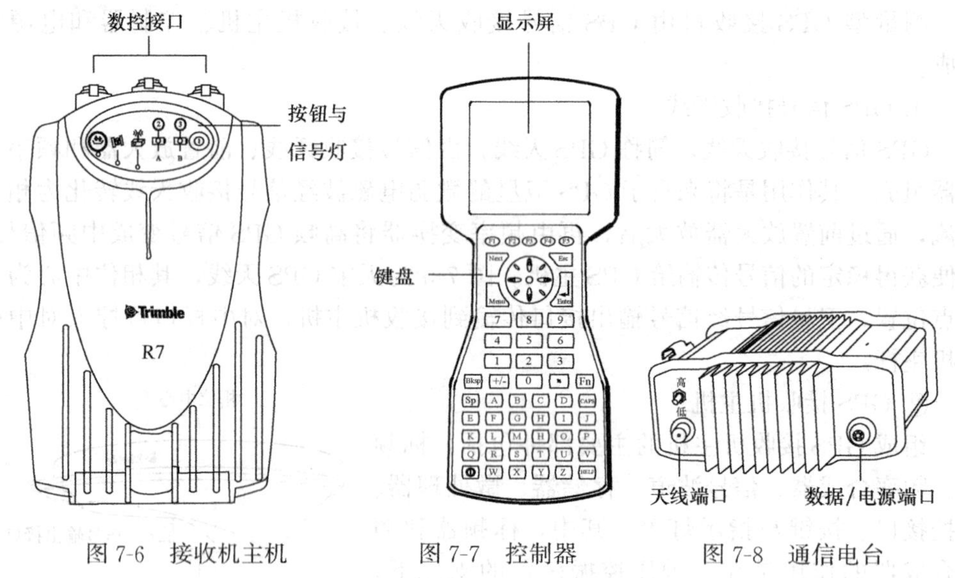

图7-6 接收机主机　　图7-7 控制器　　图7-8 通信电台

7.3 GPS信号

7.3.1 GPS信号与结构

通过GPS卫星传播给用户的信号，是在一个基本频率 $f_0=10.23\text{MHz}$ 的控制下，调制在频率为 L_1 与 L_2 载波上，包含有数据码（导航电文，亦称D码）、测距码（C/A码、P码或Y码）、载波（L_1，L_2）三种成分的信号。

GPS信号结构示意图如图7-9。载波 L_1、L_2 和C/A码、P码、D码都是在同一基本频率 $f_0=10.23\text{MHz}$ 的控制下产生的。其中，载波 L_1 的频率 $f_1=1575.42\text{MHz}$，是基本频率 f_0 的154倍，对应波长 $\lambda=19.03\text{cm}$，L_1 上调制有C/A码、P码和D码；载波 L_2 的频率 $f_2=1227.60\text{MHz}$，是基本频率 f_0 的120倍，对应波长 $\lambda=24.42\text{cm}$，L_2 上调制有P码和D码；C/A码的频率为1.023MHz，是基本频率 f_0 的1/10；P码频率为10.23MHz，与基本频率 f_0 的频率相同。

7.3.2 数据码与测距码

1) 码的概念

数字信息技术中，广泛采用二进制数0和1的组合序列来表示不同的信息。例如，描述一张黑白相片的影像信息，可以将相片划分成m行、n列，共m×n个像元，黑色像元取值0，白色像元取值1，以此排列各像元的数字，便组成像片的数字序列。由此可见，数字、文字、语言、图像等，均可按某种规则，用二进制数0

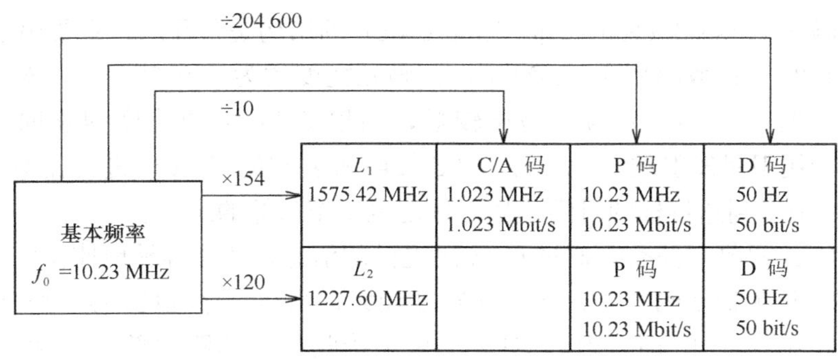

图 7-9 GPS信号构成

和 1 来表示。

由二进制数 0 和 1 的组合所构成的离散数字序列，称为码。码（数字序列）中的一位二进制数，称为一个码元或一比特（bit：binary digit），通常用 bit 来表示，bit 是码的基本度量单位。例如，10011101 是一个具有 8bit（8 个码元）的码。在数字通信技术中，码通常以信号方式进行传输，因此，码亦可用一种信号波形来表示，这种信号波形可以表示成传输时间的函数。码与信号波形的对应关系如图 7-10 所示。

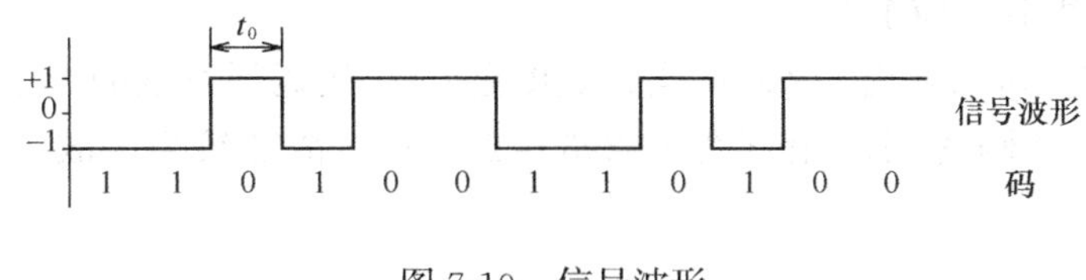

图 7-10 信号波形

上图中，t_0 为以秒为单位的码元的宽度，即传输一个码元（1bit）所需要的时间。每秒传送的码元（bit）个数，称为数码率，用于描述信息传输的速度，其单位为 bit/s。码元对应波形是一种不连续的跳跃式波形，只有－1 和＋1 两种状态。当码元值为 1 时，信号波取值“－1”，可用负（或低）电位表达；当码元值为 0 时，信号波取值“＋1”，可用正（或高）电位表达。

2）数据码-导航电文

由 GPS 地面监控系统监测、编算，并按一定时间间隔注入 GPS 卫星，再由 GPS 卫星播发给用户的导航定位数据码，亦称 D 码，一般称为导航电文。D 码的频率为 50Hz，是基本频率 f_0 的 1/204600。

导航电文的内容包括：卫星星历（卫星轨道参数、摄动改正参数、数据龄期参数等）与工作状态、时间系统、卫星钟差改正参数、电离层延时改正参数、大气折射改正参数、由 C/A 码捕获 P 码等信息。每颗卫星主要包含了本身的上述导航电文内容，也包含有其他在轨卫星的星历等主要参数，它们是用户利用 GPS 进行定位、导航、测时、测速的基础数据。

3）测距码

GPS 发射两种测距码：C/A 码和 P 码（或 y 码），它们都属于伪随机码。由于其结构与规律较为复杂，此处仅介绍基本构成、主要参数和作用。

（1）C/A 码

C/A 码（coarse 或 clear/acquisition code）的结构是公开的，主要用于民用。

码长 1023bit；数码率 1.023Mbit/s；码元宽度约为 0.097752μs，对应距离为 293.1m；周期 1ms。C/A 码的码长较短，当以 50bit/s 的速度搜索时，只需约 20.5 秒。利用卫星发射的 C/A 码和 GPS 接收机复制的 C/A 码进行比对，可确定卫星信号从卫星到达目标的时间，从而确定卫星至目标的距离。

由于 C/A 码易于捕获，通过 C/A 码提供的信息，才能容易地捕获到 P 码，因此 C/A 码亦称为捕获码。C/A 码码元宽度较大，当两个序列的码元对齐误差为码元宽度的 1/100～1/10 时，引起 GPS 卫星至接收机的测距误差为 2.93～29.3m，精度较低，故 C/A 码又称为粗码。

（2）P 码

P 码（precise code、precision code 或 y 码-加密的 P 码）是一种比 C/A 码更能精确进行导航与定位的测距码，但受到美国军方的控制使用和严格保密。

码长 6.187104×10^{12} bit；数码率 10.23Mbit/s。码元宽度约为 0.97752μs，对应距离为 29.31m。P 码从一种乘积码中经过截短得到，但码长仍然长达 6.187104×10^{12} bit，按照 50bit/s 的速度进行搜索时，需 14.322×10^{5} 天。为快速捕获 P 码，GPS 中采用先捕获码长较短的 C/A 码获得导航电文，再根据导航电文提供的信息，便可很快得到对应 P 码。

由 P 码特征可以看出，P 码的码元宽度是 C/A 码码元宽度的 1/10，根据 C/A 码的原理可知 P 码的测距精度为 0.293～2.93m，精度较高，故 P 码亦被称为精码。

4）载波

数据码与测距码都属于低频信号。其中，测距码（C/A 码、P 码）的数码率分别只有 1.023Mbit/s 和 10.23Mbit/s，数据码（D 码）的数码率仅为 50bit/s，而 GPS 卫星位于距离地面 20000km 的高空，对于电能紧张的卫星，很难直接将低频信号有效地传输到地面。实际应用中，是将低频信号（C/A 码、P 码、D 码）调制到需要电能较小的高频载波（L_1，L_2）上后再发射到地面，地面接收机收到调制波后再分解出载波 L_1、L_2 和 C/A 码、P 码、D 码。

载波更重要的作用是测定卫星至目标间的距离。由于载波波长分别为 $\lambda_1 =$ 19.03cm 和 $\lambda_2 =$ 24.42cm，远远低于测距码码元宽度对应的长度（C/A 码为 293.1m；P 码为 29.31m）。因此，由载波测定卫星至目标间的距离更为精确。

7.4 定位原理与误差

7.4.1 定位基本原理

利用 GPS 卫星确定目标空间位置，其基本原理如图 7-11 所示。设 GPS 卫星 S_i 在观测时刻的空间坐标已知为（x_i，y_i，z_i），（$i=1, 2, \cdots, n; n \geqslant 4$）。在目标点上安置 GPS 接收机，假定接收机天线相位中心 O 点的待求坐标为（x，y，z）。若由接收机测得 O 点至各可收到信号卫星的距离为 D_i，则可采用距离后方交会方法列出数学方程组为：

$$\begin{cases} D_1 = \sqrt{(x_1 - x)^2 + (y_1 - y)^2 + (z_1 - z)^2} \\ D_2 = \sqrt{(x_2 - x)^2 + (y_2 - y)^2 + (z_2 - z)^2} \\ D_3 = \sqrt{(x_3 - x)^2 + (y_3 - y)^2 + (z_3 - z)^2} \\ \cdots\cdots\cdots\cdots\cdots\cdots \\ D_n = \sqrt{(x_n - x)^2 + (y_n - y)^2 + (z_n - z)^2} \end{cases} \tag{7-1}$$

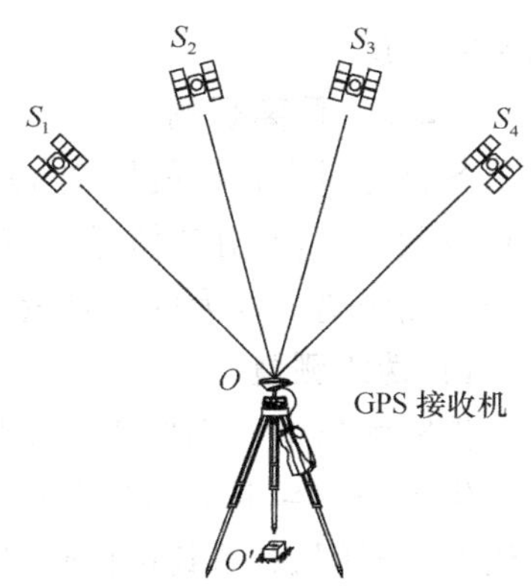

图 7-11 GPS 定位原理

用数学方法解算上述方程组，便可求得 O 点的空间坐标（x，y，z）。距离 D_i 是各卫星 S_i 发射测距信号时刻与 O 点接收机收到测距信号时刻的时间差（测距信号传播时间），与测距信号传播速度 c 的乘积。接收机钟、各卫星钟的时间都与标准 GPS 时间存在差值，分别称为接收机钟差和卫星钟差。卫星钟差可由导航电文获取，但接收机钟差因接收机在用户手中无法直接得到。设接收机钟差为 δt，它对各距离 D_i 的影响均为 $c\times\delta t$。用 $c\times\delta t$ 对实际距离观测值进行改正时，(7-1) 式中将有 x，y，z，δt 四个未知数，需至少能观测到四颗卫星。观测多于四颗卫星时，可组成多组方程解算后取平均值，提高观测成果的精度。

解算（7-1）式，需要首先计算观测时刻各卫星的空间坐标（x_i，y_i，z_i）和观测各颗卫星至目标处 O 点的距离 D_i。

7.4.2 卫星空间位置及其卫星星历

卫星的空间坐标（x_i，y_i，z_i）根据已知卫星星历计算。卫星星历指的是描述卫星运行轨道和状态的一组数据，它由理论推算和实际观测确定。根据卫星星历数据来源不同，分为预报星历和后处理星历。

1）预报星历

预报星历来自于 GPS 信号中的导航电文。它由地面注入站注入卫星，经卫星广播发射的导航电文传递到用户接收机，再经用户解码后所得到的卫星星历，亦称广播星历或外推星历。预报星历包含 17 个参数，它们是 2 个时间参数、6 个轨道参数和 9 个摄动参数。

2）后处理星历

根据预报星历求出观测历元（观测时刻）t 的卫星位置，是利用参考历元（观测时刻）t_{oe}对应的轨道参数和摄动参数外推计算出来的，与观测历元 t 的卫星实际位置存在差异。随着 t 与 t_{oe}之间的时间间隔愈长，其 t 时刻卫星的推算位置与实际位置之差愈大，使得精度不能满足精密定位要求。为了解决精密定位问题，一些国家或地区等建立了地面跟踪站对 GPS 卫星进行跟踪观测。根据观测的实际卫星位置资料，用确定预报星历的同样方法，计算出各观测历元 t 的实际星历，从而可以避免星历外推的误差。这种星历由实际观测获得，可精确确定卫星实际位置，故称为精密星历。还由于是事后计算提供的，亦称为后处理星历。

后处理星历不是通过 GPS 的导航电文向用户传递，而是通过网络、磁盘、通信等方式从有关机构或单位获取。水电站大坝、滑坡等高精度位移监测，需要利用精密星历。

7.4.3　距离观测

各颗卫星至目标的距离 D_i，可根据 GPS 接收机收到的测距码（C/A 码或 P 码）或载波两种 GPS 信号及其有关导航电子信息确定。利用测距码（伪随机码）信号观测距离，称为伪距测量；利用载波信号观测距离，称为载波相位测量。

1）伪距测量

伪距测量中，GPS 卫星发射测距码（简称卫星码）时，GPS 接收机同一时刻也产生了一个与卫星码结构完全相同的复制码（简称接收机码）。如图 7-12，当卫星码经过时间 Δt 后到达接收机时，卫星码（移动前）将与接收机码的对应码元错开 k 个码元。通过接收机内的移位计数器移动卫星码使其与接收机码对齐，记录其移动的码元个数 k。设每个码元对应的时间宽度为 t_0，则有 $\Delta t = k \times t_0$。

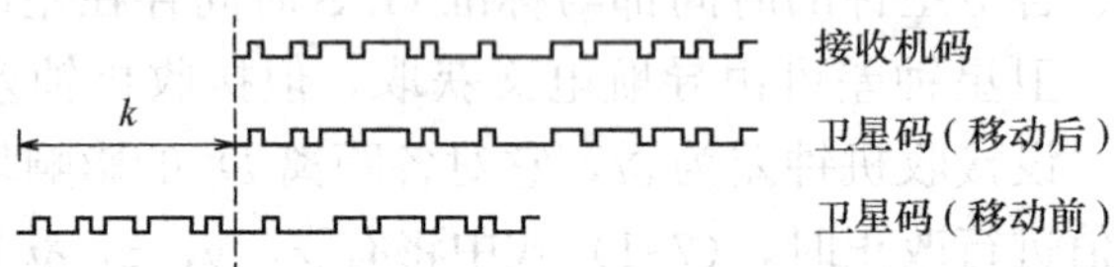

图 7-12　测码伪距观测

若用 ρ 表示利用伪随机码测得的距离，称为伪距，用 c 代测距信码号的传播速度，则

$$\rho = c \times \Delta t \tag{7-2}$$

卫星码与接收机码是两个结构相同的码，虽在两个不同设备上产生，但要求必须是同一时刻。前已叙及，卫星钟和接收机钟都存在钟差，而且卫星信号在大气中传播时还要受到大气折射影响，因此，第 i 颗卫星至接收机的距离 D_i 为：

$$D_i = \rho + c \times (\delta t + \delta t_i) + \delta_\rho \tag{7-3}$$

式中，δt 为接收机钟误差，不能直接求出，由增加观测卫星数量解求；δt_i 为第 i 颗卫星的钟误差，由导航电文给出；δ_ρ 为卫星信号在大气中传播时的改正数，可以通过物理模型计算，精度要求不高时可以忽略不计。

2）载波相位测量

与伪距测量类似，GPS 卫星发射高频载波 L_1 或 L_2（简称卫星波）时，GPS 接收机同一时刻也产生了一个与卫星波相位完全相同的波（简称接收机波）。如图 7-13，当某一时刻相位为 φ_s（假定在 S 处，相位为 0）的卫星波到达接收机时，接收机波的相位为 φ_r，两者之差便是卫星波从卫星到达接收机的相位差 φ。

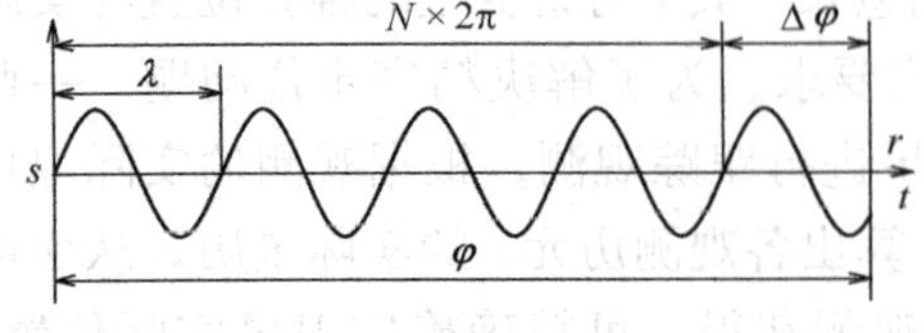

图 7-13　测相伪距观测

$$\varphi = \varphi_r - \varphi_s = N \times 2\pi - \Delta\varphi \tag{7-4}$$

式中，N 为载波的整周期数，$\Delta\varphi$ 为不足整周的相位值。设载波的波长为 λ，即一个整周对应的长度，则利用载波测定的卫星至接收机的距离 ρ 为：

$$\rho = \lambda \times (N + \Delta\varphi / 2\pi) \tag{7-5}$$

载波相位测量中，GPS 接收机只能测定不足一个整周的相位差值 $\Delta\varphi$，无法确

定整周数 N，因此，称整周数 N 为整周未知数或整周模糊度。有关整周未知数的解求方法，以及整周跳变与修复的概念和方法，请读者阅读GPS的专业文献。

目前GPS接收机测定相位差的精度可以达到1/100～1/1000，对应于 L_1 与 L_2 载波的波长分别为 $\lambda_1=19.03$cm，$\lambda_2=24.24$cm，则测距精度可以达到厘米，甚至毫米级别。

7.4.4 定位误差

如图7-14，GPS定位误差来源很多，也十分复杂，概括起来可分为四大类：卫星相关误差、信号传播误差、接收机相关误差、其他误差。

1）卫星相关误差

（1）卫星星历误差

广播星历的轨道、摄动等参数计算的卫星位置与实际位置之差。由两个以上测站同步观测求站间距离或由精密星历解算卫星位置可减少卫星星历误差影响。

（2）卫星钟差

卫星钟与GPS标准时间之间的差值。通过导航电文的星钟误差参数或采用差分观测定位方法进行改正与消除。

（3）相对论效应

由于卫星钟与接收机钟所处的运动速度和重力位不同而引起的两钟之间产生的相对钟差。一般通过模型进行改正。

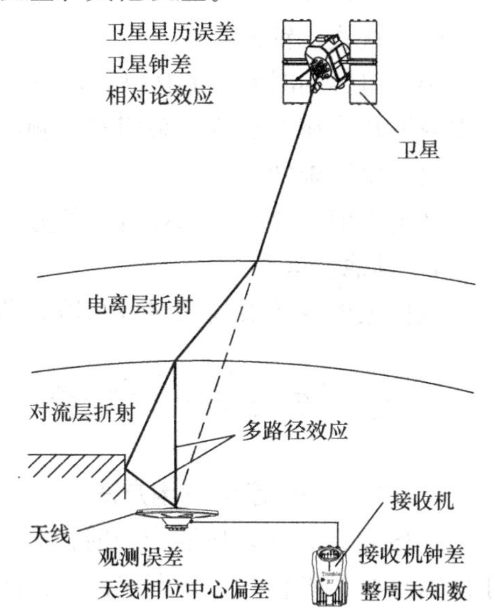

图7-14 GPS定位误差

2）信号传播误差

由图7-14可见，卫星发射的测距信号，在到达电离层顶部后，应沿发射方向（图中虚线）呈直线形到达卫星天线相位中心，但经过电离层、对流层都产生折射，且由于接收机周边物体的反射，存在多条路径到达天线相位中心。

（1）电离层折射误差

受电离层折射影响，GPS信号穿越电离层时，其路径弯曲与速度变化导致信号的传播距离与几何距离之差。通过模型进行改正或双频观测进行抵消。

（2）对流层折射误差

受对流层折射影响，GPS信号穿越电离层时，其路径弯曲导致信号的传播距离与几何距离之差。通过模型进行改正或同步观测量求差进行削弱。

（3）多路径效应

来自于直接到达的GPS信号与经周边建筑物等反射的GPS信号的叠加导致接收机天线相位中心迁移所产生的误差。目前不能通过模型进行改正，一般要求测站点远离大面积平静水面、与建筑屋保持必要距离，避免在山坡、山谷设站，观测时汽车不要离测站太近。

3）接收机相关误差

（1）观测误差

一种是接收机对信号的分辨率，一般为信号波长的1%，此种误差不能消除；另一种是天线安置误差，包括天线对中、整平和量取天线相位中心高度的误差，应尽量精确安置天线。

（2）天线相位中心偏差

天线相位中心与几何中心之差。按天线盘上标志方向安置天线来减小影响，使用同类天线在同步观测同一组卫星后求差来削弱影响。

（3）接收机钟差

接收机钟的时间与GPS标准时间之间的差值。在单点定位中作为未知数解求或在载波相位相对定位中采用对观测值求差消除。

（4）整周未知数

其定义前已介绍。选择可靠的方法正确解求。

4）其他误差

包括地球自转引起的误差和地球潮汐引起的误差。可以通过模型加以改正。

7.5 定位方法与定位测量

7.5.1 GPS定位常用方法

GPS定位方法，按照定位时接收机天线的运动状态分为静态定位（天线相对于地球坐标系静止）和动态定位（天线相对于地球坐标系运动）；按照观测值类型分为伪距测量和载波相位测量；按照获得定位结果的时效分为事后定位与实时定位。按照定位模式分为绝对定位、相对定位和差分定位。以下介绍几种常用定位方法。

1）绝对定位

用一台GPS接收机跟踪4颗以上卫星确定待定点在WGS-84坐标系中的绝对位置的方法称为绝对定位，亦称为单点定位，其定位原理已在7.4.1中介绍。此种方法只需一台接收机就可单独定位，观测简单，可瞬时定位。但单点定位不能有效消除卫星星历误差、大气折射等误差的影响，定位精度较低，一般为25～30m，主要用于船舶、车辆、飞机等的导航。

2）相对定位

用两台或多台接收机在各个测点上同步跟踪相同卫星，测定各测点之间的相对位置（基线向量），称为相对定位。静态相对定位原理如图7-15，在P_1、P_2两点上安置GPS接收机，于t_1时刻（亦称历元）同时观测S_1、S_2、…、S_n等卫星。如果t_1时刻两接收机观测到相同卫星的卫星数量$n \geqslant 4$，则可求出P_1、P_2两点之间的基线向量（坐标差）后，计算出t_1时刻空间距离D_{12}。同理继续观测求出t_2、t_3、……时刻的空间距离D_{12}。根据所有基线向量组成控制网，可解算出各点坐标。

由于不同点上同步观测相同卫星，则同一卫星对不同点的卫星钟差、星历误差和在大气中的传播误差相同或相近，这些误差可以在两点间的基线向量中相互抵消与削弱。相对定位主要用于载波相位测量，定位精度可达毫米级。土建工程中的各种控制测量、变形观测等高精度定位测量，一般采用相对定位方法。

3）差分定位

将地面已知二维或三维坐标的点设置为基准站，将待测点作为流动站分别安置GPS接收机进行定位观测，实时测定并求出基准站观测值与已知值之间的差值作为校正值，并将校正值通过无线电通信实时传输到各个流动站并对流动站观测值进行改正，以提高实时定位精度，这种方法称为差分定位。采用实时相位差分方式时，称为实时相位差分定位。差分定位系统由基准站、流动站和无线电通信链三部分组成。

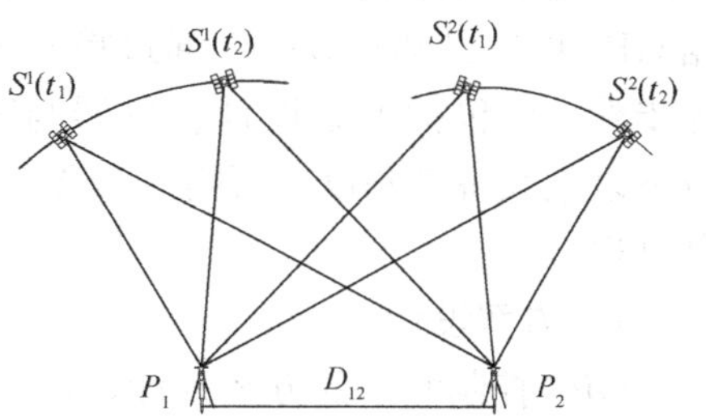

图7-15　静态相对定位原理

差分定位，按时效性分为实时差分与事后差分，实时差分又称RTK（real time kinematic）；按观测值类型分为伪距差分与载波相位差分，按差分改正数分为位置差分与距离差分，按工作原理和差分模型分为单基准站差分与多基准站差分，按地域范围分为局域差分与广域差分。下面以易于理解的位置差分为例说明差分原理。

已知基准站A的精确坐标（x_A，y_A，z_A），设对应于不同观测历元t、且包含接收机钟差、卫星钟差、电离层折射误差、对流层折射误差、卫星星历误差、多路径效应等影响的观测坐标为$[x_A(t), y_A(t), z_A(t)]$，则可求出A点位置改正数$[\Delta x(t), \Delta y(t), \Delta z(t)]$如下：

$$\begin{cases}\Delta x(t) = x_A - x_A(t) \\ \Delta y(t) = y_A - y_A(t) \\ \Delta z(t) = z_A - z_A(t)\end{cases} \tag{7-6}$$

基准站通过数据链将位置改正数$[\Delta x(t), \Delta y(t), \Delta z(t)]$分发给用户接收机。设观测历元$t$时刻用户接收机$T_i$的观测坐标$[x_i(t), y_i(t), z_i(t)]$，待求点$T_i$实际空间坐标为$(x_i, y_i, z_i)$，则由位置差分原理可得：

$$\begin{cases}x_i = x_i(t) + \Delta x(t) \\ y_i = y_i(t) + \Delta y(t) \\ z_i = z_i(t) + \Delta z(t)\end{cases} \tag{7-7}$$

经过坐标改正后的流动站的坐标（x_i，y_i，z_i），可以消除或削弱基准站与流动站共同存在的误差，这些误差主要包括卫星钟差、电离层折射误差、对流层折射误差和卫星星历误差等。随着流动站与基准站的距离增大，位置差分定位的精度逐渐降低，距离一般不宜超过10km。

7.5.2　GPS静态定位测量

土建工程的控制测量和高精度位移观测中，一般根据前述相对定位原理，采用 GPS 静态相对定位测量。对于高精度平面控制测量，其原理是布设包含已知坐标点和待求坐标点的 GPS 控制网（简称 GPS 网），观测网中若干基线向量，再根据 GPS 网中已知点数据，通过控制网平差计算解求出待求控制点的精确坐标。具体步骤主要包括方案设计、仪器与观测参数设置、外业观测和内业数据处理等。以下以某大桥勘测设计所需测量控制网为例，简要介绍 GPS 静态相对定位测量及其过程。

1）方案设计

GPS 控制测量的方案设计，包括图形方案设计和观测方案设计两个方面。

（1）GPS 网图形构成的几个基本概念

观测时段：测站上开始接收卫星信号到停止接收的连续观测的时间段，简称时段。

同步观测：两台或两台以上接收机同时对同一组卫星进行的观测。

基线向量：对同步观测所采集的数据进行处理，所获得的同步观测测站间的坐标差。

同步观测环：三台或多台接收机同步观测所获得的基线向量构成的闭合环，简称同步环。

异步观测环：基线向量中包含有非同步观测基线向量的多边形环路，简称异步环。

独立基线：由相互函数独立的差分观测值所确定出的基线向量。当某一时段有 N 台接收机进行同步观测时，可得到 N-1 条独立基线。

非独立基线：除独立基线外的其他基线。数量上为总基线数与独立基线数之差

（2）图形方案设计

GPS 网图形可参考常规测量控制网图形进行布设，通过建立相应几何关系来消除粗差，削弱误差影响，推算待求点的坐标。GPS 网具有自身特点，如不需要将点与点之间的相互通视作为必要条件，但要求测站点天空方向一定范围内没有遮挡，保障能同时观测到规定数量的卫星。点位避免选在强电磁场（如变电设施）附近。为方便其他方式测量，应使每个 GPS 点至少与另一点之间相互通视；GPS 网特别强调同步观测。

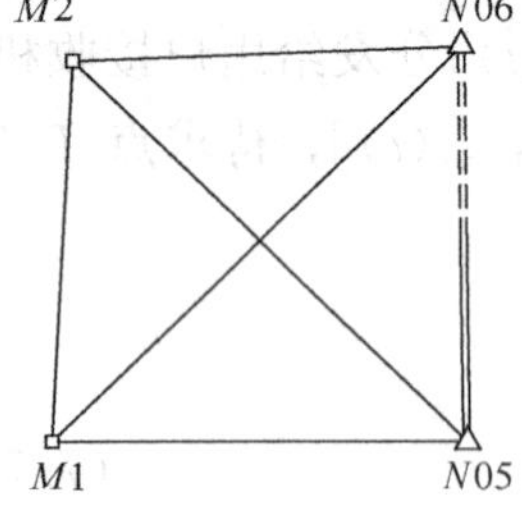

图 7-16　GPS 网

图 7-16 为某桥梁轴线控制网，已知 *N*05 点坐标、*N*05 点至 *N*06 点的坐标方位角，欲求桥梁轴线点 *M*1、*M*2 的坐标。在该 GPS 网中，可利用三台 GPS 接收机，同步观测两个同步环（如，*M*1-*N*05-*M*2、*M*1-*N*05-*N*06），即可得到 4 条独立基线解求出待定点坐标。为提高 GPS 网点精度和防止外业观测出现错误（如同步观测卫星的数量不够）导致重测，可增测一个同步环（如 *M*1-*N*06-*M*2）。

（3）观测方案设计

为提高观测的工作效率，应根据控制网图形、卫星可见性预报图、测区地形、交通状况、仪器数量等因素，编制作业调度表。作业调度表的内容包括观测时段、观测时间、测站编号/控制点名称、接收机编号等。图 7-16GPS 网的作业调度表见表 7-1。

GPS 作业调度表 表 7-1

时段编号	开始时间	测站号/名	测站号/名	测站号/名
	结束时间	接收机号	接收机号	接收机号
1	8：00	*M*1	*N*05	*M*2
	9：00	9240	5150	9245
2	9：20	*M*1	*N*05	*N*06
	10：20	9240	5150	9245
3	11：00	*M*1	*M*2	*N*06
	12：00	9240	5150	9245

2）仪器与观测参数设置

在外业工作开始之前，通常需要利用手簿（控制器）对仪器与有关参数进行设置，此处以美国天宝 R7 型接收机为例进行说明，具体包括：

（1）新建任务

建立一个任务，一般以工程名称与观测时间联合命名，如 ZJ070710。

（2）定义坐标系统和转换模式

键入 1954 年北京坐标系或 1980 年国家大地坐标系、自定义坐标系的椭球参数（长轴、扁率）定义坐标系，给定工程所在地的中央子午线，选三参数（三个坐标轴平移参数）法或七参数（三个坐标轴平移、三个坐标轴旋转和一个缩放参数）法，将 GPS 测定的 WGS-84 坐标转换为对应坐标系坐标。

（3）观测设置

测量类型：如 FastStatic 等。

记录存储：如选"接收机"存储观测数据。

数据采样间隔：默认标准为 15s。根据具体项目情况而定，常选为 10s、15s 和 30s。但一定要保证所有接收机按相同采样率进行观测与数据记录。

高度角：默认标准为 10°。根据具体项目情况而定，常选为 10°和 15°。但一定要保证所有接收机按相同高度角观测与数据记录。

天线类型：接收机能自动识别 TRIMBLE 自带天线，如 ZEPHYR。

天线高以及测量到：可不作设置，观测时手工记录，后处理时改正。

其他设置：与设备有关的设置，参见有关设备说明书。

3）外业观测

根据图形设计方案，在完成踏勘、选点、埋石等工作后，可根据观测方案进行测量。

（1）接收机天线安置

接收机天线安置时需对中、整平，与普通经纬仪安置基本相同，参见 3.2.3。为减弱天线相位中心偏差，一般要求天线标志方向指向正北方向。完成天线安置后，按要求量取天线高度，记录到表 7-2 所示"GPS 外业观测记录表"中。

（2）观测

观测的目的是用天线配合接收机，捕获、跟踪 GPS 卫星，获取 GPS 卫星发射的测距码、载波和导航电文等定位信息，其过程包括：开机、持续观测一个时段（如 1h）、存储数据、关机。记录开、关机的时间。需要特别注意的是使用天宝接收机关机时，需持续按住接收机最左边的数据键（约5s以上）至橙色指示灯熄灭为止，否则，观测数据可能没有被存储。

在接收机观测期间，可根据需要观测气象等数据。

GPS外业观测记录表 **表7-2**

接收号：5150 天线号：1863 记录员：施君博 2007年07月15日

时段号	观测时间	点名	天线高（m）			
			测前	测后	平均	量高形式
1	8：00～9：00	*N*05	1.054	1.052	1.053	斜高
2	9：20～10：20	*N*05	1.053	1.054	1.054	斜高
3	11：00～12：00	*M*2	1.229	1.227	1.228	斜高

观测中需要重点注意的事项包括：防止人员与其他物体碰动、靠近天线，以免遮挡信号；汽车等交通工具停放在距天线20m以外，避免车身反射信号到天线；天线周边50m以内不能使用电台、20m内不能使用对讲机，防止对GPS信号的干扰。

4）内业数据处理

内业数据处理通常使用专用软件完成，各接收机生产厂家一般配有随机数据下载与处理软件，如天宝接收机的随机软件为TGO，亦有专业性很强的通用软件，如武汉大学研发的CosaGPS（科傻GPS）等。以下简要介绍使用TGO或CosaGPS进行内业数据处理的主要步骤与过程。

（1）数据下载、数据格式转换与启动坐标系

连接接收机与电脑，通过软件将接收机内存储的数据下载到电脑中。

将不同接收机获取的不同格式的数据转换到软件认可格式（renix格式），并根据量取天线高的不同方式，将数据标准化。

结合工程所在地的分带中央子午线，启动已定义或新定义坐标系，并确定、输入WGS-84与所用坐标系的转换模型与参数。

（2）基线处理

由随机软件（如TGO）对观测数据进行处理，获取观测基线，计算重复基线的闭合差，评定各基线是否满足规定精度要求。由专用软件（如CosaGPS）提取基线向量后，自动搜索闭合环，计算、检核闭合环的闭合差及其是否满足精度要求。

（3）三维无约束平差

在WGS-84坐标系中，固定GPS网中某点（如*N*05）的空间位置，进行三维无约束平差，消除各闭合环闭合差，检测粗差，评定精度。

（4）二维约束平差

对于图7-16所示桥梁控制网，需要确定其在指定坐标系（如1980年国家大地坐标系）中的坐标，则至少需要知道网中一点（*N*05）在指定坐标系中的坐标及其一条边（N05-N06）的坐标方位角，由此附加了坐标和坐标方位角约束条件。为了确保桥轴线*M*1、*M*2的距离精度，可用高精度全站仪实测*M*1-*M*2的距离，并作

为尺度约束条件参与平差计算。将 $N05$ 点坐标、$N05$-$N06$ 直线的坐标方位角和 $M1$-$M2$ 的距离一并作为约束条件参加 GPS 网的二维平差计算，可得到指定坐标系中各点的坐标。

7.5.3 GPS 实时动态（RTK）定位测量

GPS 静态相对定位测量，可以获得高精度的定位成果，但从前面的观测与数据处理可以看出，一个时段的测量一般需要 1 小时以上的观测时间，数据处理与计算需等到所有外业观测完成之后才能进行。这种静态相对定位模式，对于第六章中介绍的图根控制测量和后面即将介绍的地形图碎部测量、红线边界点坐标测定、建筑物定位测量、道路勘测与施工、各种管线的现状测量与施工测设等大量定位测量，显然从工作效率上无法满足需要，特别不能满足一些需要现场确定点位及其检查是否存在错误的场合。近年发展起来的 GPS 实时动态（Real Time Kinematic，简称 RTK）定位测量技术，虽然定位精度没有静态相对定位测量的精度高，但可以满足上述土建工程测量的实际需要。

GPS RTK 技术，仍然是基于相对定位原理，但使用了载波相位差分定位技术，通过增加的无线电实时通信设备，可达到现场快速定位。土建工程测量中常采用的 GPS RTK 测量设备、定位信号流程如图 7-17。

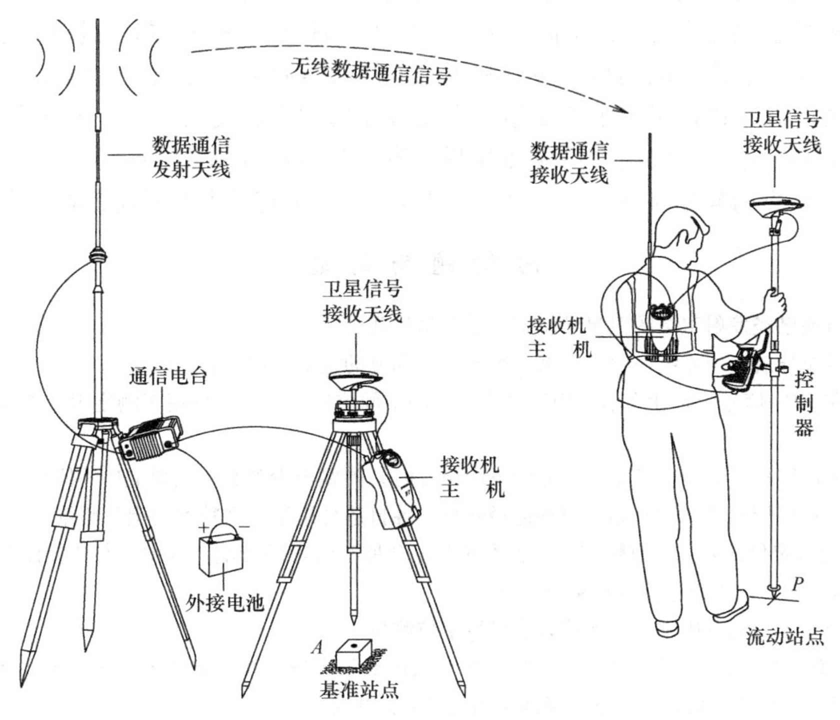

图 7-17 GPS RTK 测量原理

在已知坐标与高程的实地点 A 上固定安置 GPS 接收机，设置为基准站，简称基站。在待测定或测设的地面 P 点安置 GPS 接收机，称为流动站。基站上观测得到的 GPS 定位信号流程为：基站 GPS 定位信息→基站卫星信号接收天线→基站接收机主机（数据处理）→通信电台→数据通信发射天线→数据通信接收天线→流动站接收机主机→控制器。控制器根据基站观测的GPS定位信息与基站已知坐标和高程，计算出电离层折射、对流层折射、卫星钟差等因素对基站观测量的影响所产生的差值，简称为基站误差。流动站与基站同步观测相同卫星，在一定距离范围内（如流动站至基站距离小于10km），可认为流动站受到上述因素的影响与基站受到的影响基本相同。流动站上观测得到的GPS定位信号流程为：流动站GPS定位信息→流动站卫星信号接收天线→流动站接收机主机（数据处理）→控制器。控制器利用基站误差对流动站观测量进行改正，消除或削弱流动站观测量误差，得到流动站准确的坐标与高程。

利用GPS RTK技术进行碎部点位测定或测设时，同GPS静态相对定位测量一样，需建立任务、定义坐标系、选择坐标转换模式、确定中央子午线与投影，进行测量类型、数据采样间隔、卫星高度角、天线类型等设置。另外，需将已知基站点和校正点的点名、平面坐标和高程输入到控制器中，若是进行测设，则需在控制器中录入各测设的点点名或编号、坐标、高程，进行道路等路线测设时，可利用专用GPS RTK道路测设软件，直接依次录入道路的起点坐标、直线的方向与长度、曲线的起点和偏转方向及其半径等。

GPS RTK现场测定与测设时，在一个测区，开始时先选择一个控制点作为基准站进行设置与观测，然后利用流动站，选择不在同一直线附近的至少3个的具有平面坐标的控制点进行平面坐标校正，至少4个具有高程的控制点进行高程校正。当校正误差在容许范围内后，便可利用流动站进行碎部点的测定与测设。设置一个基准站后，可以使用多个流动站提高设备使用效率。流动站上的天线高度尽量使用固定值，改变天线高度后应在观测手簿中及时进行修改。测定时，可以显示与记录测定点的坐标与高程。测设时，可以显示当前定位点至测设点的偏差。

思考题与习题

1. 目前已经发射卫星的卫星导航定位系统是哪几个？

2. 卫星导航定位系统一般由几部分组成？各部分的主要作用是什么？

3. 在GPS信号中，什么信号用于确定卫星的空间位置？哪些信号用于测定卫星至接收机的距离？

4. 采用距离后方交会确定地面点的空间位置时，需要至少观测到几颗卫星的信号？为什么？

5. 卫星星历有哪两种？通过何种途径获得？各自适合用于什么精度的定位测量？

6. GPS定位误差主要有哪三类？各类误差包含那些因素的影响？其中，与传播路径相关的误差通过什么方法可以消除或削弱其影响？

7. 土建工程测量中常采用哪些方法进行定位测量？

8. GPS可以直接测定点的空间坐标，为什么还要采用静态相对定位方法先测定、计算两点基线向量（坐标差）后，再根据各基线向量解算各点坐标？

9. GPS RTK定位测量，在野外需要哪些设备？它们之间是什么连接关系？各设备起什么作用？

10. 简述GPS定位测量的基本步骤与过程？

11. 简述GPS RTK测量的基本过程与步骤？

12. GPS测量中，将已知大地坐标的测量控制点A设置为基准站，安置GPS接收机进行观测。另两台GPS接收机作为流动站，分别在$N1$、$N2$、$N3$、$N4$上进行测量。已知点坐标和各点观测坐标见表 7-3，利用位置差分原理，填表求 $N1$、$N2$、$N3$、$N4$ 的实际大地坐标。

GPS RTK 坐标计算表 **表 7-3**

站名	点名	GPS 观测的坐标及其观测时间				已知与待求大地坐标		
		观测时间	x	y	H'	X	Y	H
基准站	A	09：03：00	3321.813	5253.968	48.525	3320.753	5252.689	48.236
		09：05：30	3320.258	5253.168	47.932			
		09：08：00	3319.893	5252.005	48.003			
		09：10：30	3320.220	5252.136	48.889			
流动站	$N1$	09：03：00	4255.195	6125.278	46.328			
	$N2$	09：08：00	2929.386	5956.859	50.806			
	$N3$	09：08：00	4289.782	6136.661	46.878			
	$N4$	09：10：30	2983.998	5903.335	51.653			

第 8 章　地形图及其应用

8.1　地形图常识

8.1.1　地形图的概念及其要素

1）地形图的概念

地面上有明显轮廓的固定性物体，称为地物。如，烟囱、水塔、通信线路、房屋、道路、河流、桥梁、稻田、旱地、果园、行政区划界限等。地物有人工修建的，也有自然形成的。地面上高低起伏的形态，称为地貌，如山头、洼地、山脊、山谷、鞍部、陡崖、悬崖、冲沟等。地物与地貌合称为地形。

按照一定的比例尺表示地面上各种地形要素的平面位置与高程的正射投影图，称为地形图，地形图是地图的一种。城市详细规划，道路、交通、市政管线、水电工程等勘测设计，建筑、房屋等的设计与施工中使用的图都是地形图，一般需要直接测绘。只表示平面位置的图，称为平面图，多用于工业厂房设计、房地产管理等。常见的交通图、旅游图等，虽然都属于地图，但它们大多是根据某些资料编绘的，能够表示地形要素之间的基本关系，但其空间位置精度一般不能满足工程设计需要。

2）地形图的种类

工程设计中常用的地形图主要是线划矢量图，分为纸质地形图和数字地形图，前者以图纸形式保存与使用；后者由计算机保存与应用。两者虽然存储介质不同，但图形一样。图 8-1 是一幅规格为 50cm×50cm，比例尺为 1∶1000 的实际地形图经缩小后的图形。

随着航空、航天对地观测技术的发展，各种遥感影像图也已在城市规划、项目选址、线路选线以及区域要素的显示方面逐步得到应用。

3）地形图内容

地形图内容主要指描述地物、地貌特征的地形要素及其符号，附有地形图的相关说明。地形要素及其与之相关的等高距、地形图图式等信息，将在 8.2 节中介绍。地形图说明信息在内图廓线之外，包括图幅说明、地理基准等，以图 8-1 的地形图为例说明如下。

图幅说明信息包括：比例尺，如 1∶1000。图号，如 71.50—83.50。图名，地形图的名称，一般以地形图中的主要单位或主要地名命名，如甘河。接图表，记录本图周边 8 幅图的名称，便于查找相邻地形图，如本图正东边图的图名为夹洲。图廓线，有内、外图廓线之分，内图廓线以内的区域是地形区域，外图廓线主要起装饰作用。坐标格网及其坐标，用于确定地形要素地理位置，如图中的“十”

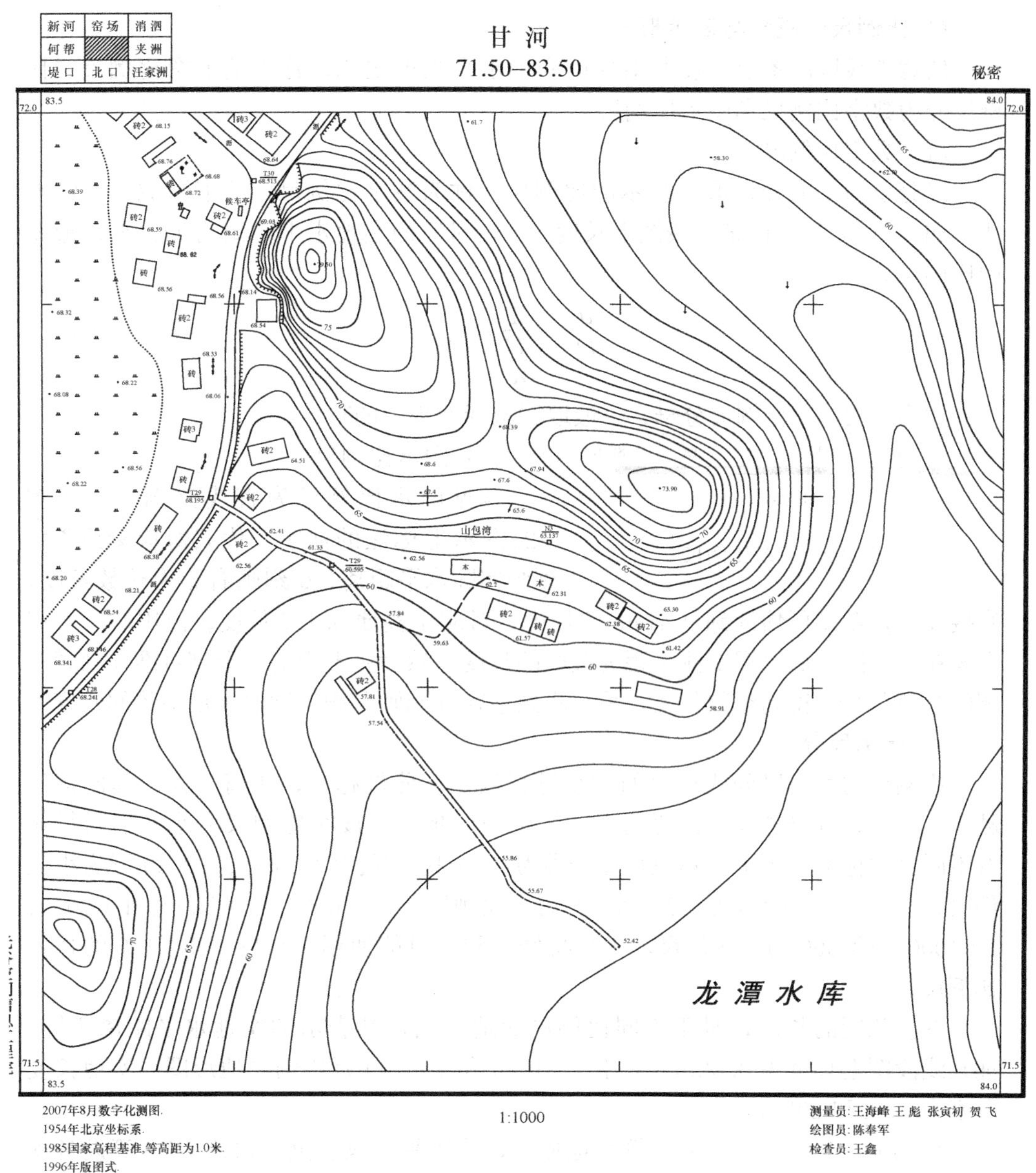

图 8-1 地形图

注：此图为 50cm×50cm 图幅的地形图缩小约 4 倍的图形。

与纵横短线，左下角的纵横格网线坐标为（71.5，83.5）。这些图幅说明中的比例尺、图号等，将在下面详细叙述。

地理基准，包括平面坐标系统与高程系统。我国统一的平面坐标系统是 1954 年北京坐标系和 1980 年国家大地坐标系，统一高程系统是 1956 年黄海高程系和 1985 年国家高程基准。平面坐标和高程系统也可能是独立系统或任意假定系统。使用多种地形图时须特别注意。

其他说明信息包括测图时间、单位、人员等。

8.1.2 地形图的比例尺

1）比例尺的概念与表示形式

任意直线段的图上长度与对应的实地水平长度之比，称为地形图比例尺。比例尺分为数字比例尺和图示比例尺。

（1）数字比例尺

以分子为 1 的分式形式表示的比例尺，称为数字比例尺，可书写成 1∶M 形式，如1∶1000等。设某直线图上长度为 d，对应的实地水平距离为 D，则地形图的比例尺为：

$$\frac{d}{D}=\frac{1}{\frac{D}{d}}=\frac{1}{M} \tag{8-1}$$

式中 M——比例尺分母，一般取国家标准规定的整数。

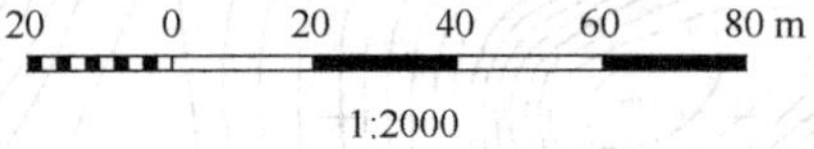

（2）图示比例尺

图 8-2 直线比例尺

常见图示比例尺为直线比例尺，如图 8-2。图示上标注的数字，代表对应刻画至 0 刻画实际水平距离。0 刻画右侧为整数长度，直接读取，左侧可估读到 0.1mm 的长度，对应于实地 0.1M 长度。使用时，可用卡规在地形图上截取需要测量距离线段的长度，然后将卡规的一个脚对准 0 刻画右侧的某整刻画，得到整数长度，另一脚处落在 0 刻画左侧，读取不足整数的长度。

2）比例尺分类

比例尺的大小以分式比值的大小进行衡量。分母越小，比值越大，其比例尺越大；反之，分母越大，比值越小，其比例尺越小。按照比例尺大小，不同行业有不同分类标准，土木、建筑行业分类为：1∶100 万、1∶50 万、1∶20 万为小比例尺，1∶10 万、1∶5 万、1∶2.5 万为中比例尺，1∶10000、1∶5000、1∶2000、1∶1000、1∶500 为大比例尺，少数特殊工程，可能使用 1∶200、1∶100 的特大比例尺。

图上相同的长度，对于不同比例尺的地形图，其表示的实地水平距离不同。如某线段图上长度为 0.02m，对于 1∶1000 和 1∶100 万比例尺地形图，实地长度分别为 20m 和 20km。

1∶500～1∶2000 等大比例尺地形图，采用平板仪、全站仪或 GPS 等设备现场实测；1∶5000～1∶10 万等大、中比例尺地形图，一般用航空摄影测量方法测绘，1∶20 万及其更小比例尺地形图，则根据大、中比例尺地形图编绘而成。1∶10000 及更小比例尺地形图为国家基本图，由国家测绘部门组织测绘，其他大比例尺地形图由工程建设者组织测绘。

3）比例尺的精度

正常人眼能够分辨的图上最小距离为 0.1mm，测绘地形图或从地形图量取距离，只能达到图上 0.1mm 的准确度。因此，把地形图上 0.1mm 对应的实地水平距离，称为比例尺的精度，其值等于 0.1×Mmm。如 1∶2000 地形图的比例尺精度为 0.1mm×2000＝0.2m。

在测绘地形图时，当比例尺确定之后，可以根据比例尺精度确定丈量实地距离应该准确到什么程度。如测绘 1∶1000 地形图时，丈量距离只需精确到 0.1m，而不需要考虑厘米、毫米。反过来，根据测设要求的精度，确定选择何种测图比例尺。如果某工程设计要求能够达到 0.2m 的实际距离精度，则需选择1∶2000或者更大的比例尺的地形图。比例尺越大，精度越高，但测绘成本也越高。因此，应在满足工程精度要求的条件下，选择最合适的比例尺。

8.1.3 地形图的分幅与编号

为便于测绘、管理与使用，需将大区域乃至整个国家或全球，按照一定规则进行统一分幅与编号。我国分幅方法主要有两种：国家基本图使用按经纬度格网划分的梯形分幅法，小地区或工程建设图使用按直角坐标格网划分的正方形或矩形分幅法。此处仅介绍后者。

在工程建设中，主要使用 1∶5000、1∶2000、1∶1000、1∶500 等大比例尺地形图，采用正方形分幅时，1∶5000 图的图幅为 40cm×40cm，其他三种比例尺图的图幅均为 50cm×50cm。采用矩形分幅时，其图幅一般为 40cm×50cm。编号常用方法如下：

1）西南角坐标编号法

用图幅西南角以千米为单位的纵、横坐标编号，即：

纵坐标值—横坐标值

如某图幅西南角纵坐标 x=20.5km，横坐标 y=36.0km，则该图幅的编号为：20.5—36.0。这种编码方法简单、明了，使用方便，便于地形图的存档与管理，是目前大比例尺地形图采用的最主要的编号方法。

2）基本图编号法

适用于正方形分幅，以 40cm×40cm 的 1∶5000 图为基础，取其西南角纵横坐标（以千米为单位）作为 1∶5000 图图幅编号，即：

纵坐标值—横坐标值

由于图边长 40cm×40cm 对应于实地 2km×2km，因此，1∶5000 图的编号都是 2 的整倍数，如，纵坐标 32km，横坐标 66km，则该图编号为：32—66。

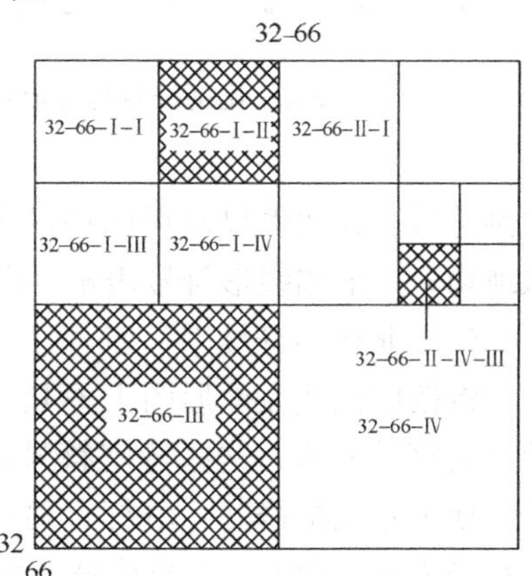

图 8-3 大比例尺基本图幅编号法

如图 8-3，将 1∶5000 图的实地区域四等分，得四幅 1∶2000 图，从左至右，从上到下（下同）依次在 1∶5000 图的编号后加上“-”再加Ⅰ、Ⅱ、Ⅲ、Ⅳ代号，便构成 1∶2000 图的编号。同法，将 1∶2000 图的实地区域四等分，并在编号后加上Ⅰ、Ⅱ、Ⅲ、Ⅳ代号，便构成 1∶1000 图的编号。以 1∶1000图为基础可得到 1∶500 图的编号。图中阴影线部分的图号 32-66-Ⅲ、32-66-Ⅰ-Ⅱ 和 32-66-Ⅱ-Ⅳ-Ⅲ 分别为 1∶2000、1∶1000、1∶500图的编号。

3）特殊编号法

小区域或特殊工程的地形图，可以根据实际情况采用正方形或矩形方法分幅。其编号可以是流水编号法，即按自然数顺序编号；或用工程代码加自然数方法编号。

8.2　地形符号

在地形图上描述地物、地貌的符号，称为地形符号，分为地物符号和地貌符号两大类。地面上形状、大小不同的地物，形态、高低各异的地貌，投影到平面上缩绘成地形图时，均须采用国家标准规定的《地形图图式》（以下简称为《图式》）符号表示。地形图识读时，亦使用版本相同的《图式》。

8.2.1　地物符号

独立树、路灯、电力线、围墙、房屋、运动场、湖泊、行政区域等地物，有的为人工建造，有的是自然形成。概括起来，可以抽象地分为点、线、面三类实体。在地形图中，对应地分别用非比例符号、线形符号和比例符号表示。

1）地物符号

（1）比例符号

按规定比例绘制到地形图上的面状地物的边界轮廓图形，称为比例符号。1∶1000比例尺地形图中，房屋、运动场、湖泊、行政区域等地物，均可用比例符号表示。图 8-4 中的房屋、道路、桥梁、河流、菜地边界等，均采用比例符号绘制。

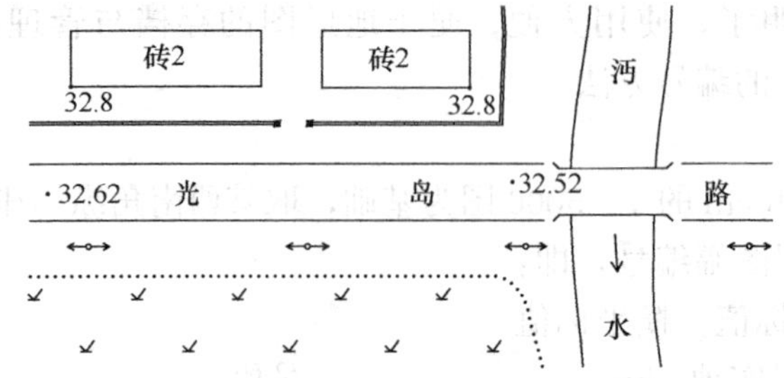

图 8-4　比例符号与线形符号

（2）线形符号

将地物的长度按比例，宽度不按比例绘制到地形图上的线状图形，称为线形符号，亦称为半比例符号。大比例尺地形图中的各种电力与通信线路、中小比例尺地形图内的带状地物，一般用线形符号表示。图 8-4 中的围墙、低压线为线形符号。

（3）非比例符号

将按照比例在地形图上不具有相应面积与长度的点状地物，用《图式》规定的特定符号表示，这些特定符号，称为非比例符号。测量控制点、独立树、消火栓、地下管线检修井、电杆、路灯等，无论在什么比例尺的地形图中，均用非比例符号表示。图 8-5 中的符号，均为非比例符号，各符号右侧注记有地面高程，测量控制点注有点名，下边的文字说明不是地形图上的内容，仅告诉读者是什么地物的符号。

非比例符号表示的地物在地形图上只是一个点，而符号本身具有一定的大小。如图 8-5，符号中表示地物位置的点，一般情况下遵循如下规则：

①规则几何图形符号，正方形、三角形、圆形等符号的几何中心为地物位置。

△ M3/63.851 三角点	□ N6/43.90 导线点	○ N6–1/35.70 不埋石图根点	⊗ BM2/28.806 水准点
∘ 32.30 电杆	⊖ 26.10 上水检修井	⊕ 28.60 下水检修井	Ⓐ 28.90 下水暗井
28.5 烟囱	43.5 水塔	32.2 亭	32.6 窑
28.8 路标	42.8 针叶独立树	41.6 阔叶独立树	32.8 果树独立树
28.5 路灯	36.8 旗杆	32.6 消火栓	29.5 电话亭

图 8-5 非比例符号

如，三角点、导线点、不埋石图根点、水准点。电杆、上水检修井、下水检修井、下水暗井等。

②宽底符号，底线中心为地物地理位置。如，烟囱、水塔等。

③下方没有底线的符号，底部两端点的中心点为地物位置。如，亭、窑等。

④底部直角符号，底部直角顶点为地物位置。如，路标、针叶独立树、阔叶独立树、果树独立树等。

⑤组合图形符号，下方图形中心点或交叉点为地物位置。如，路灯、旗杆、消火栓、电话亭等。

2）比例符号与非比例符号的关系

地面地物在地形图上属于点状物体，还是面状物体，主要取决于地形图比例尺。同一地物，在某些较大比例尺地形图上可以看成是面状地物，用比例符号表示；而在一些较小比例尺地形图上却为点状地物，用非比例符号表示。例如，水塔，1∶500 比例尺图上可以绘制其占地面积的边界轮廓，而在 1∶10000 比例尺图上只能用点状符号表示。

由此可见，比例尺越小，能用比例符号表示的地物越少。反之，比例尺越大，能用比例符号表示的地物则越多。

3）地物注记

用文字、数字和特定符号对地物所进行的说明，称为地物注记。如，房屋符号中的“砖 2”，表示该符号为砖结构、2 层的房屋；河流中的特定符号“↓”表示河水的流向；路面、房角等地面的“·32.62”、“·32.8”等，表示点的高程。道路名称“光岛路”、河流名称“沔河”以及单位等的名称等，都属于地物注记。

地物注记描述地物的重要属性，是识别不同类别、不同性质地物的重要信息。

8.2.2 地貌符号

地面上高程相等的相邻点连成的闭合曲线，称为等高线。地面高低起伏的形态，如山头、洼地、山脊、山谷等，可以用等高线表示。

1）用等高线表示地貌的原理

用等高线表示地貌的原理如图 8-6 所示，设水库中有一山头，当水面高度为 H_1 位置时，水面与山包表面的交线构成

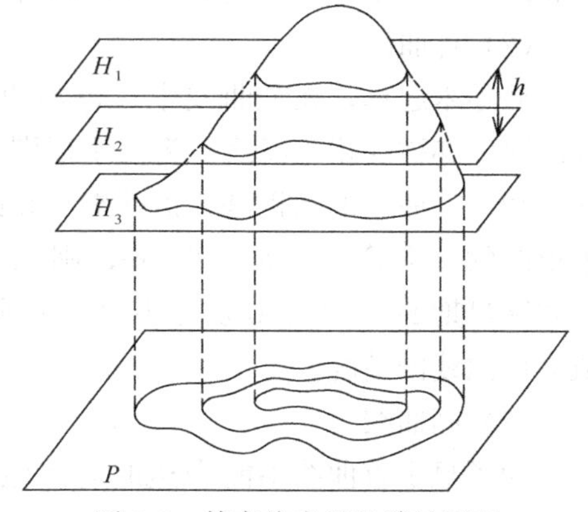

图 8-6 等高线表示地貌的原理

高程为 H_1 的等高线；当水面下降高差 h 至高度 H_2 位置时，水面与山头表面得到一条新的交线，构成高程为 H_2 的等高线；依此类推，水面依次每次下降高差 h，直至高度 H_n 位置，将能得到实地空间中不同高度的 n 条等高线。将各等高线投影到某投影面（水平面）P 上，并按照规定的测图比例尺缩绘到图纸上，将得到用等高线描述高低起伏地貌的图形。

2）等高距与等高线平距

相邻两等高线之间的高差，称为等高距。一般规定，同一测区、同一次测绘的同一比例尺地形图，应该采用一种等高距，这种等高距称为基本等高距，有时也简称为等高距，用 h_0 表示，见图 8-7。同一幅图中，基本等高距必须相同。等高距的大小，与测绘地形图的比例尺和地面坡度的大小有关。不同比例尺的等高距不同，高山地、山地、丘陵、平原的等高距也不相同。

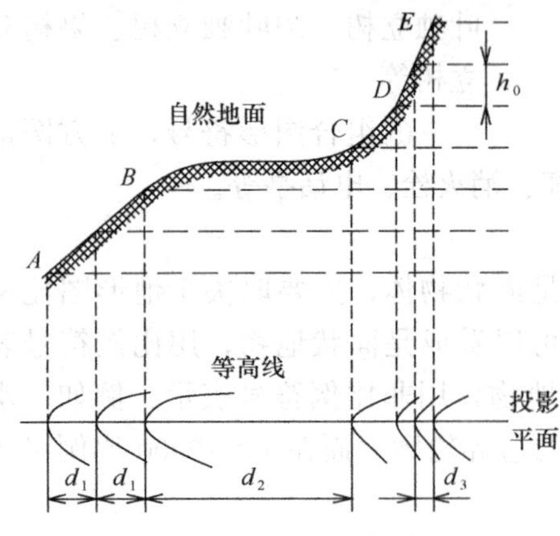

图 8-7 等高线平距与坡度的关系

相邻两等高线之间的水平距离，称为等高线平距，简称为平距，用 d 表示。如图8-7,将某竖直面处的自然地表面及其等高线投影到某水平投影平面上。由图中可以看出，等高线平距的大小与地面坡度有关。AB 段坡度均匀，其平距相同，均为 d_1；BC 段坡度平缓，平距 d_2 较大；DE 段坡度较陡，平距 d_3 较小。一般而言，当基本等高距一定时，平距越大，坡度越小；平距越小，坡度越大；平距相等，则坡度相同。从整体上讲，对于不规则的自然地面，不同两等高线之间的平距不同，相同两等高线之间不同位置的等高线平距也不相同。

3）等高线的种类

地形图中的等高线分为首曲线、计曲线和间曲线三种。

（1）首曲线

从高程基准面起算，按基本等高距绘制的等高线，称为首曲线，亦称为基本等高线。首曲线上不标注等高线的高程，其线的宽度为 0.15mm。

（2）计曲线

从零米起算，在首曲线中，每隔四条加粗一条，并标注高程的等高线，称为计曲线，亦称加粗等高线。为便于识别，计曲线宽度为 0.30mm。根据计曲线的定义可知，计曲线的高程是 5 倍基本等高距的整倍数。如，平原地区 1∶500 比例尺地形图的基本等高距 $h_0=0.5$m，则 0.0、2.5、5.0、7.5m……等高线为计曲线。在我国早期的 1∶10000 及更小比例尺地形图中，有部分每隔三条首曲线加粗一条成为计曲线的情况。

（3）间曲线

为了显示首曲线不能表达的局部地貌特征，按 0.5 倍基本等高距绘制的等高线，称为间曲线。间曲线用虚线绘制，线宽与首曲线相同，虚线长度与间隔分别为 6.0mm 和 1.0mm。

首曲线和计曲线是最常用的等高线，根据等高线的定义，这两种曲线都必须是闭合曲线。如果因为图幅大小限制不能在本幅图内闭合，则等高线两端必须成对绘至图幅边。间曲线描述局部地段，不要求闭合或绘至图边。首曲线、计曲线图形，见图 8-8～图 8-13。

4）常见基本地貌的等高线

地表面的地貌形态虽然变化万千，但可以抽象看成是山头、洼地、山脊、山谷、陡崖、悬崖、冲沟、滑坡、梯田坎等几种基本地貌所组成。以下简要介绍前六种最常见的基本地貌的等高线及其特性。

（1）山头和洼地

图 8-8 为山头及其对应的等高线，图 8-9 为洼地及其对应的等高线。由图中可以看出，山头与洼地的等高线图形结构相同，都是一圈套一圈的闭合曲线。

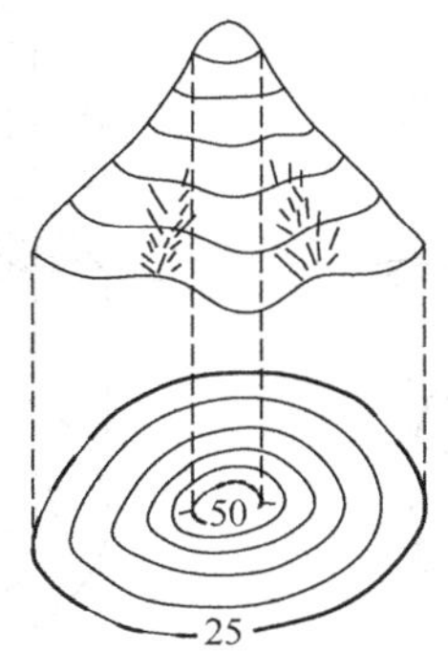

图 8-8　山头及其等高线

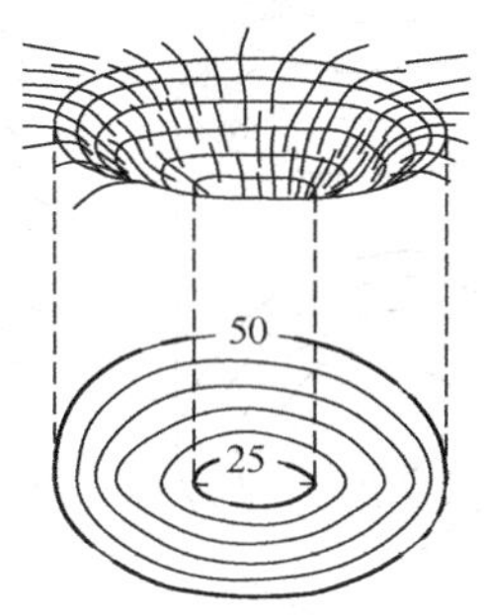

图 8-9　洼地及其等高线

为能区别山头与洼地等高线，可以有两种方法。一种方法是在计曲线上标注等高线的高程，字头向北，字头方向为高处方向。另一种方法是绘制指示斜坡坡降方向的短线，称为示坡线。示坡线与等高线相互垂直，标注在山头等凸出地的最高、或洼地等凹地的最低一根等高线上，两图中最内圈等高线旁的短线为示坡线。

（2）山脊和山谷

如图 8-10，山脉中沿条形脊状延伸的凸形地貌，称为山脊；山脊上最高点的连线称为山脊线。雨水以山脊线为界流向两侧，因此又称山脊线为分水线。两山或两山脊之间沿条形状延伸的狭窄的低凹地貌，称为山谷；山谷中最低点的连线称为山谷线。雨水由两侧山坡汇集于山谷而下流，因此称山谷线为集水线，又称合水线。山脊与山谷相互衬托，交替出现。

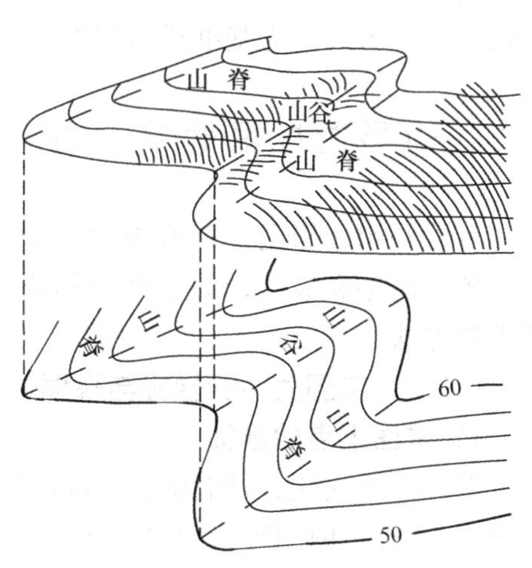

图 8-10　山脊与山谷等高线

山脊处的等高线是一组凸向低处的曲线，山谷处的等高线是一组凸向高处的曲线。山脊、山谷等高线与山脊线、山谷线正交，关于山脊线、山谷线对称，在相交处一般为圆滑曲线。

（3）鞍部

如图 8-11，两山头之间形如马鞍部位的低凹地貌，称为鞍部。鞍部通常是两个山脊和两个山谷的会合点，鞍部等高线为一圈大的曲线套有两组小的曲线。

（4）陡崖与悬崖

坡度在 70°以上的陡峭崖壁，称为陡崖。陡崖有土质与石质之分，图 8-12 所示陡崖符号表示的是石质陡崖。在陡崖处，等高线可以重合。

上部横向凸出，中部横向凹进的绝壁，称为悬崖，如图 8-13。悬崖处的等高线可以相交，从上向下俯视，能看得见的部分用实线表示，看不见的部分则用虚线表示。

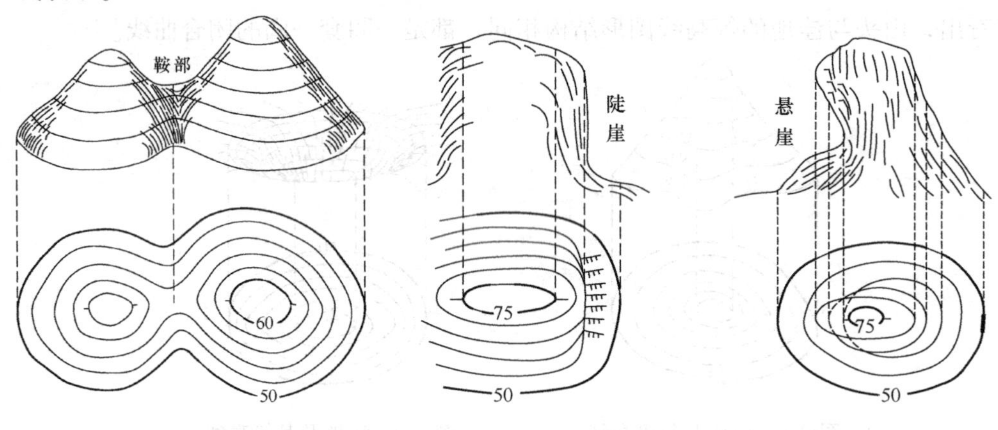

图 8-11　鞍部及其等高线　　图 8-12　陡崖及其等高线　　图 8-13　悬崖及其等高线

8.2.3　地形符号识读

将图 8-1 放大 4 倍还原成实际的1∶1000比例尺地形图，将可从图中读取有关地物、地貌要素。其中，地物包括：点状地物，如测量控制点、水塔等；线状地物，如高压电力线等；面状地物，如房屋、道路、加油站、旱地、水库等。地貌包括山头、山脊、山谷、鞍部等。不同地形图中的各种符号所表达的要素，以对应版本的《图式》为基准进行读取。

8.3　地形图应用的基本内容

可以利用地形图，获取地面点的平面坐标与高程，两点间的水平距离、坐标方位角、高差和坡度，面状区域的面积等。下面以直角坐标系的地形图为基础说明求解方法。

8.3.1　求图上点的坐标与高程

1）求图上点的坐标

图 8-14 所示地形图为 1∶500 比例尺（比例尺分母 M=500），图幅大小为 50cm×50cm，内图廓线内每隔 10cm 绘制有“+”或纵横短线“｜、—”，称为坐标格网线，四个角点标注有对应的纵横坐标。

欲求图中 A 点坐标，可先将 A 点所在小方格用直线连接，得到图上 $abcd$ 小正方形。过 A 点作平行于横轴和纵轴的平行线，与 $abcd$ 正方形的边交于 e、f、g、h，要求精度不高时，直接量取图上长度 ae、ag 后，按下式计算 A 点坐标。

$$\left.\begin{aligned}x_A &= x_a + ae \times M\\ y_A &= y_a + ag \times M\end{aligned}\right\} \quad (8\text{-}2)$$

若量得 $ae = 73.4\text{mm}$，$ag = 32.8\text{mm}$，则

$x_A = 550 + 0.0734 \times 500 = 586.7\text{m}$;
$y_A = 1050 + 0.0328 \times 500 = 1066.4\text{m}$。

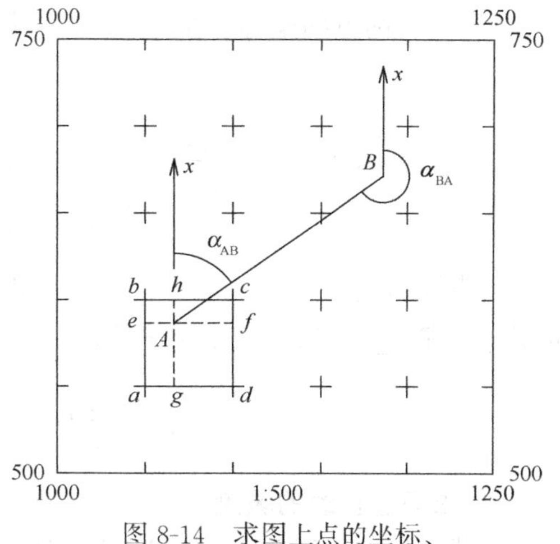

图 8-14　求图上点的坐标、直线长度与坐标方位角

如果要求精度较高时，必须考虑图纸伸缩产生的变形影响，此时，须增加量取小正方形边长 ab、ad，然后按下式计算。

$$\left.\begin{aligned}x_A &= x_a + \frac{0.1M}{ab} \times ae\\ y_A &= y_a + \frac{0.1M}{ad} \times ag\end{aligned}\right\} \quad (8\text{-}3)$$

2）求图上点的高程

若某点位于等高线上，则所在等高线高程为所求点高程，如图 8-15 中 A 点高程为 52.0m。

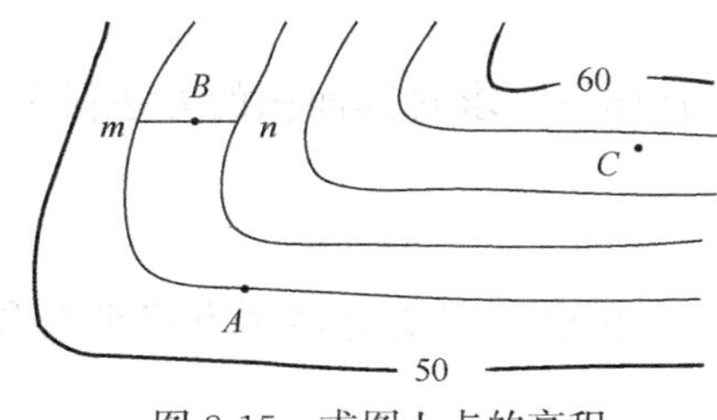

图 8-15　求图上点的高程

所求点 B 位于两等高线之间时，过 B 点作大致垂直于相邻等高线的垂线 mn，量出 mn 和 mB 长度，按下式计算：

$$H_B = H_m + \frac{mB}{mn} \times h_0 \quad (8\text{-}4)$$

式中，H_m 为 m 点高程，h_0 为等高距。

当精度要求不高时，可采用目估方法确定，如 C 点高程为 57.8m。

8.3.2　求图上直线的长度、坐标方位角和坡度

1）求图上两点的水平距离

欲求图 8-14 中 A、B 两点之间的水平距离 D_{AB}，可先按 8.3.1 中的解析法求出 A（x_A，y_A）、B（x_B，y_B）两点的坐标，再按式（6-3）计算：

$$D_{AB} = \sqrt{(x_B - x_A)^2 + (y_B - y_A)^2}$$

亦可采用直尺直接在图上图解量出 D_{AB} 值。一般来讲，解析法精度高于图解法的精度。

2）求图上直线的坐标方位角

欲求图8-14中AB直线的坐标方位角α_{AB}，可先用解析法求出A（x_A，y_A）、

B（x_B，y_B）两点的坐标，按式（6-4）计算：

$$\alpha_{AB}=\arctan\frac{y_B-y_A}{x_B-x_A}+\begin{cases}0^\circ & x_B-x_A\geqslant 0, y_B-y_A\geqslant 0;\text{第一象限}\\180^\circ & x_B-x_A<0;\text{第二、三象限}\\360^\circ & x_B-x_A\geqslant 0, y_B-y_A<0;\text{第四象限}\end{cases}\quad(6\text{-}4)$$

当直线两端位于同一幅图中，且要求精度不很高时，可用量角器直接图解量取 α'_{AB}，和 α'_{BA}，按下式求出平均值。

$$\alpha_{AB}=\frac{1}{2}(\alpha'_{AB}+\alpha'_{BA}\pm 180^\circ)\quad(8\text{-}5)$$

3）求图上直线的坡度

直线两端点的高差 h 与对应的实地水平距离 D 之比，称为直线的坡度，用 i 表示。即：

$$i=\frac{h}{D}\quad(8\text{-}6)$$

式中，h 由图上求出的两点高程计算，D 由两点坐标计算。

根据直线两端点的图上长度 d 和比例尺分母 M，式（8-6）可改写为以下形式。

$$i=\frac{h}{d\cdot M}\quad(8\text{-}7)$$

坡度具有正负，上坡为正、下坡为负，一般用百分率或千分率表示。两点之间的地面高低起伏不均匀时，其坡度为平均坡度。

8.3.3 求图上区域的面积

实际应用中的区域，通常是一些不规则的几何图形，求解其面积的方法很多，包括图解法、解析法和求积仪法。

1）图解法

图解法属近似方法，但可根据需要达到所要求精度，主要有透明方格纸法和平行线法。

（1）透明方格纸法

如图 8-16，求图纸上曲线所围成区域面积，可用绘有等间隔方格网的透明纸覆盖在图纸上，先数出区域内完整方格数 n_1。对于区域边缘不完整方格，凑成 n_2 个完整方格，或数出所有不完整方格数后除 2 得出整方格数 n_2，则区域内总的方格数 $n=n_1+n_2$，区域面积 S 为：

$$S=n\times\text{小方格面积}\quad(8\text{-}8)$$

（2）平行线法

如图 8-17，过上、下顶点作平行线，量取垂直间距 D，将 D 分成 n 小段，各小段间距为 d（等于 D/n），过分段点作平行线，量取平行线长度 l_1、l_2、……l_{n-1}，设上、下顶点处的平行线长度分别为 l_0、l_n，它们均为 0。则各小区域（三角形或梯形）的面积分别为：

$$S_i=\frac{1}{2}d\ (l_{i-1}+l_i)\qquad (i=1,\ 2,\ \cdots\cdots n)$$

由上式求和，并顾及 $l_0=l_n=0$，则总面积 S 由下式计算：

$$S=S_1+S_2+\cdots+S_n=d\ (l_1+l_2+\cdots+l_{n-1})\tag{8-9}$$

将式（8-9）计算的图上面积乘以 M^2（M 为地形图比例尺分母），即得区域的实地面积。

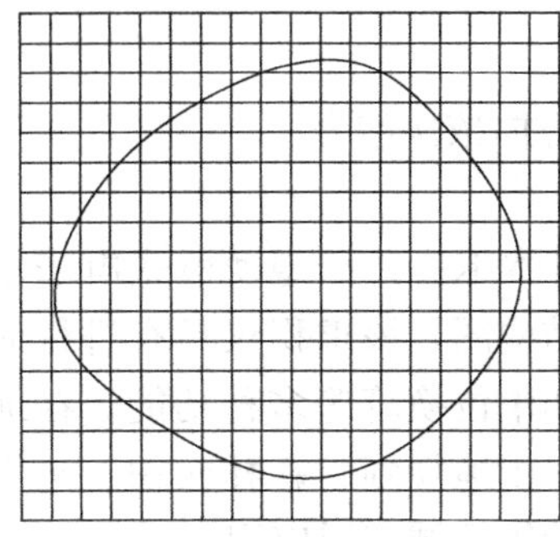

图 8-16　透明方格纸法求面积

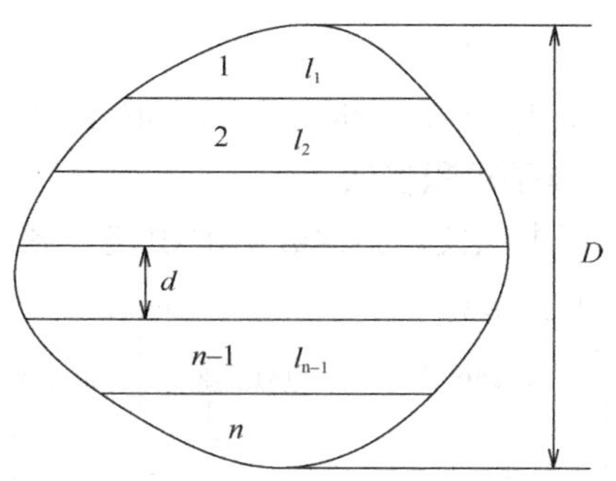

图 8-17　平行线法求面积

2）解析法

解析法是从图上量取或实地量测出多边形所有顶点坐标，按解析公式计算区域面积的一种方法。对于任意曲线围成的区域，可将其近似成若干折线组成的多边形。

如图 8-18，依次编号的任意四点 1、2、3、4 构成的四边形，设其顶点坐标依次为 1（x_1，y_1）、2（x_2，y_2）、3（x_3，y_3）和 4（x_4，y_4）。将各点向 y 轴投影，由相邻两点及其投影点构成梯形，对于四边形将有四个梯形。设 12 边、23 边、34 边、41 边对应梯形的面积分别为 S_1、S_2、S_3、和 S_4，则有：

$$\left.\begin{aligned}S_1&=\frac{1}{2}(x_2+x_1)(y_2-y_1)\\S_2&=\frac{1}{2}(x_3+x_2)(y_3-y_2)\\S_3&=\frac{1}{2}(x_4+x_3)(y_4-y_3)\\-S_4&=\frac{1}{2}(x_1+x_4)(y_1-y_4)\end{aligned}\right\}\tag{8-10}$$

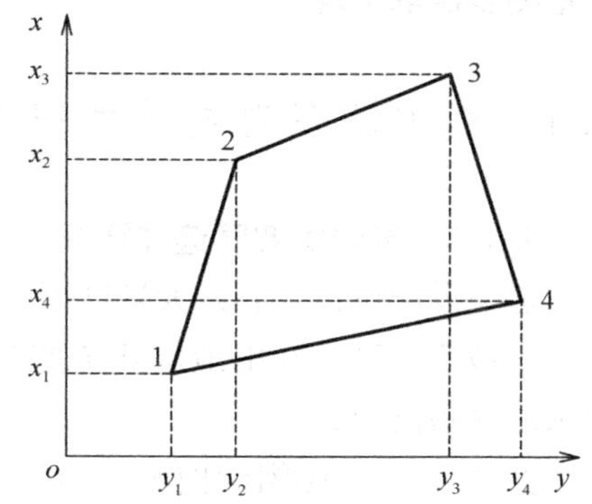

图 8-18　解析法计算面积

由图 8-18 可以看出，1、2、3、4 点构成梯形的面积 S 与各边对应梯形面积有如下关系：

$$S=S_1+S_2+S_3-S_4\tag{8-11}$$

式（8-11）的面积 S，是式（8-10）等号左边各项之和，因此也是式（8-10）等号右边各项之和。而式（8-10）等号右边的表达式整体上具有依次顺序排列规则。可以证明，任意多边形具有与此相同的规则。

将式（8-10）代入式（8-11），并整理后得

$$S=\frac{1}{2}[x_1(y_2-y_4)+x_2(y_3-y_1)+x_3(y_4-y_2)+x_4(y_1-y_3)]$$

推广到 n 边形为

$$S=\frac{1}{2}\sum_{i=1}^{n}x_i(y_{i+1}-y_{i-1}) \tag{8-12}$$

式中，$y_0=y_n$，$y_{n+1}=y_1$。

应用式（8-12）时，各顶点必须按照顺时针方向依次编号。

3）电子求积仪法

电子求积仪，亦称数字求积仪。图 8-19 为日本 KP-90N 型动极式电子求积仪的结构图，该求积仪具有进行面积测量和单位换算等多种功能，在地籍测量、土地规划、森林面积、土木建筑设计等领域广泛应用。

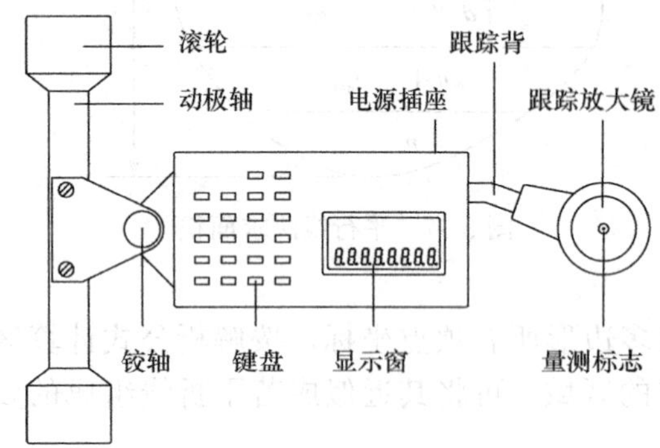

图 8-19　电子求积仪

KP-90N 型电子求积仪通过转动滚轮和主机绕铰轴旋转，能在有限区域内，量测图形面积。使用时，先将求积仪放置在图纸上能够量测所测范围的适当位置，在起点做标记。打开电源，设定单位与比例尺，使量测（采样）标志对准起点，按开始键，然后通过求积仪的平移与旋转，沿区域边缘扫描一周进行采样，回到起点后按结束键，显示的面积便是所求面积。为提高精度，须量测多次取平均。

8.4　地形图在规划设计中的应用

8.4.1　按限定坡度选择路线

道路勘测设计，有最大坡度限制；敷设排水管道或修筑灌溉水渠则正好相反，有最小坡度限制。在山地修建道路时，可利用地形图等高线，寻找一条满足坡度要求的最短路径。

如图 8-20，地形图比例尺 1∶2000，等高距 $h_0=1\text{m}$，欲以位于 55m 计曲线上的河边点 A 为起点，修一条最大坡度不超过 5%的道路到达公路。

利用式（8-7）变换式，计算出满足坡度要求的图上相邻两等高线之间的最短距离 d。

$$d=\frac{h_0}{i\times M}=\frac{1}{5\%\times 2000}=0.01\text{m}$$

以 A 点为圆心，$d=0.01\text{m}$ 为半径作圆弧与高程为 56m 的相邻等高线交于 a 点，A 与 a 的连线满足坡度要求；再以 a 点为圆心，d 为半径可得高程为 57m 的

等高线上交点b，以此类推，可得c，……，直至公路上的B_1；依次连接A，a，b，c，……B_1，则是一条满足坡度要求的选线方案。同理也可选择A，a'，b'，c'，……B_2等其他方案，比较各线路的长度，将可找到路径最短线路。

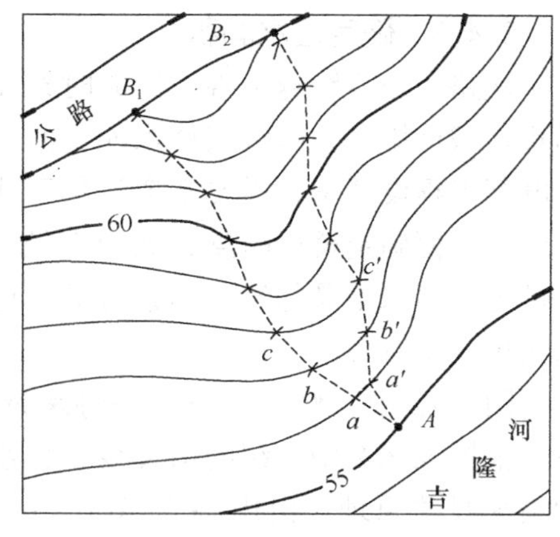

图 8-20　最短路径选择

如果起点A不在等高线上，则应根据起点至第一根等高线的高差，求出对应最短距离d_A后再作图。如果等高线平距大于最小平距d或d_A，作圆弧时将不能与等高线相交，说明两等高线之间的地面坡度小于限定坡度，则可向终点方向作直线与等高线相交得到交点。

8.4.2 按选定路线绘断面图

表示线路中线方向高低起伏形态的图，称为纵断面图；表示垂直于线路中线方向高低起伏形态的图，称为横断面图。纵、横断面图简称为断面图。进行线路纵向和横向坡度设计、建设工程土石方估算等，需要断面图。断面图可以到野外现场直接测定后绘制，详见12.3；也可利用地形图上的等高线及其平距绘制。

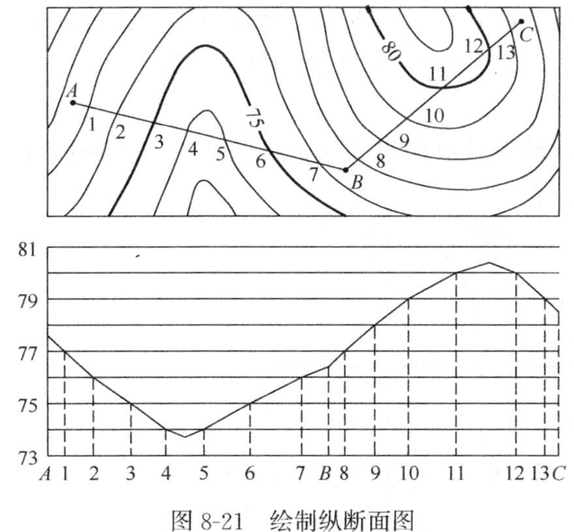

图 8-21　绘制纵断面图

如图 8-21，利用等高距为1m，比例尺为1∶1000的地形图（图8-21上半部分）绘制地形图中道路折线ABC段的纵断面图（图8-21下半部分）。

1）绘制直角坐标轴

在图纸上绘制相互垂直的坐标轴线，亦可利用绘有厘米与毫米格网线图纸的纵线与横线。横轴表示水平距离，其比例尺一般与地形图比例尺相同，此处采用相同比例尺；纵轴表示高程，为了明显地表示地面起伏状态，高程比例尺一般比水平距离的比例尺大10倍。在纵轴上标记与等高线对应的高程位置，并绘制出平行于横轴的73、74、75、……、81m等的高程线。

2）标注交点与绘制纵断面图

依次将地形图中ABC折线与各等高线的交点A、1、2、3、……、7、B、8、……、13、C，按地形图上相等距离，在纵断面图的横轴上标定出来，其纵断面图横轴上A至C的长度应等于地形图上ABC的折线长度。过纵断面图横轴上的A、1、……、C点作横轴的垂线与对应高程线相交。用曲线或折线依次连接各交点，即可得线路的纵断面图。

8.4.3　确定汇水面积

铁路、公路跨越山谷、河流时架设桥梁或埋设涵管，城市排水、山区兴修水库、河上筑坝蓄水与发电等工程设计中，需要知道汇集于建设地点的雨水量，以便确定桥梁跨度、涵管直径、水库或河水容量等。雨水量既与气象因素有关，更与汇水区域的面积大小有关。

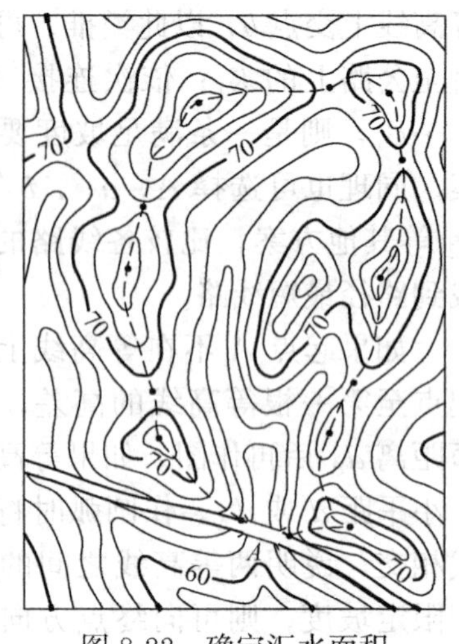

图 8-22　确定汇水面积

图 8-22 中，修建一条公路将跨越 A 点处的山谷，根据 8.2.2 中介绍的山脊线为分水线、山谷线为集水线的原理，由山谷点 A 开始，沿若干山脊线、鞍部（山谷线起点）连续延伸，闭合于 A 点的虚线所围成的区域，即为 A 点的汇水区域。汇水区域的面积，可按照 8.3.3 节中介绍的方法求出。

8.5　地形图在平整土地中的应用

进行各种工程建设时，通常需要对原有地貌进行平整，以满足新建工程的需要；有些工程需要根据建设区域的地貌，设计一个合适的地面标高，使得平整过程中的填方与挖方基本相等，以减少土石方的运输成本。实际应用中，可利用地形图上的等高线，把建设区域平整成水平面或有一定坡度的倾斜平面。

8.5.1　平整成为水平面

如图 8-23 所示地形图，欲将该区域平整成为水平面，且保持土石方的挖方与填方基本相同，可按如下具体步骤进行。

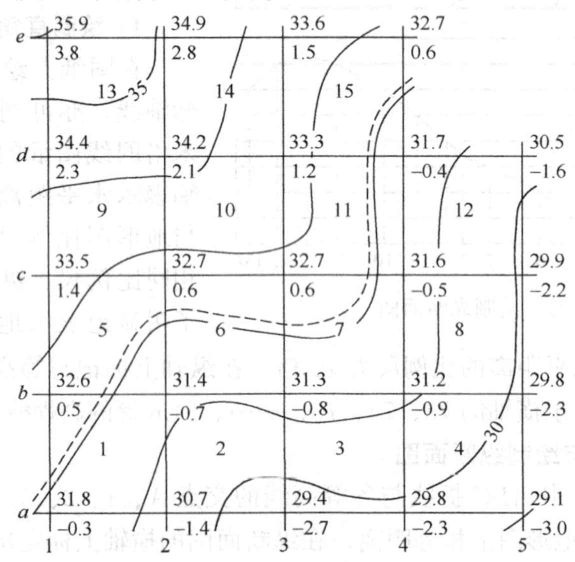

图 8-23　平整成水平面

1）绘制方格网

在地形图上需要平整的区域绘制纵横方向等间距方格网，图中纵向格网线有

1、2、…、5，横向格网线为 a、b、…、e。由方格网线构成 $n=15$ 个等面积的小方格 1、2、…、n。格网大小与要求的精度有关，格网间隔小时精度高，但计算工作量大。格网间隔大时可减少计算工作量，但精度低。常用的格网间隔按实地长度有 10、20m，少数情况为 5m 或 40m。

2）计算设计高程

用目估法或内插法求出各方格顶点（格网线交点）的高程，图中对应顶点右上方标注的数据，如 $a1$ 点高程为 31.8m。将各方格四个顶点的高程求和后除以 4 得到该方格的平均高程 $H_i(i=1、2、\cdots、n)$。满足挖方与填方基本相同的设计高程 H_0 是各方格平均高程 H_i 的平均值，即：

$$H_0=\frac{1}{n}\sum_{i=1}^{n}H_i \tag{8-13}$$

将式(8-13)展开成顶点高程的函数，结合图 8-23 可以看出，与一个方格相关的角点(如 $a1$、$d5$、…)高程，在式(8-13)中只出现一次。同理，边点(与两个方格相关，如 $a2$、$b5$、…)、拐点(与三个方格相关，如 $d4$)和中点(与四个方格相关，如 $b2$、$d3$、…)高程，在式(8-13)中分别出现两次、三次和四次。若用 $\Sigma H_{角}$、$\Sigma H_{边}$、$\Sigma H_{拐}$、$\Sigma H_{中}$、分别代表角点、边点、拐点和中点高程之和，则式(8-13)可写成：

$$H_0=\frac{1}{4n}(\Sigma H_{角}+2\Sigma H_{边}+3\Sigma H_{拐}+4\Sigma H_{中}) \tag{8-14}$$

根据(8-14)式和图 8-27 中各格网顶点高程，该区域的设计高程为：

$$H_0=\frac{1}{4\times15}(160.0+2\times318.6+3\times31.7+4\times258.4)=32.1\text{m}$$

3）计算挖填量

根据设计高程绘制高程为 H_0 的等高线，如图中虚线，该等高线即为挖、填分界线。高于此线的区域属于挖区，低于此线的区域属于填区。各格网顶点的挖或填的高度 h_k(k 为顶点编号，$k=a1$、$a2$、…)按下式计算。

$$h_k=H_k-H_0 \tag{8-15}$$

式中，h_k 为格网顶点高程，H_0 为设计高程，标注在图中顶点右下方。

$h_k>0$ 时为挖，$h_k<0$ 时为填。平整区域的总挖方与总填方，可以根据 h_k 的正、负符号，将挖方与填方分别按下式计算：

$$总挖(填)方=\frac{1}{4}(\Sigma h_{角}+2\Sigma h_{边}+3\Sigma h_{拐}+4\Sigma h_{中})\times A \tag{8-16}$$

式中，A 为方格实地面积。

图 8-23 的地形图比例尺为 1∶1000，图上方格的边长为 0.02m，则每个方格的实地面积为 400m^2。总挖方量与总填方量计算如下：

$$总挖方=\frac{1}{4}(4.4+2\times8.5+3\times0+4\times4.5)\times400=3940\text{m}^3$$

$$总填方=\frac{1}{4}(4.9+2\times10.9+3\times0.4+4\times2.9)\times400=3950\text{m}^3$$

上面计算的填方与挖方略有差异，是设计高程 H_0 的计算取位所至。理论上可以证明，利用式（8-16）计算的总挖方与总填方相等。

8.5.2　平整成为倾斜面

实际工程建设中，通常要将场地平整成倾斜面。一般情况下，在场地上应有三个点的平整后高程是已知值，如某些特定的建筑需要保护，其高程在平整前后不变；为了场地排水需要，平整后的场地应该具有一定的坡度，按坡度要求可确定某些点的平整后高程。

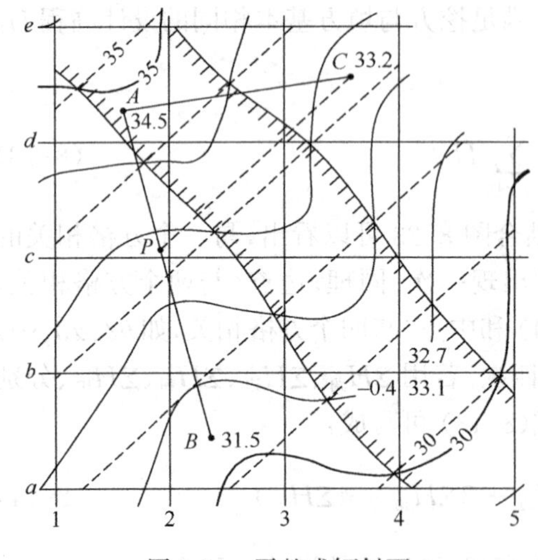

图 8-24　平整成倾斜面

如图 8-24 所示地形图，设 A、B、C 三点平整后的高程分别为 34.5m、31.5m 和 33.2m，则利用地形图将场地平整成满足上述三点高程要求的步骤如下：

1）绘制设计等高线

连线 A、B 两点，内插出与 C 点高程相同的 P 点和 32m、33m 和 34m 等设计等高线通过点。过 AB 直线上设计等高线通过点作平行于 PC 直线的 32、33m 和 34m 设计等高线，并按两设计等高线间的平距绘制 30m、31m、35m 等 AB 直线之外的其他设计等高线。

依次连接设计等高线与原地形同高等高线的交点，即为挖填分界线。图中用线形陡坎符号表示。

2）计算挖填量

绘制等间距方格网，内插求出各顶点自然地形高程 H_k 和设计高程 H_{k0}，按式（8-15）计算各格网顶点的挖填高度 h_k。由于平整为倾斜面，此处的 H_{k0} 不是常数，可根据格网位置与坡度计算求出。图中，$b4$ 点的自然地形高程、设计高程以及挖填高度分别为 32.7、33.1m 和－0.4m。

根据挖填高度及其符号，按式（8-16）分别计算挖填量。

思考题与习题

1. 何谓地物、地貌、地形？什么叫地形图？地形图有何用途？

2. 什么叫地形图比例尺？常用大比例尺指的是哪几种比例尺？

3. 什么叫比例尺精度？有何作用？如果要求实地点位精度能达到 0.2m，应选何种比例尺的地形图？

4. 大比例尺地形图采用什么分幅方法？采用哪些方法编号？目前主要采用何种方法编号？

5. 地物符号分为哪几类？举例说明它们之间的关系。非比例符号的什么位置是地物的实地位置？

6. 什么叫等高线？等高线分为哪几种？

7. 什么叫等高距和等高线平距？等高距一定时，等高线平距的大小能说明什么？

8. 山头、洼地、山脊、山谷、鞍部、悬崖、陡崖等典型地貌的等高线，各有何特征？倾斜平面、半球面、圆锥面的等高线又有何特点？

9. 地形图有哪些基本应用？在规划设计中又有何作用？

10. 如何利用地形图上的等高线进行满足一定坡度要求的道路或排水路线选线？两种路线的选线方法有何相同与不同？

11. 路线纵、横断面图有何作用？如何绘制？

12. 如何在地形图上确定某地的汇水面积？

13. 如何将场地平整为水平面或指定坡度与方向的倾斜平面？如何计算土石方量？

14. 已知某分幅地形图按基本图编号法的图号为“56-68-Ⅰ-Ⅰ”，写出该图的比例尺、西南角坐标编号法的图号、实地面积和该图左上（西北）角同比例尺地形图的基本图编号法的图号。

第 9 章　大比例尺地形图测绘

大比例尺地形图的常规测绘方式主要有两种，一种为地面测量方式，由人工现场实地测绘，主要测绘 1∶500、1∶1000、1∶2000 比例尺地形图。这类地形图精度高，是工程建设设计中主要使用的地形图。另一种为对地观测，一般采用航空摄影测量或遥感方式，主要测绘 1∶5000、1∶10000 两种比例尺的地形图。这类地形图用于城市规划和各种路线的选线。其他小比例尺的地形图，通常根据大、中比例尺地形图编绘而成。

9.1　测图基本过程

常规地形图测绘一般包括测图准备、碎部测量和地形图整饰等基本过程。

9.1.1　测图准备

1）资料与图纸准备

地形图测绘之前，应收集准备的资料包括：

（1）技术规范　包括：地形图图式；不同行业所执行的测量规范，如国家标准的工程测量规范、建设行业标准的城市测量规范、交通行业的公路勘测规范等。

（2）技术合同与要求　技术合同一般执行国家标准或某一行业标准，根据实际工程建设需要，技术合同中经常要约定某些特定的技术要求。

（3）已知数据　各种已知平面、高程测量控制点的坐标与高程，包括从有关单位抄录的已知点，控制测量获得控制点等。

（4）图纸　平板测图需要图纸，早期主要使用厚白纸，现在基本上使用绘图面被打毛、厚度为 0.7～1.0mm 的半透明聚酯薄膜。这种图纸具有透明度好、伸缩性小、不怕潮湿、便于长期保存等优点。

2）绘制坐标格网线

为了保证测量控制点能够精确地展绘到图纸上和使用地形图解析点的坐标，需要在绘图区域中，按 10cm×10cm 间隔绘制坐标格网线。利用计算机及其软件进行数字测图时，可由测图专用软件自动生成坐标格网线；使用聚酯薄膜或白纸测图时，可购买绘制有坐标格网线的聚酯薄膜图纸，或用直角坐标展点仪、格网尺等专用工具绘制。当没有前述工具或条件时，可用比较精确的直尺按对角线法绘制。

绘制一幅 50cm×50cm 地形图坐标格网线的对角线法如图 9-1 所示。依据图纸的四个角绘制大致相互垂直的两条对角线交于 O 点，从 O 点分别沿对角线四个方向，量取略大于图幅对角线长度一半（$\sqrt{2}\times 50/2\approx 35.4$cm）的相等长度（如 36.5cm）得到 A、B、C、D 四点，相邻点连接后得矩形 $ABCD$。从 A、D 分别至

B、C，从 A、B 分别至 D、C，在矩形边上每隔 10cm 截取一点，连接对应点构成坐标格网线和地形图内图廓线。

无论是对角线法绘制的坐标格网线，还是购买的聚酯薄膜图上的格网线、利用坐标展点仪或格网尺绘制的坐标格网线，其图上纵横格网线间隔（理论长度10cm）误差应不大于 0.2mm，对角线长度（理论长度 70.71cm）误差应不大于 0.3mm。

满足格网线绘制精度要求时，擦除对角线和右边、上边的多余线条。根据测图比例尺和图幅西南角坐标，在图幅四个角点位置标注对应的纵横坐标值。图 9-2 为 1∶500 比例尺、西南角纵横坐标为（500，1000）的图幅角点坐标标注。

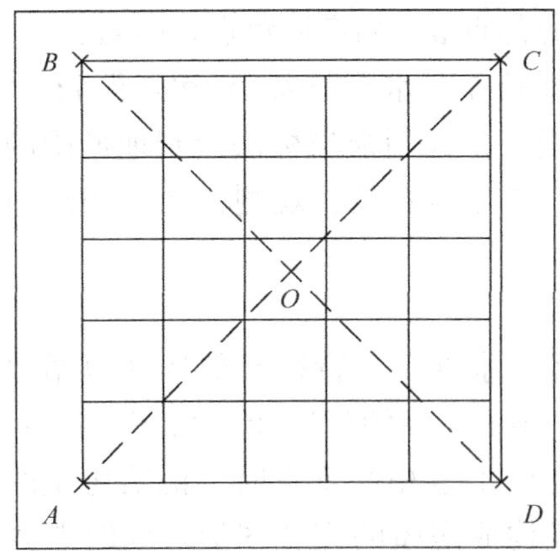

图 9-1 对角线法绘制坐标格网线

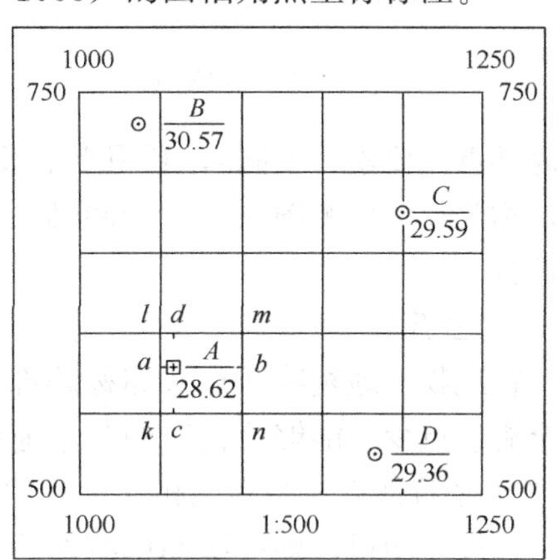

图 9-2 展绘控制点

3）展绘控制点

地形测图中所要使用的已知坐标与高程的控制点，应逐一展绘到图纸上。设导线点 A 的坐标与高程分别为 $x=578.855\text{m}$，$y=1058.205\text{m}$，$H_A=28.623\text{m}$，将其展绘到图 9-2 图幅中。根据平面坐标值可知 A 点所在小方格的西南角坐标为（550m，1050m），即位于 $klmn$ 所构成的正方形区域中。A 的坐标与所在小方格的西南角坐标之差分别为 $\Delta x=28.855\text{m}$，$\Delta y=8.205\text{m}$。按照 1∶500 比例尺，换算成图上长度，并取位至 0.1mm 分别为 $\Delta x_{图}=57.7\text{mm}$，$\Delta y_{图}=16.4\text{mm}$。分别从 k、n 向 l、m 量取 57.7mm 长度，并用小针刺孔得 a、b 两点；同理，分别从 k、l 向 n、m 量取 16.4mm 长度，并用小针刺孔得 c、d 两点。由 a、b 与 c、d 连线确定交点并刺孔后得到 A 点图上位置。在 A 点处绘出导线点符号，右侧绘制横线，横线上面标注点名、下面标注高程。根据 1996 年版图式要求，导线点高程可标注两位小数。同法展绘 B、C、D 等不埋石图根点。

展绘的所有控制点，均需检查其展点质量。一般用直尺或专用比例尺量取图上控制点间的长度，与对应两点由坐标计算或实际观测的长度换算成图上的长度进行比较，两者之差应小于 0.3mm。检查时，可将所有控制点组合成闭合环线，使每个控制点能与不在一条直线上（最好相互垂直）的另外两个控制点构成两段长度。

9.1.2 碎部测量

碎部测量是地形图测绘的一个工序，以控制点为基础，测定地面各种地物、

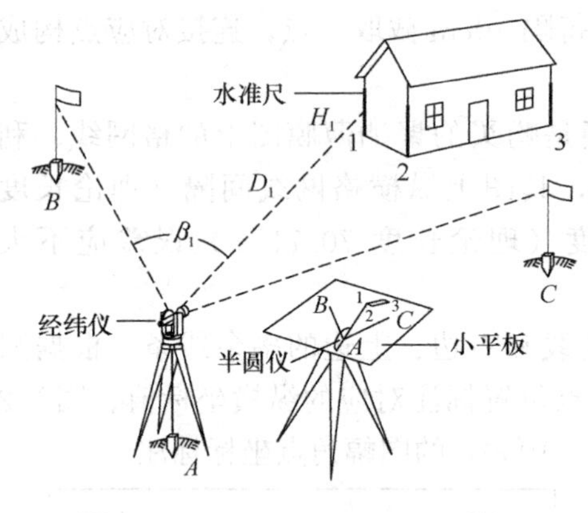

图 9-3 经纬仪测图

地貌特征点（如房屋角点、道路边线转折点、山顶、山脊线、鞍部等）的平面位置与高程后，用对应符号绘制地形图。根据使用的仪器与技术不同有多种方法（将在9.3节中介绍），下面以经纬仪测图为例介绍碎部测量过程。

经纬仪测图观测原理如图 9-3，分别以已知点 A、B、C 作为测站点、定向点和检查点，利用经纬仪及其视距测量方法测定碎部点 u（如房屋角点，u=1、2、3）的水平角 β_u、水平距离 D_u 和高程 H_u（简称碎部点三要素，下同），利用小平板仪和半圆仪，采用极坐标法绘制地形图的方法，称为经纬仪测图法。一个测站上的具体工作分为立尺、观测、计算和绘图四个部分。

1）立尺

在地物、地貌特征点（亦称碎部点）上竖立水准尺。特征点的选择遵循“概括全貌、点少、能够检核”的基本原则。对于图 9-3 中的标准矩形房屋，选择 1、2、3 三个特征点，当实地相互垂直的两条边在图上也相互垂直时，证明房屋的三个角点没有测错，则可绘制已测两边的平行线构成房屋的完整图形，同时点数也是最少的。地物、地貌测绘的内容与具体特征点的选择，将分别在 9.2.2、9.2.3 节中详细介绍。

2）观测

顾及式（4-21）～式（4-23），碎部点观测与量测内容包括：仪器高 i、水平角 β、视距 kl、盘左竖盘读数 L、中丝读数（瞄准位置至地面高度）v。具体观测步骤如下：

（1）安置仪器

在测站点 A 上安置经纬仪，对中、整平，量取仪器高 i；瞄准定向点 B，配度盘读数为 $0°00'$，因此称定向点的方向为零方向。照准检查点 C，其方向偏差应不大于图上 0.3mm。测绘过程中和结束前应注意检查后视（B）点方向。

（2）观测

照准碎部点 1，由于零方向的水平度盘读数为 $0°00'$，因此，碎部点 1 的水平度盘读数即为碎部点的水平角 β，按视距测量方法依次读取 kl、v、和 L。将点 1 绘制到图纸上后，同法测绘 2、3、……碎部点。

3）计算

碎部点的三个要素中，水平角 β 已直接测定，水平距离 D 和高程 H，则需要根据观测数据计算。水平距离 D、视线高程 $H_{视}$、高程 H 的计算公式分别依次如下：

（1）竖直角计算

$$\alpha_L = 90° - L \quad \text{式（3-7）第一式、顺时针注记 或}$$

$$\alpha_L = L - 90°$$ 式（3-9）第一式、逆时针注记

（2）水平距离计算用式（4-21）：

$$D = kl\cos^2\alpha$$

（3）高程计算

在一个测站上，测站高程 $H_{站}$ 与仪器高 i 不变，两者之和为水平视线高度，用 $H_{视}$ 表示，其计算式如式（4-24）：

$$H_{视} = H_{站} + i$$

对于图（9-3），其式（4-24）的 $H_{站}$ 为 H_A。

各碎部点的高程按式（4-25）计算：

$$H_u = H_{视} + D\tan\alpha - v$$

式中，v 为中丝读数。

当盘左竖盘读数为 90°，即视线水平时，式（4-21）与式（4-25）可简化为：

$$\left.\begin{aligned} D &= kl \\ H &= H_{视} - v \end{aligned}\right\} \tag{9-1}$$

观测时，应尽量使视线水平，以便利用式（9-1）计算，减少计算工作量。

观测与计算实例见表 9-1，各项按表中要求取位。实际地形图测绘时不需要填写此表。

碎部测量记录手簿 **表 9-1**

测站点：A　测站高程：$H_A = 28.62$m　竖直角：$\alpha = 90° - L$　仪器高：$i = 1.54$m

定向点：B　检测方向：C　指标差：$x = 0''$　视线高程：$H_{视} = H_A + i = 30.16$m

点号	水平角 β		视距 kl	中丝读数 v	竖盘读数 L		竖直角 α		水平距离 D	高程 H	备注
取位	(°)	(′)	0.1m	0.01m	(°)	(′)	(°)	(′)	0.1m	0.01m	
1	35	05	43.2	2.69	87	42	2	18	43.1	29.2	房角 1
2	52	34	29.5		90	00	0	00	29.5		房角 2
3	70	56	49.2	2.16	88	36	1	24	49.2	29.2	房角 3
4	215	05	43.1	1.36	90	00	0	00	43.1	28.8	地形点

4）绘图

（1）半圆仪构造

半圆仪俗称量角器，是经纬仪测图法的主要绘图工具。如图 9-4，半圆仪与普通量角器没有本质差别，适用于使用极坐标法在 0°～360°的范围内全圆量角并标定距离。在半圆弧上有 0°～180°和 180°～360°两行角度刻画与注记；在直线边上，以中点为 0 点，向两端有对称刻画与标注，最大长度为 10～13cm；在 0 点处有一小圆孔。

（2）绘图

① 绘图准备

在测站点 A 至定向点 B 的连线上靠近半圆仪圆弧两侧处，绘制 2cm 左右长度的零方向线（图中所示直线段），在图纸的测站点 A 上钉入小针，将半圆仪直线边

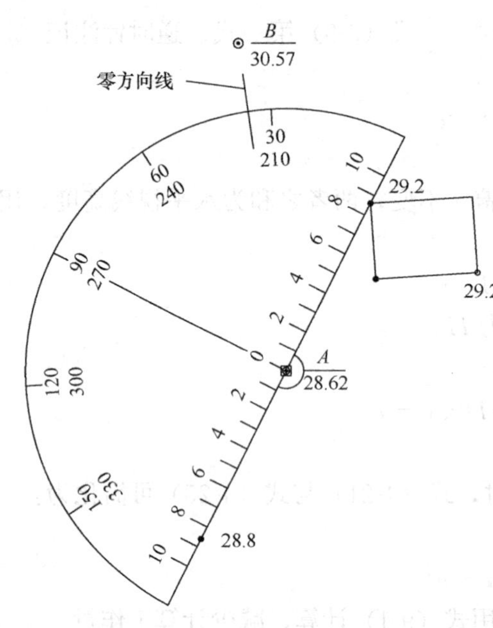

图 9-4　碎部测量

中点处的小圆孔套在小针上，使半圆仪可绕测站自由旋转。

② 刺点

以表 9-1 中的碎部点 1 为例，先旋转半圆仪使 35°05′（碎部点水平角）刻画对准零方向线；在半圆仪直线边右侧（$\beta \leqslant 180°$时）量取碎部点水平距离的图上长度（比例尺为 1∶500）86.2mm，并用小针刺点，铅笔加黑；移开半圆仪，在所刺点的右侧或其他位置标注高程 29.2。

同法完成碎部点 2、3 等。当 $\beta >$ 180°时，则须用半圆仪左侧直线边的刻画量取水平距离，如碎部点 4。

③检核与连线

完成房屋三个点的绘图后，检核实地构成直角的房屋角点在图上是否也是直角。满足检核条件后，根据现场实际图形立即连接相关线段，并根据平行或垂直等几何关系完成整个地物的绘制。如果不能满足检核条件，则必须立即重测，直至检核符合要求为止。

上述四个部分的工作应同步进行，边观测、边对照现场地形绘图。结束一个测站的工作前，应检查有无遗漏、错测。将所测内容与实地地形逐一对照检查，确定地形图完整、无误时，检测零方向合格后方可搬站。同法完成各站观测与地形图绘制。

9.1.3　检查与整饰

1）地形图的拼接

当测区面积较大，分为多幅地形图测绘时，由于测站点和定向点的点位误差、测量与绘图误差等，导致相邻两图幅边界处的地物轮廓线、地貌等高线等不能完全吻合。

图 9-5 是图幅 A 的下边缘与图幅 B 的上边缘，在它们的格网线（边线上的垂直短线）对齐拼接时的图形，道路、房屋、陡坎、等高线等均有不同程度的错位偏差，需要进行接边处理。当偏差量不大于表 9-2中规定的平面和高程中误差的 $2\sqrt{2}$倍时，可平均配赋，但应保持地物、地貌相互位置和走向的正确性；不满足技术要求时应现场实测纠正。

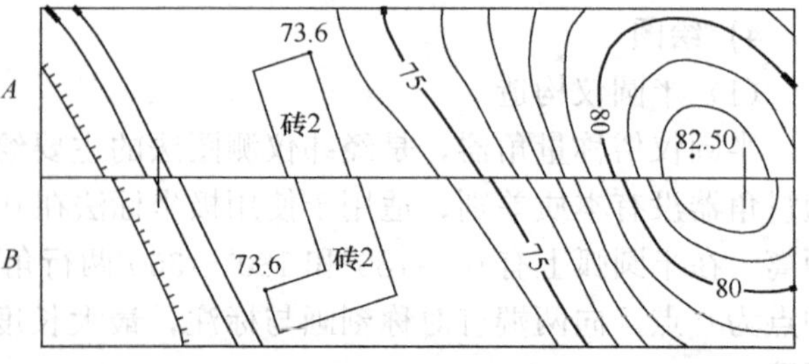

图 9-5　地形图拼接

为了图幅接边，要求每幅图测出图边 5mm 左右。对于透明聚酯薄膜图纸，直接将两幅图重叠后进行接边；对于非透明白纸，需用透明纸分别将两幅图边的图形（包括格网线且格网线对齐）蒙绘下来后进行接边。

图上地物点位中误差和等高线插求点高程中误差　　表 9-2

图上地物点点位中误差（mm）		等高线插求点高程中误差（基本等高距）			
一般地区	城镇居住区 工矿区	平坦地 3°以下	丘陵地 3°～10°	山地 10°～25°	高山地 25°以上
0.8	0.6	$\frac{1}{3}$	$\frac{1}{2}$	$\frac{2}{3}$	1

2）地形图的检查

为了保证测量成果的质量，在完成地形图的测绘工作之后，必须对图根控制测量成果和所绘制的地形图进行全面检查，包括室内检查和外业检查。

（1）室内检查

室内检查主要包括：图根控制点的数量是否具有足够的密度，图根控制测量观测手簿中有无观测、计算错误或超限情况；坐标格网线的绘制和控制点的展绘是否符合规定的精度要求；地物符号和注记是否正确；等高线是否与碎部点高程相符，山头、山脊、山谷、鞍部等的等高线趋势是否合理；接边是否符合精度要求；各种上交资料是否齐全等。对于发现的错误或有疑问的地方，须一一记录。

（2）外业检查

外业检查分为巡查和检测两部分

① 巡查　将地形图带到现场对照实际地形逐一检查，内容包括：地物、地貌是否存在漏测和标注错误、取舍与综合是否符合规定要求，高程注记是否达到必要密度要求等。对于室内和外业检查、核实、确认的注记错误，对照现场进行修改；对于点位或高程错误，则需架设仪器进行观测后修改。

② 检测　测区地形图是否达到精度要求，需要在测站上架设仪器观测，或利用量距工具丈量地物特征点间的相对距离进行实地抽查。图上地物点位相对于邻近图根控制点的点位误差和高程误差须满足表 9-2 中要求的 $2\sqrt{2}$倍。

3）地形图的整饰

地面上的点、线、面物体，在现场测绘时，由于时间仓促和追求功效，一般没有来得及按照要求绘制符号和注记。在室内，须按照《图式》规定的非比例符号、线形符号和比例符号进行整饰，符号的大小、字体、线型，填充符号及其间隔等，均应按要求的尺寸整理、绘制。擦去各种辅助线（如零方向线等）、多余的数字、符号和高程注记等。

在图幅内图廓线之外的相应位置，标注格网坐标，绘制并填写接图表，写上图名、图号、比例尺、保密等级、测图方式与时间、平面坐标系统、高程系统与等高距、图式版本、测图单位、测绘人员等。

完成铅笔整饰图后，可以直接在白纸图上或覆盖透明聚酯薄膜图纸进行着墨、清绘。最后通过晒蓝或印刷方式制作地形图。

9.2 地物与地貌测绘

9.2.1 一般要求

地形测绘中，城市建筑区与一般地区有不同的技术要求。对于地物、地貌特征点的距离测量，可采用电磁波测距、视距测量或皮尺等。碎部点的最大测距或视距、碎部点之间的最大间距等，应该满足表 9-3 的要求。

最大测距与碎部点的最大间距要求 **表 9-3**

比例尺	最大测距			最大视距				碎部点最大间距
	一般地区	城市建筑区		一般地区		城市建筑区		
		地物点	地貌点	地物点	地貌点	地物点	地貌点	
	m	m	m	m	m	m	m	
1∶500	300	80	150	60	100	*	70	15
1∶1000	450	160	250	100	150	80	120	30
1∶2000	700	300	400	180	250	150	200	50

注：1. * 表示采用皮尺量距，最大距离为 50m。

2. 城市建筑区地貌点采用数字化成图或极坐标展点成图时，其最大测距可放长一倍。

9.2.2 地物测绘

1）地物测绘内容

地物测绘内容包括各类建（构）筑物、独立地物、交通与管线、水系及其设施、植被与境界等。测绘时，需根据测图比例尺、永久性或临时性，并参照地物的重要性、代表性等进行综合与取舍。如，各种已经建成或正在建设的建筑物、构筑物及其附属设施均应测绘，但临时性的建筑可以不测；当某一地方存在两种或多种不同地物，而图上只能显示一种地物时，则需要根据其重要性进行取舍，如一棵独立树与高压电线杆在一起时，则可只测绘较为重要的电杆。

2）地物特征点选择

地形图上描述地物形状特征的点，称为地物特征点，亦称为地物碎部点。如，旗杆、路灯等的几何中心，管道、围墙的转折点，房屋角点，道路边线上的转折点、直线与曲线的交点等。地物在地形图上图形，实际上是根据地物特征点及其相互关系绘制而成。测绘地物时，需根据前面介绍的“概括全貌、点少、能够检核”的原则，选择合适数量的特征点。

建（构）筑物等人工建造的地物，外轮廓线的所有转折点均为特征点，若外轮廓线段之间存在平行、垂直等几何关系时，可测绘其中的一部分线段的特征点后，结合平行、垂直等关系绘制建（构）筑物的完整图形。

围墙、栅栏、小路、管道、输电与通信线路、溪流等单一线形地物的中线，铁路、公路、河流等带状双边线地物的两侧边线，广场、湖泊、植被、行政区域边界等面状地物的边线等为表示地物的特征线。若特征线形为折线时，其折线的所有转折点均为地物特征点；若为曲线时，则可选择若干曲率变换、能代表曲线的点为特征点，用折线或拟合曲线表示特征线。

独立树、路标、路灯、旗杆、电话亭、消火栓、地下管线检修井等独立地物，其几何中心为特征点。

3）地物图形绘制

点、线、面状地物，分别用 8.2.1 中的非比例符号、线形符号和比例符号绘制。表示点状地物的非比例符号需要注意符号的定位位置。面状地物，除了绘制图形轮廓外，还应进行相关注记，如房屋的材料（混凝土、砖、木、土等）与层数，湖泊的名称等。对于植被类地物，需要在图形区域中填充绘制对应植被的符号。各类地物，还应适量注记若干高程。

水塔、烟囱、岗亭等，对于 1∶2000 比例尺图为独立地物，在几何中心绘制符号；对于 1∶500 和 1∶1000 比例尺图，则属于面状地物，需测绘外轮廓线，并在几何中心加注相应符号。河沟、水渠、城市排水沟、各类管线埋设沟等，在地形图上的宽度小于 1mm 时，可用单线表示；大于 1mm 时绘制双线。建（构）筑物轮廓凸凹部分在地形图上大于 0.5mm，或 1∶500 比例尺图上大于 1mm 时，则需测绘，反之可以忽略凸凹部位进行直线连接。

9.2.3 地貌测绘

1）地貌特征点选择

描述地面高低起伏的地貌特征点包括：山顶、凹地、鞍部与谷底，山脊线、山谷线、山脚线以及坡地等处的坡向或坡度变换点，陡坎、斜坡上下边缘线的转折点等。为了更加真实地反映地貌形态，地貌特征点应满足表 9-3 中的碎部点最大间距的密度要求。陡坎、斜坡处应标注高程与比高。

图 9-6 中上半部分为具有山头、鞍部、山脊、山谷、山脚等的山地，竖立的短线为立尺的地貌特征点位置。图 9-6 中下半部分为实测地貌特征点在地形图上的平面位置与高程；虚线代表山脊线或山谷线，其中纵向中间的虚线为山谷线，其余均为山脊线。

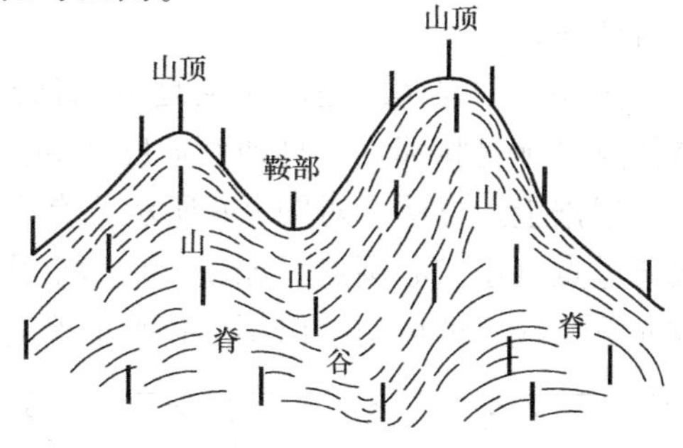

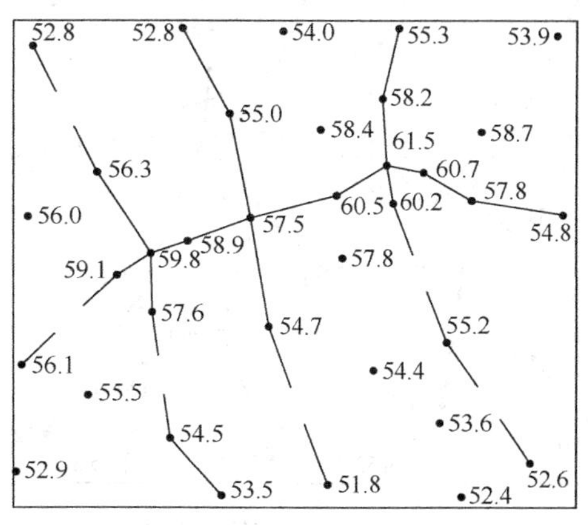

图 9-6 地貌特征点

2）等高线绘制

测定的地貌特征点是坡向、坡度变换点，其高程值一般不是等高距的整数倍，而等高线的高程是等高距的整倍数，因此，绘制等高线之前，需要根据相邻地貌特征点（同一坡度线段的两个端点）的高程值，内插出等高线通过点，然后连接同高程等高线通过点形成等高线。

内插等高线通过点的原理如图 9-7，A、B 两点为地貌特征点，高程分别为 55.2m 和 60.2m，两点之间的地面坡度

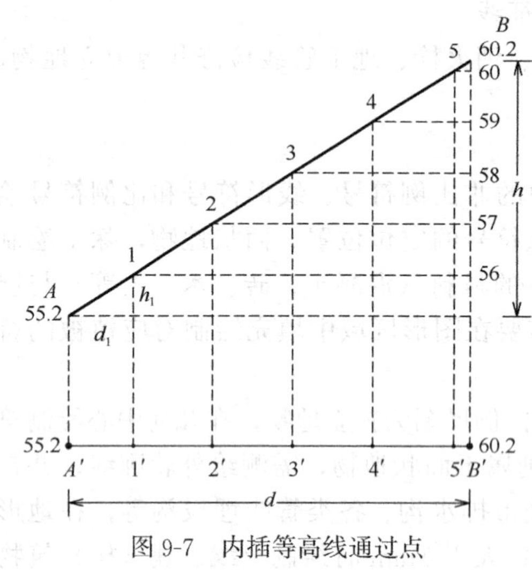

图 9-7　内插等高线通过点

相同，实测出它们在地形图上的位置分别为 A'、B'。若等高距为 1m，则在两点之间有 56、57、58、59m 和 60m 五根等高线，它们在实地上的通过点分别为 1、2、3、4 和 5，需要求出它们在地形图上的通过点为 1′、2′、3′、4′和 5′。

设 A、B 两点实地高差为 h，在地形图上的投影长度为 d，第 i（$i=1$，2，3，4，5）根等高线与 A 点的高差为 h_i，在地形图的通过点 i'（$i=1'$，2′，3′，4′和 5′）与 A'点之间的图上距离为 d_i，根据同坡度时平距与高差成比例的几何关系，有

$$d_i=\frac{d}{h}h_i \tag{9-2}$$

根据计算出 d_i，即可确定出 $A'B'$连线上各等高线通过点 i'，这种通过公式计算内插等高线通过点的方法称为解析法，是一种精确方法。

由于解析法计算工作量较大，实际勾绘等高线时，一般以解析法为理论基础，采用目估方法，先定出图 9-7 中靠近两特征点 A'、B'的 56m 与 60m 等高线通过点 1′、5′，然后再在这两点间等分内插出其他等高线通过点 2′、3′和 4′，这种方法称为目估法。

需要特别强调的是，无论是解析法还是目估法，进行内插所依据的两个地貌特征点必须是相邻点，且地面坡度相同。

根据上述方法，对图 9-6 所示具有平面位置和高程的地形点进行内插，其等高线通过点（小实心圆点）如图 9-8。将图 9-8 中高程相同且相邻的等高线通过点连成光滑曲线，即可勾绘出图 9-9 所示等高线图。

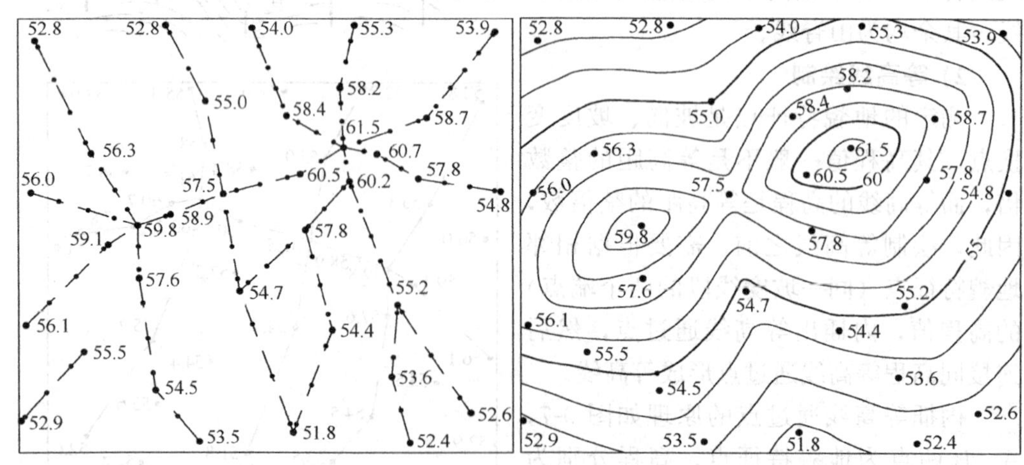

图 9-8　内插等高线通过点　　　　图 9-9　勾绘等高线

实际测绘地形图时，应该边观测，边对照实地地形及其地貌走向勾绘等高线。当山脊线、山谷线等地貌特征线上的地貌点密度不够时，应根据细部变化在山坡上的适当位置测绘足够密度的地貌特征点，以确保能准确描绘地貌形态。

等高线内插、勾绘完成后，将计曲线加粗，并标注高程。将各种不需要的辅助点、线擦除干净。对过于密集的高程点进行必要取舍，使地形图清晰、美观。

9.3 大平板仪测图与野外数字测图

在9.1节中通过经纬仪测图详细介绍了地形测图的完整过程，实际测图方法很多，传统的测图方法主要是大平板测图，而现代最常用的是野外数字测图。无论是经纬仪测图，还是大平板仪测图、野外数字测图，它们之间的主要区别是设备上的差异，其共同点都是观测水平角（或方向）、水平距离和高差（计算高程），按照极坐标法确定地形点在图上的位置。

9.3.1 大平板仪测图

1）大平板仪的构造

常规大平板仪由照准仪、平板部分和若干附件组成。

（1）照准仪

光学照准仪的基本构造如图9-10，主要部件有望远镜、竖盘系统（包括竖盘、竖盘读数显微镜、竖盘读数指标、指标水准管和指标水准管微动螺旋等）、圆水准器、平行尺以及与经纬仪功能相同的望远镜制动和微动螺旋、准星、照门等。

照准仪的作用相当于经纬仪的照准部，用于获取测站点至地形点的水平方向、视距和高差。当望远镜照准水准尺且平行尺边缘紧靠图纸上的测站点（图纸上的A）时，由平行于望远镜视准轴的平行尺边缘直线方向图解获得水平方向（不同于经纬仪的水平度盘读数），视距和高差的获取方法与经纬仪视距测量相同。

（2）平板部分

平板部分包括图板、基座和脚架。图板通过三个连接螺杆与基座连接，基座由中心连接螺旋与脚架连接。图板一般为60cm×60cm，厚3cm左右的正方形木质绘图板，地形图纸粘贴在图板上。

基座上有三个脚螺旋，与水准仪、经纬仪基座上的脚螺旋功能相同，用于整平图板。另有水平制动螺旋和微动螺旋，用于精确调整图板方向。

脚架用于支撑平板。

（3）附件

主要附件包括罗盘仪、对点器和绘图工具等。

长方形罗盘仪具是自由静止时指向南、北方向的磁针，用于确定图板的磁南、北方向。

对点器结构如图9-11，由金属叉架、垂球和铅垂线组成，用于控制图纸上的测站点A与实地同名控制点A位于同一铅垂线上。

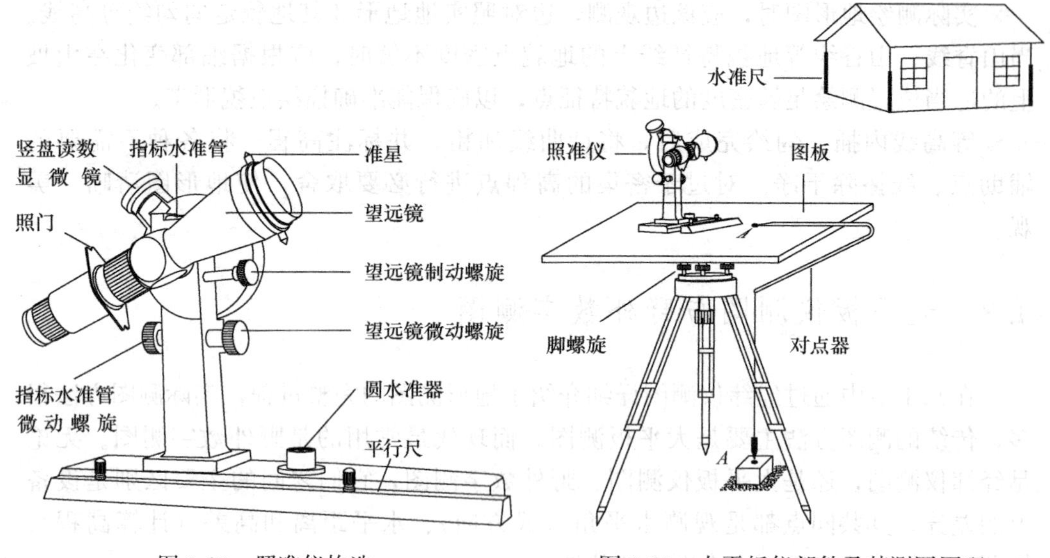

图 9-10 照准仪构造　　图 9-11 大平板仪部件及其测图原理

2）一个测站上的工作

大平板测图中一个测站上工作，见图 9-11。

在一个测站上安置图板的过程包括：粗定向、对中、整平与精确定向等步骤。

（1）粗定向

旋转大平板，用目视或照准仪的望远镜，使图纸上的测站点至定向点的连线（简称定向边）方向与实地方向大体一致。

（2）对中

将对点器金属架上部端点（缺口）对准图上测站点，移动图板使对点器金属架下部端点处悬挂的垂球尖对准地面测站点。对中误差一般应控制在 0.05mm×M（M 为比例尺分母）。

（3）整平

将圆水准器置于图板中央，利用基座上的脚螺旋，按水准仪等的整平方法整平图板。在照准仪上配置有水准管时，则在相互垂直的方向上整平图板。

（4）精确定向

将照准仪平行尺边靠紧图纸上的定向边，松开基座上的水平制动螺旋，旋转图板使照准仪望远镜瞄准实地定向点。拧紧水平制动螺旋，利用水平微动螺旋使望远镜视准轴（十字丝竖丝）精确照准实地定向点。

使照准仪平行尺边靠紧图纸上测站点，转动照准仪精确照准另一实地控制点进行定向检查，图上检查点至检查边（平行尺）的垂直距离（检查边方向偏差）应不大于 0.2mm。

（5）量取仪器高度

量取地面点至图板下侧面的高度，加上图板厚度和照准仪高度，求出仪器高度 i。根据测站高程 $H_{站}$，计算（水平）视线高程 $H_{视}$。

3）观测与绘图

经纬仪测图与大平板测图的最大区别是，前者观测使用经纬仪，绘图在单独的图板上进行，后者观测与绘图均在大平板上进行，但两种方法在一个测站上测图过程基本相同。大平板仪测图包括观测、计算、刺点等。

（1）观测

将照准仪放置在图上靠近测站点的左侧，不遮盖且离测站的距离不超过平行尺移动的范围。移动、转动照准仪，使望远镜瞄准地形点（图 9-11 中房角点）上的水准尺，读取视距 kl，调指标水准管气泡居中，读取中丝读数 v 和竖直角 α。

（2）计算

按 9.1.2 节中的碎部测量公式（4-21）、（4-25）和（9-1）计算测站至地形点的水平距离 D 和地形点的高程 H。

（3）刺点

保持照准仪主体不动，推动照准仪的平行尺滑动，使平行尺外侧边缘紧靠测站点。用卡规按测图比例尺确定对应于实地水平距离 D 的图上长度，使卡规的一枝脚位于测站点处，另一枝脚在平行尺边缘确定出地形点的图上平面位置，并在该点处适当位置标注出高程 H。

同法测定其他地形点。地形图测绘的其他内容，与经纬仪测图相同，参见 9.1 节。

9.3.2 野外数字测图

前面介绍的经纬仪测图（经纬仪与绘图板结合）和大平板测图等方法，都属于传统测图方法，俗称白纸测图，获取的是模拟图形数据的纸质地形图，在精度、储存、使用等各个方面都已不能适应现代实际工作与人们日常生活需要。随着卫星定位技术、航空航天对地遥感观测技术、软件技术的发展，全站仪、便携式计算机、掌上小型电脑等产品的问世与使用，以计算机方式表达的数字地形图，已广泛应用，并主导着地形图的生产与应用市场。

此处介绍的野外数字测图，主要指通过野外数据采集设备，实地现场采集数据，在野外或野外与室内结合，以计算机图形方式产生地形图的测图方法。

1）野外数字测图设备与软件

（1）野外数字测图设备

目前，野外实地采集数据的设备主要有全站仪和 GPS 接收机两种，也可使用经纬仪等。

①全站仪

使用全站仪时，一般需配置反射棱镜。可以直接测定测站点至地形点的水平角、水平距离和高程，或利用全站仪的内置软件直接测定并计算地形点的坐标。通过通信电缆，可将地形点坐标现场实时传输到便携电脑中，或事后传输到台式计算机中。全站仪测图如图 9-12。

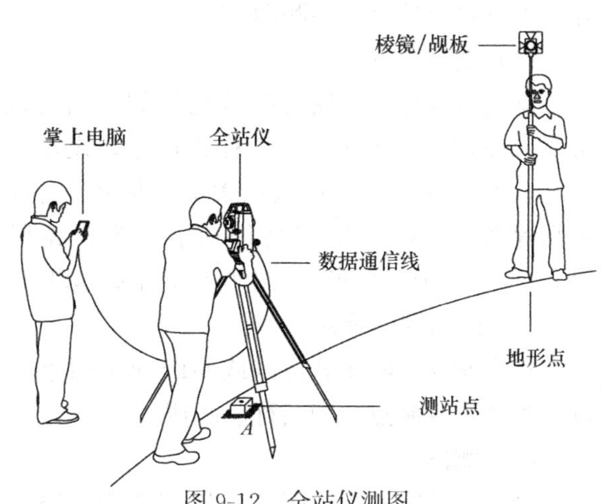

图 9-12 全站仪测图

全站仪可以观测开阔地区、城市建筑高耸密集地区乃至地下设施等视线能够观察到的任何位置的目标。

②GPS接收机

使用GPS接收机，采用RTK（实时动态）测量模式，在设置好基准站后，利用流动站，可实时测定地形点的空间坐标。通过GPS接收机的观测手簿自动记录地形点坐标后，可经通信电缆传输到电脑中。GPS测图设备及其连接关系、基准站安置、流动站工作形式等，见图7-17。

GPS RTK模式进行地形测量时，具有快速、便捷，不受视线障碍限制等优点，但只适合于GPS接收机上空开阔地区，不适合于大树下、建（构）筑物旁，不能在地下、室内、隧道等位置进行GPS测量。

③经纬仪

在没有全站仪、GPS接收机的情况下，也可用经纬仪配置水准尺进行视距测量，然后将观测数据通过手工方式输入计算机。

（2）野外数字测图软件

由全站仪、GPS接收机等观测得到的角度、距离、高程或坐标传输到计算机中后，需要利用数字测绘软件进行数据处理与地形图绘制。目前，常用的具有代表意义的国内研发的专业野外数字测图软件，有清华山维的EPSW、南方测绘的CASS、武汉瑞得的RDMS等。另外，一些专业GIS软件，如MAPGIS等也自带有前端野外数据采集的数字测图软件或模块。

各种野外测图软件的研发基础平台，有的使用C语言等从底层进行研发，如清华山维的EPSW等，有的则直接在Auto CAD环境下开发，如南方测绘的CASS。尽管各软件的研发基础平台、应用界面与功能存在差异与不同，但所测绘、输出的地形图的文字、符号、图形等，都遵循国家标准的《地形图图式》。

在Auto CAD环境下开发的软件，可直接被Auto CAD调入调出；在C语言等环境下开发的软件，一般与Auto CAD有转换接口。

2）野外数字测图过程

GPS数字测图主要包括基准站安置、已知数据录入、平面与高程点校正和流动站测图等过程，参见7.5.3。全站仪数字测图过程与GPS基本相同，但存在差异。以下是全站仪数字测图主要过程。

（1）基本设置

首先需设置全站仪与电脑之间的通信协议、波特率等。野外数字测图前，通常要求在软件中建立一个工程或任务，设定地形图比例尺、平面坐标系统（1954年北京坐标系、1980年国家大地坐标系、地方坐标系等）、高程系统（1956年黄海高程系、1985年国家高程基准、地方高程基准等）、等高距、图幅分幅方式（如：标准矩形、梯形）、图幅大小等基本设置。

（2）已知数据录入

在全站仪、测图软件（或GPS观测手簿）中，录入测图控制点（包括高级控制点和图根控制点）的名称、编码、平面坐标、高程等数据。

（3）测图

全站仪数字测图的仪器安置（对中、整平、量取仪器高度、定向、配置度盘读数为零，照准检查点检测等）、地形点观测等与经纬仪测图相同，但全站仪数字测图主要有以下不同：

①测站至地形点的距离由全站仪利用电磁波测定，可测定较远目标。

②地形点上的目标高度为棱镜的高度。一般选固定值，发生变化时，应在软件程序中对相应地形点的棱镜高度进行更改。

③最主要的差别是地形图由电脑及其测图软件绘制。测站点和定向点都只需选择录入时的点名即可，各地形点的观测数据，可直接通过通信电缆传输，也可手工输入。

3）野外数字测图方法

（1）直接成图法

全站仪通过通信电缆在野外与安装有测图软件的便携电脑（笔记本电脑、掌上电脑等）连接，观测数据直接传入电脑，边观测，边绘图的测图方法，称为直接成图法。

这种方法在现场成图，可及时检查错误，并能根据实际地形随即绘制，可确保图形的真实性、准确性，是目前最常用的方法。

（2）绘制草图法

由全站仪或GPS现场观测、存储地形点的编号、数据，由手工绘制地形点之间关系的草图，事后在室内利用测图软件在计算机上绘图的方法，称为绘制草图法。

这种方法将野外电脑绘图改为手工绘制草图，可缩短外业时间，但对室内绘图时发现的问题难于准确作出判断。

4）数字地形图绘制

由计算机测图软件绘制数字地形图与手工绘制纸质地形图的原理基本相同，都是以野外采集的地形点数据为依据，按照国家《地形图图式》标准规定的符号、字体、尺寸进行绘制。

测图软件通过定制的模板和符号库进行绘图，替代了烦琐的、重复的手工绘制过程，可快速制作精确、精美的计算机数字图形。

不同的是，手工方法绘制等高线时，可在观测必要地貌特征点后，由测绘人员

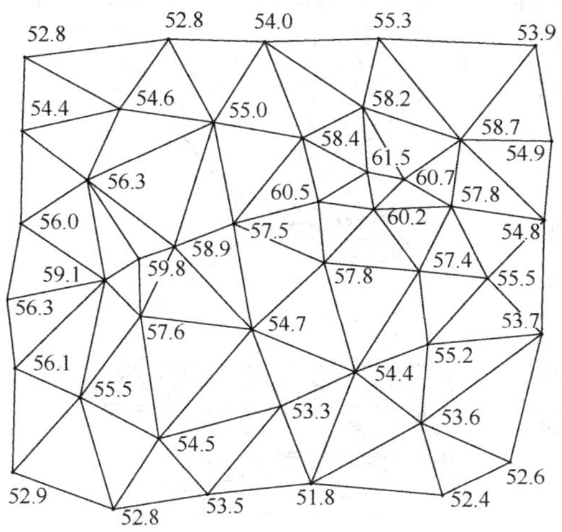

图9-13　不规则三角网（TIN）

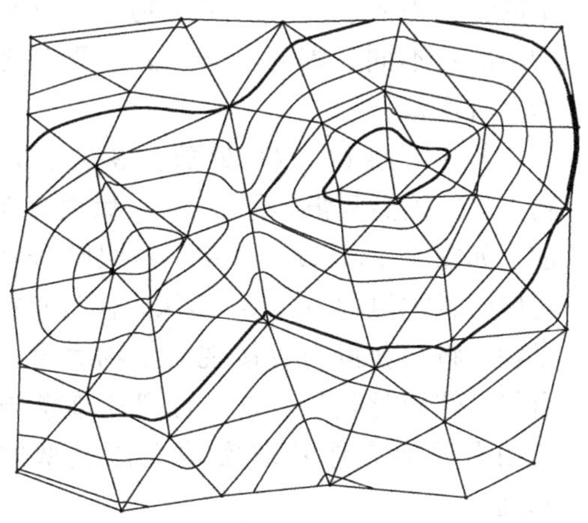

图9-14　根据TIN内插的等高线

员采用目估法内插等高线通过点后进行绘制。测图软件绘制等高线时，除测定必要地貌特征点外，还须按相邻点间距满足指定阈值要求加密地貌点，以便构成不规则三角网（TIN：Triangulated Irregular Network）内插等高线通过点后进行绘制。图 9-13 是在图 9-6 中加密测定若干地貌点后由测图软件生成的不规则三角网，图 9-14 中的等高线则是测图软件根据 TIN 中各三角边两端高程内插等高线通过点后绘制而成，且与图 9-9 中的等高线图形形状基本相同。

9.4 航空摄影测量成图

航空摄影测量(以下简称航测)成图是利用飞机上安装的照相机，在空中不同位置对同一地面进行拍摄，再通过野外现场调绘和室内立体量测获得地形图的一种方法。

我国 1∶50000、1∶10000 比例尺地形图，已基本采用航测成图方式完成。这两种比例尺地形图，也是城市总体规划、道路选线等的常用地形图。1∶5000、1∶2000、1∶1000等比例尺地形图，亦可采用航测成图。与 GPS 空中定位、雷达测高等技术结合的全数字航测成图法，对于大区域的大比例尺地形图测绘与更新，具有快速、成本低等优势。

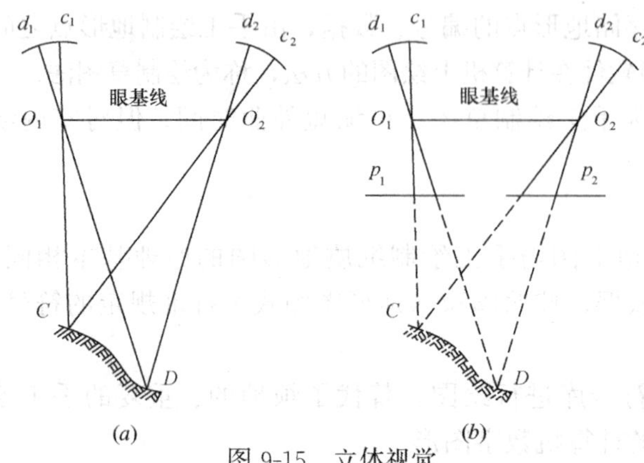

图 9-15 立体视觉

随着卫星对地观测技术的发展，目前，已有法国的 STOP 5、美国的 IKONOS 和 Quick Bird 等卫星可以提供立体影像。卫星遥感测图方式已得到应用。

9.4.1 航测成图原理

1）立体视觉

如图 9-15（a），人用眼睛观察自然界的景物 C、D 时，将在人的左、右眼睛视网膜上各产生两个影像，在左眼中的影像为 c_1、d_1，右眼中的影像为 c_2、d_2，由于景物深度（至眼睛的距离）不同，则 $c_1d_1 \neq c_2d_2$，两者之差称为左右视差。

若在人眼 O_1、O_2 处放置摄影机，对景物 C、D 拍摄两张影像 p_1、p_2 后放置在两眼前，如图 9-15（b）。由左、右眼睛分别观察对应位置拍摄的 p_1、p_2 影像，代替直接观察景物，将会获得与直接观察景物完全一样的自然立体视觉效果，这一原理是航测方法通过拍摄地面影像获取实地立体模型的理论基础。

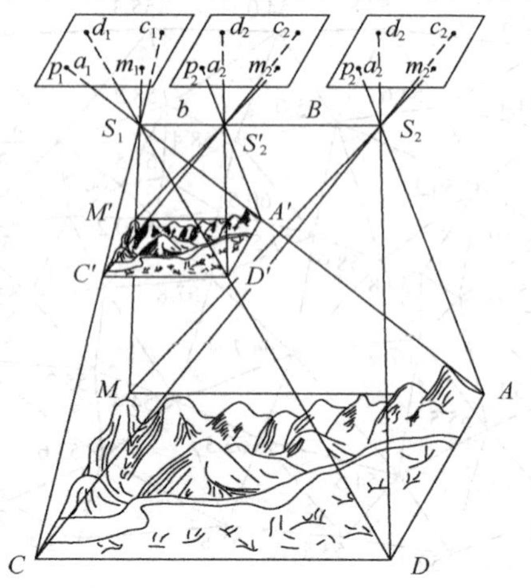

图 9-16 模拟法测图原理

2）航测成图原理

如图 9-16，S_1、S_2 为摄影机位置，p_1、p_2 为影像平面位置，长度 $B=S_1S_2$，称为摄影基线。地面 $AMCD$ 区域高度不同的任意一点发出的光线，经摄影基线两端的摄影机镜头后，分别成像到 S_1、S_2 对应的两个影像平面 p_1、p_2（称为像对）上。地面点在 p_1、p_2 像对上的两个影像点，称为同名像点；同名像点至地面点的连线，称为同名光线，同名光线交于地面点。如 A 点在 p_1、p_2 上的影像点 a_1 与 a_2 为同名像点，Aa_1 与 Aa_2 为同名光线，并交于 A 点。

完成拍摄后，根据摄影过程的可逆性，设想将像对 p_1、p_2 放置在两个投影机箱内，并保持投影机的位置、姿态与摄影机拍摄时相同，移去实际地面，则两投影机光束中所有同名光线将恢复相交于原来的地面点。所有同名光束交点的集合，将构成与实际地表形态完全相同的光学立体地面模型，这一过程称为摄影过程的几何反转。为了进行室内立体量测，可将影像平面 p_2 及其投影机保持其相对位置、姿态不变，由 S_2 处整体平移至 S'_2 位置，此时，摄影基线为 $b=S_1S'_2$。由此可得到一个与实地立体模型相似的、缩小的光学立体模型，如图中的 $A'M'C'D'$ 区域的立体影像图形。

在室内构建的光学立体地面模型中，可用一个具有测标（光标）的测绘平台，通过对测绘平台的水平移动和高度升降，使测标与光学立体模型的地面相切，记录测标的平面坐标和高程，实现对地面模型的立体量测。

9.4.2 航测成图过程

航测成图的过程，概括起来包括航空摄影、外业控制测量与调绘、内业定向与量测等主要过程，以下仅作简要介绍。

1）航空摄影

航空摄影的基本过程是，将航测摄影机安装在飞机底部，当飞机按照一定的技术要求在待摄区域飞行时，由摄影机按事前确定的摄影时间间隔垂直对地面进行摄影，获取具有地面影像的底片，经显影、定影等摄影处理后得到航摄相片，或由数码摄像机直接获取数码影像。

为了能在室内建立光学立体地面模型，相邻航摄相片之间必须有一定的重叠。同一飞行航线方向上的重叠，称为航向重叠，航向重叠度一般应大于 60%，主要用于构建立体模型；相邻飞行航线之间的重叠，称为旁向重叠，一般应大于 20%，主要用于图形接边。

2）航摄相片与数码影像

光学航测摄影机是一种为航测而专门设计的大幅面摄影机，使用感光胶片，其幅面一般为 230mm×230mm。随着数码技术与全数字摄影测量技术的发展与广泛应用，大幅面的数码航空摄影机正在逐步替代光学航测摄影机。

3）航测外业

（1）控制测量

仅根据航摄相片（影像）在室内恢复、重建的光学立体模型，其在大地坐标系统中的绝对位置、姿态、大小等都不能固定，一般需要通过地面已知实地大地坐标与高程的控制点进行固定和对航测相片的各种误差进行纠正。

航测外业的控制测量，可用第七章介绍的方法，在航测区域内，按航测相片（影像）定位所要求的位置和点数（与测图精度、成图方法等有关）进行实地控制测量，获取控制点的平面坐标与高程。测量控制点的系统，可以是国家统一系统，也可以是地方独立系统。

（2）影像判读与调绘

航测相片（影像）真实地记录了实地表面上各种地形要素，对影像所显示的实体类别作出判定、识读与标注，称为判读。如根据经验，依据影像的形状、大小、色彩、阴影以及与周边影像实体的关系等，可以在室内相片（影像）直接判读建筑、道路、河流、湖泊、植被区域等，有些难以识别的影像，则需要到野外实地查看后进行标注。

影像所显示的实体另一部分属性，如地物的名称、道路的路面材料、植被的种类、行政区划的边界等，不能完全依据景观本身直接判别出来，需要到野外现场观察、调查；有些自然或人工要素，因为分辨率的限制不能在相片（影像）中显示出来，如通信、电力线等线状地物，消火栓、管线检修井等点状物体，需要到野外实地测绘；还有一些区域的相片（影像）在拍摄后发生了变化，也需要到现场进行测绘、修改，这些工作属于调绘。

4）航测内业

航测内业的主要任务是根据单独像对或连续像对构建立体模型后进行立体量测，获得按一定比例绘制的地形图。亦可根据单张照片经过一些技术处理后制作平面影像图。

航测立体测图方法，有传统的重建地面立体模型后进行的模拟测图（已很少使用）、利用精密立体量测仪进行的解析测图和目前以及今后利用计算机硬件与软件进行的全数字摄影测图。航测内业利用立体模型成图过程包括相对定向、绝对定向和空间前方交会量测等。

利用立体像对内在的几何关系（不需要地面控制点），确定单独立体像对的两张影像，或连续立体像的多张影像之间的相对位置，称为相对定向，用于建立地面相对立体模型。一般过程为：先固定像对中的左影像，建立三维坐标系统，再将像对的右影像经过平移与旋转，构建一个与实地相似的相对立体模型。依次均以左影像为基准，对右影像实施平移与旋转，构建与实地相似的连续的航带或区域相对立体模型。

相对定向所建立的立体模型，其坐标原点、坐标轴方向和大小都是任意的，立体模型的坐标系与实际使用的大地坐标不一致。利用实地测量控制点与相对立体模型中同名点的几何关系，对相对定位所得到的立体模型进行平移、旋转和缩放，确定立体模型在大地坐标系中的绝对位置，称为绝对定向。

由像对中的同名点确定地面点的坐标，称为空间前方交会。在绝对定位后的立体模型中，由照准影像上的同名点，便可测得该点的空间坐标，实现立体量测。对于空间前方交会，在模拟测图仪上，由作业员控制仪器的光学、机械装置实现；在解析测图仪上，由作业员控制计算机解析计算完成；在全数字摄影测图中，则完全由计算机自动进行立体观察来实现。

思 考 题 与 习 题

1. 现场实地测绘的大比例尺地形图一般指的是哪几种比例尺？

2. 如何检查图纸方格网的绘制精度？如何检查控制点的展绘错误与精度？

3. 简述经纬仪测图法的原理和一个测站上的主要工作。

4. 碎部点的选择应该遵循什么原则？测绘一栋标准的矩形房屋，应该选几个碎部点最合适？

5. 地物、地貌中，哪些点是特征点？

6. 简述内插等高线通过点和勾绘等高线的原理与过程。当山顶至山脚之间的坡度不是均匀的时候，能直接在山顶特征点与山脚特征点之间进行等高线通过点的内插吗？为什么？

7. 地形图的传统测绘方法和现代测绘方法各自主要采用什么设备？各有何特征？

8. 航空摄影测量成图主要生产哪些比例尺的地形图？简述航空摄影测量成图的原理与过程。

9. 根据图 9-17 所示的地形点位置与高程，按 1m 等高距绘制等高线。

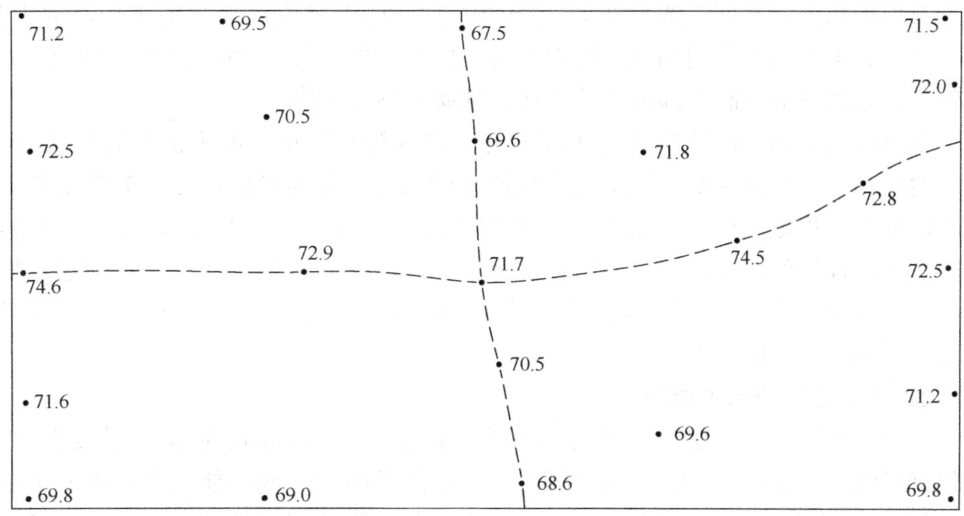

图 9-17　勾绘等高线

第 10 章　测设的基本工作

10.1　测设工作概述

10.1.1　测设工作概念

1）测设工作概念

地面点的实地位置、地物的形状、地貌的形态已经在地理空间存在时，通过测量获取地面点的空间位置数据，或测绘地物、地貌对应地形图的工作，称为测定。例如，第 7 章中介绍的测量控制点的坐标与高程，第 9 章中介绍的将地面各种地物、地貌的图形绘制成地形图等工作，都属于测定工作。

根据图上规划、设计的各种布局和各类建（构）筑物等的平面位置与高程数据，通过计算和实地测量，标定其实地位置的工作，称为测设，亦称为施工放样。工程勘测与工程施工中，一般都需要进行测设。例如，规划的城市路网、交通与运输系统，设计的通信、输电、给排水等管线，设计的工业企业和民用的建筑物、构筑物及其附属设施等，都具有图上规划布局和详细的空间位置设计数据，可以通过测设标定对应的实地位置。

2）测设工作的基本原则

测设工作遵循与测定工作的相同原则。布局上"由整体到局部"，精度上"由高级到低级"，次序上"先控制后碎部"。定位测设的错误或不能达到要求的精度，将会导致工程建设的重大经济损失。因此，在工程建设质量上，需要特别强调"步步有检核"的原则。

10.1.2　测设工作过程

测设工作使用的仪器和方法与测定工作基本相同，利用水准仪、经纬仪、测距仪、钢尺、全站仪、GPS 接收机等测量仪器与工具，观测点与点之间的高差、水平角和水平距离等基本观测要素。测设工作与测定工作存在差异，后者以实地点为基础测定点的空间位置数据或图形，前者则以图上设计数据为基础测设对应实地位置。测设工作的主要过程与步骤如下：

1）控制测量

工程勘察与施工中，必须进行控制测量，建立勘察或施工控制网点，用于获取测设时的基础控制点，保障整个工程按技术要求进行设计与施工。测设中的控制测量原理与前面测定中介绍的小地区控制测量原理基本相同，但控制网点的布设图形、施测方法和精度要求等，需根据具体工程确定。如施工控制网的图形，道路工程、交通工程、给排水工程、通信电力线路工程等常采用导线，桥梁工程常采用大地四边形，而区域建筑工程则多采用直角坐标格网图形。

2）计算测设元素

在工程勘察阶段，经初步设计可确定建设工程的大致位置与布设方案；在完成详细设计后的施工阶段，各建（构）筑物的具体位置已经精确确定。根据初步设计或详细设计的位置数据，并以前期控制测量所测定的测量控制点为依据，计算测量控制点与测设点之间的高差、水平角和水平距离等测设元素，作好现场测设和检核的数据准备。

3）实地测设与检核

在工程建设现场，以实地测量控制点作为测站，根据前面计算的测设与检核元素，逐一完成建（构）筑物各点的测设。

在测设的过程中，必须设法利用不同的方法进行检核。

10.1.3 测设工作特点与注意事项

工程建设不是新建工程就是改造原有工程，其原有地形将被改变。测设的工程现场，施工机械与人员十分复杂。施工过程中的测量控制点，是测设工作所依据的点。测量控制点必须布设在不易遭到破坏，但要便于利用的地方。控制点埋设地点，通常需要注意土石方填挖、人车来往、建筑材料的堆放与加工、地面的滑坡、震动和沉降等多种因素的影响。

测设工作的总体原则包括精度上由高级到低级，如，桥梁、隧道、道路等工程建设。在另一些情况下，碎部点位的精度可能高于整体控制测量的精度，如，建筑工程中房屋内部轴线之间的间距精度一般高于房屋之间的间距精度，给排水管道敷设时管道衔接精度将高于整体线路的定位精度。因此，需根据具体工程建设的精度要求，确定不同情况的精度方案，保障工程的施工质量。

测设工作是工程施工按进度与质量要求进行的重要保证。测设工作必须在规定的工序时间内完成测设与检核，确保不要因为测设的错误造成返工，不要因为工作速度影响工程进度。因此，要求在测设之前应认真阅读与理解图纸设计要求，完成各测设数据的准备与测设元素的计算。

10.2 测设的基本工作

测设的要素和基本工作与测定基本相同，包括水平角测设、水平距离测设和高程测设。其中，水平角测设和水平距离测设用于测设点的平面位置，高程测设用于测设点的高程位置与坡度等。

10.2.1 水平角测设

以实地一点为顶点，并以包含顶点的一个已知水平方向为基准，按指定的角度测设实地另一个水平方向的工作，属于水平角测设。根据测设精度不同，分为一般方法与精密方法。

1）一般方法

如图 10-1，设 O 点和 OA 方向为实地已知点（实心方框）与已知方向（双线），需测设给定水平角 β 对应水平方向 OB_0，即测设点 B_0（空心圆，图形符号下同）。测设步骤如下：

（1）在 O 点安置经纬仪，盘左照准已知方向 OA，配置水平度盘读数为 $0°00'00''$，旋转经纬仪照准部使水平度盘读数等于给定水平角 β，在视准轴方向的实地上标定出 B' 点。

（2）盘右测设，方法与盘左相同，照准已知方向 OA，配置水平度盘读数为 $0°00'00''$，旋转经纬仪照准部使水平度盘读数等于给定水平角 β，在视准轴方向的实地上标定出 B'' 点。

（3）如果 B' 与 B'' 重合时，取重合点为 B_0；由于存在测设误差，B' 与 B'' 一般不重合，此时，取两点连线的中点位置为 B_0。

2）精密方法

当测设水平角 β 的精度要求较高时，可按上述盘左、盘右测设一个测回的一般方法，定出 B_0 点。在此基础上，对 $\angle AOB_0$ 观测若干测回，取各测回的平均值得水平角 β_0，如图 10-2。则实地测设水平角 β_0 与要求测设的水平角 β 之差为 $\Delta\beta=\beta_0-\beta$。对 $\Delta\beta$ 的校正，按下述垂线支距法进行。

（1）实地量取 OB_0 长度，计算垂线支距长度 B_0B

$$B_0B=OB_0\times\tan\Delta\beta \tag{10-1}$$

（2）过实地点 B_0 作方向线 OB_0 的垂线，用钢尺从点 B_0 开始，沿垂线向内侧（$\Delta\beta>0$）或外侧（$\Delta\beta<0$）量支距长度 B_0B 得 B 点；

（3）观测 $\angle AOB$ 若干测回取平均值，其平均值与 β 之差应小于容许限差。

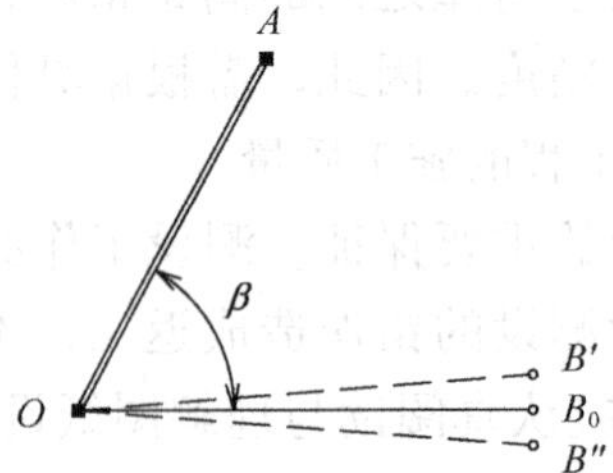

图 10-1　水平角测设一般方法

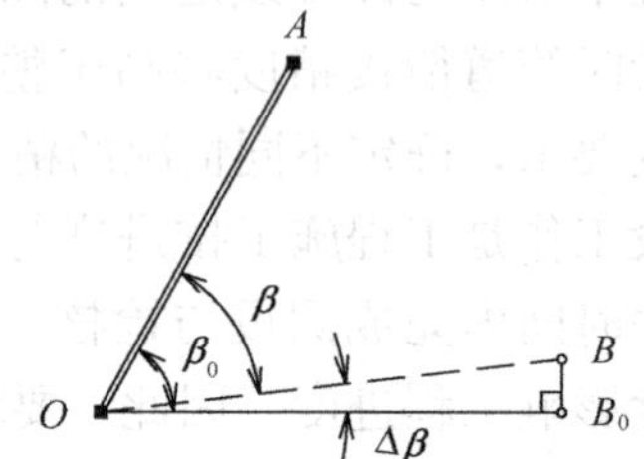

图 10-2　水平角测设精密方法

10.2.2　水平距离测设

以实地一点为起点，沿一个已知方向，测设出直线上另一点，使得两点间的水平距离为给定值的工作，属于水平距离测设。工程建设中的距离测设通常在平整为水平面的场地进行，因此一般为水平距离测设。对于具有特定要求的倾斜距离测设，可在平整为指定坡度的倾斜地面直接测设倾斜距离，亦可间接测设对应水平距离和高程。

水平距离测设方法，根据测设精度和用于测设的设备与工具不同，分为使用钢尺量距的一般方法、精密方法和使用全站仪等的光电测距法。

1）一般方法

如图 10-3，由测设起点 A 开始，沿指定或由水平角测设确定的直线（箭头）方向，用钢尺测设指定水平距离 D 后在实地上标定出 B' 点。用同样方法重复一次标定出 B'' 点。B' 与 B'' 两点之间的距离与测设距离 D 的相对误差小于容许误差时，取两点中间位置为测设点 B 的位置。

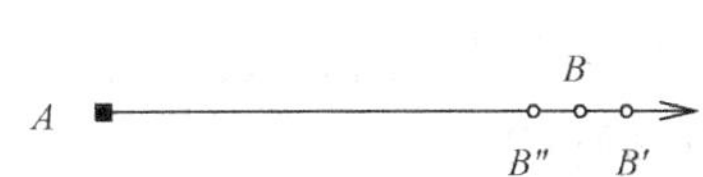

图 10-3 水平距离测设一般方法

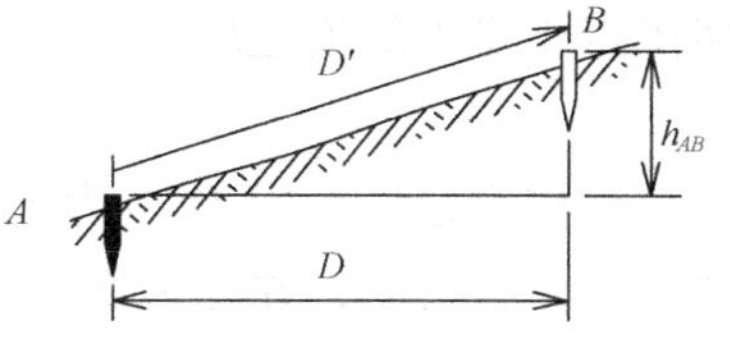

图 10-4 水平距离测设精密方法

2）精密方法

用钢尺测设水平距离的精密方法与一般方法的原理基本相同，如图 10-4，即从起点沿指定方向进行两次测设后取两点中间位置。不同的是精密方法需要在实地测设前，对测设距离进行钢尺的尺长、温度和倾斜三项改正。改正数的计算，分别采用 4.1.3 节中的（4-7)、(4-8）和（4-9）三个公式，但符号相反。

【例 10-1】 欲测设直线 AB 的水平长度为 $D=56\text{m}$，A 至 B 的地面坡度为 $+2\%$，所用钢尺的尺长方程为：

$$l=30-0.004+1.25\times10^{-5}\times30\times(t-20℃)\ (\text{m})$$

当采用钢尺鉴定时的相同拉力，温度为 28°C 时，求用此钢尺测设的实地长度 D'。

【解】 根据距离与坡度，其 A 至 B 的地面高差为

$$h_{AB}=56\times(+2\%)=+1.120\text{m}$$

尺长改正数，由(4-7)式计算

$$\Delta D_{\Delta l}=\frac{\Delta l}{l_0}D=\frac{-0.004}{30}\times56.000=-0.007\quad(\text{m})$$

温度改正数，由(4-8)式计算

$$\Delta D_t=\alpha\times D\times D(t-t_0)=1.25\times10^{-5}\times56.000\times(28-20)=0.006(\text{m})$$

倾斜改正数，将(4-9)式中已知倾斜距离改为已知水平距离后计算

$$\Delta D_h=D-\sqrt{D^2+h^2}=56.000-\sqrt{56.000^2+1.120^2}=-0.011(\text{m})$$

因此，测设时需在具有+2%坡度的倾斜地面上量取的距离值为：

$$\begin{aligned}D'&=D-\Delta D_{\Delta l}-\Delta D_t-\Delta D_h\\&=56.000-(-0.007)-0.006-(-0.011)=56.012(\text{m})\end{aligned}$$

3）光电测距法

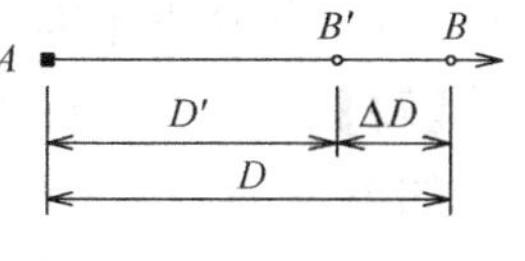

图 10-5 水平距离测设光电测距法

利用全站仪等光电测距的仪器进行距离测设，在长距离和精密距离测设中已经普遍应用。如图 10-5，利用可跟踪式测距仪进行距离测设的主要步骤如下：

（1）跟踪测量　由一测量员在 A 点安置全站仪，照准测设（图中箭头）方向，指挥另一持移动反射棱镜的测量员，由 A 点沿测设方向由近到远行进，并实时进行跟踪距离测量，至跟踪测量的距离值接近测设距离值时，在对应地面标定出初测设点 B'。

（2）距离定测　在 B'点固定安置棱镜，由 A 点测距仪精确测定 A 至 B'点间的精确距离 D'。

（3）计算距离修正值　由于跟踪测量的棱镜处于移动状态，且跟踪所测距离的精度较低，因此，跟踪初定点 B'与起点 A 之间精确测定的距离 D'与应测设距离

D 存在需要修正的值 ΔD。

$$\Delta D = D' - D \tag{10-2}$$

（4）精确定位　以 B' 点为起点，根据 ΔD 的正负符号，向 A 或背向 A，用钢尺测设 ΔD 的长度，并在地面标定出测设点 B 的精确位置。

10.2.3　高程测设

以实地一已知高程点为起点，测设另一具有设计高程的点在实地铅垂线方向上具体位置的工作，属于高程测设。线路起点、场地平整、建筑物±0 位置等高度位置的确定，均需进行高程测设。

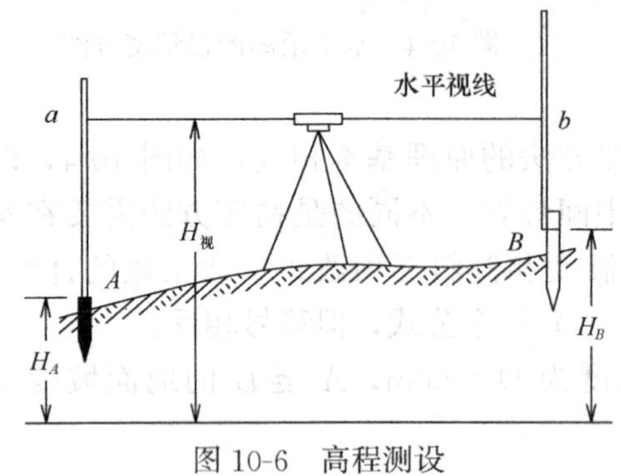

图 10-6　高程测设

如图 10-6，已知实地点 A（实心桩顶）的高程为 H_A，欲测设设计高程为 H_B 的 B 点（空心桩顶）实地高度位置。利用水准仪测设的具体步骤如下：

1）测定视线高程

在已知点 A 与待测设点 B 之间安置水准仪，由水平视线读取 A 点水准尺上读数 a，可由下式计算视线高程 $H_视$，

$$H_视 = H_A + a \tag{10-3}$$

2）计算测设元素

约定 B 点水准尺零点位置的高程等于待测设 B 点的设计高程，则 B 点水准尺读数 b 称为高程测设元素，由下式计算。

$$b = H_视 - H_B \tag{10-4}$$

3）标定测设点位置

上下移动 B 点处的水准尺，使水准仪水平视线读数为 b 时，沿 B 点水准尺零点位置的尺边缘在 B 点桩上画线，此线即为测设点高程位置。

【例 10-2】 设实地水准点 A 的高程为 30.037m，待测设建筑中一层室内地平（±0）B 的设计高程为 30.550m，用水准仪测设时，A 点水准尺的读数 a = 1.689m。求 B 点水准尺读数 b 等于多少时，B 点水准尺零点位置为设计高程位置？

【解】 由（10-3）和（10-4）可分别求得水准仪视线高程 $H_视$ 和 B 点水准尺读数 b 如下：

$$H_视 = H_A + a = 30.037 + 1.689 = 31.726 \text{ m}$$
$$b = H_视 - H_B = 31.726 - 30.550 = 1.176 \text{ m}$$

10.3　点的平面位置测设

各种建（构）筑物的平面位置，无论布局、图形的结构多么复杂，但都可以归结为点的平面位置测设。如，建筑物由若干面状图形构成，面则由各类线形组成，而线则由点组成。

根据具体的工程图形，常用的点的平面位置测设方法，主要有直角坐标法、

极坐标法、角度交会法、距离交会法和直接测定法等。

10.3.1 直角坐标法

在建（构）筑物施工场地建立基线或方格网直角坐标系统，利用基线点或方格网点坐标与建（构）筑物设计坐标的差值，测设点的平面位置的方法，称为直角坐标法。基线或方格网坐标系统的建立方法，参见11.1节。

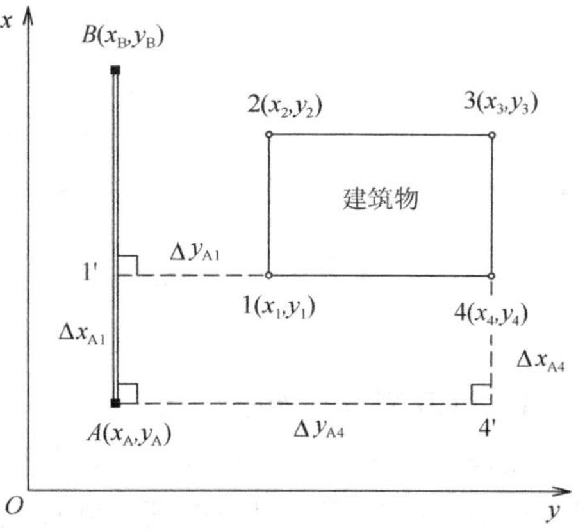

图10-7　直角坐标测设法

如图10-7，A、B为施工场地已测定的（部分）方格网点，坐标分别为A（x_A，y_A）、B（x_B，y_B）；待测设建筑物四个角点的点号与坐标依次为1（x_1，y_1）、2（x_2，y_2）、3（x_3，y_3）、4（x_4，y_4）。方格网线AB和待测建筑物轴线均与坐标轴平行或垂直。直角坐标法测设基本步骤包括：

1）计算测设元素

直角坐标法测设元素主要是待测设点与基线点、格网点或已测设点之间的坐标增量。如：

$$\Delta x_{A1}=x_1-x_A \qquad \Delta y_{A1}=y_1-y_A$$

$$\cdots\cdots \qquad \cdots\cdots$$

$$\Delta x_{A4}=x_4-x_A \qquad \Delta y_{A4}=y_4-y_A$$

2）测设

以格网点A为起点，沿AB方向测设距离Δx_{A1}得$1'$点。在$1'$点安置经纬仪或全站仪，照准B点配置水平度盘读数为$0°00'00''$，并以照准A点水平度盘读数为$180°00'00''$进行检核，由$1'$至B的方向顺时针测设$90°$水平角得$1'$至1的方向。以$1'$为起点，沿$1'$至1的方向测设距离Δy_{A1}得1点，并标定在实地上。

同法通过测设水平角和水平距离在实地上标定出2、3、4等待测设点。

3）检核

为了减少误差积累和避免错误传递，一般要求各点的测设应相互独立。如，点4的测设不应以已测设点1为起点，而是由点A通过测设$90°$水平角和Δy_{A4}距离得到点$4'$，再以$4'$为基点测设$90°$水平角和Δx_{A4}距离而得到点4。

由于各点相互独立测设，检核时可以通过量测1—2、2—3、3—4、1—4各轴线长度和1—3、2—4对角线长度进行。实测长度与设计长度之差必须在容许误差之内。

10.3.2 极坐标法

通过实地已知测量控制点与已知坐标的待测设点之间的水平角（极角）和水平距离（极距）进行点的平面位置测设的方法，称为极坐标测设法，简称极坐标法。

极坐标法的测设过程与直角坐标法基本相同，依次包括测设元素计算、测设

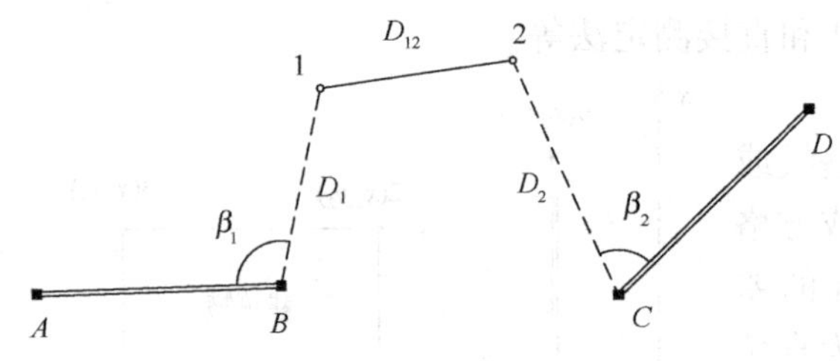

图 10-8　极坐标测设法

和检核等步骤，但极坐标法的测设元素计算比较复杂。

如图 10-8，A、B、C、D 为实地具有坐标（x_i，y_i）（i=A、B、C、D）的测量控制点，欲测设设计坐标为 1（x_1，y_1）、2（x_2，y_2）的道路线段 12 的两个端点。

1）计算测设与检核元素

测设元素中的水平角 β_1、β_2，各是两条直线的坐标方位角之差；水平距离根据对应两点坐标计算。以下是两组测设元素的计算。

第一组测设元素，根据 A、B、1 三点坐标计算 β_1 和 D_1。将 B、A 两点坐标代入（6-4）式得坐标方位角 α_{BA}；将 B、1 两点坐标代入（6-4）式得坐标方位角 α_{B1}，代入（6-3）式得水平距离 D_1，且

$$\beta_1 = \alpha_{B1} - \alpha_{BA} \tag{10-5}$$

第二组测设元素，根据 C、D、2 三点坐标计算 β_2 和 D_2。将 C、D 两点坐标代入（6-4）式得坐标方位角 α_{CD}；将 C、2 两点坐标代入（6-4）式得坐标方位角 α_{C2}，代入（6-3）式得水平距离 D_2，且

$$\beta_2 = \alpha_{CD} - \alpha_{C2} \tag{10-6}$$

检核元素 D_{12}，由 1、2 点坐标代入（6-3）式求得。

2）测设与检核

在 B 点安置经纬仪或全站仪测设水平角 β_1，得方向 B_1；沿 B_1 方向测设水平距离 D_1，在地面标定点 1。同法在 C 点安置经纬仪或全站仪测设水平角 β_2，得方向 C_2；沿 C_2 方向测设水平距离 D_2，在地面标定点 2。

实地测定 1 至 2 点的水平距离 D'_{12}，与计算的检核元素 D_{12} 进行比较，其相对误差［（$D_{12}-D'_{12}$）/D_{12}］应满足相应规范要求。

10.3.3　角度交会法

利用两个实地已知测量控制点上的已知方向与待测设点方向之间的水平角进行交会测设的方法，称为角度交会测设法，简称为角度交会法。

如图 10-9（a），A、B、C 为实地已知测量控制点，1、2 为已知坐标的待测设实地位置的线路端点。

按照极坐标法中计算水平角测设元素和检核元素的相同方法，由 A、B、1 三点坐标计算测设点 1 的水平角 β_{11} 和 β_{12}，由 B、C、2 三点坐标计算测设点 2 的水平角 β_{21} 和 β_{22}，由 1、2 两点坐标计算检核元素 D_{12}。

当使用两台经纬仪测设时，通过 A 点经纬仪测设水平角 β_{11}，并指挥测设标杆向 A 点经纬仪的视准轴方向 $A1$ 上移动。同时，通过 B 点经纬仪测设水平角 β_{12}，并指挥测设标杆向 B 点经纬仪的视准轴方向 $B1$ 上移动。当测设标杆移动到的位置既在方向 $A1$ 上，也在 $B1$ 方向上时，该点便是待测设点 1。同理分别在 B、C 上安置经纬仪测设 β_{21} 和 β_{22}，并分别指挥标杆测设出点 2。实地量测 1、2 点间的水平距

离，并与计算值进行比较、检核。

使用一台经纬仪进行角度交会测设时，可按图 10-9（b）所示方法，先在 A 点安置经纬仪，测设水平角 β_{11}，在经纬仪的视准轴方向 $A1$ 上的点 1 附近分别定出 a、b 两点。然后，将经纬仪移至 B 点，测设水平角 β_{12}，在经纬仪的视准轴方向 $B1$ 上的点 1 附近分别定出 c、d 两点。在 a、b 两点和 c、d 两点上各拉一根细绳，两细绳的交点即为待测设的点 1。同理测设 2 点和进行测设检核。

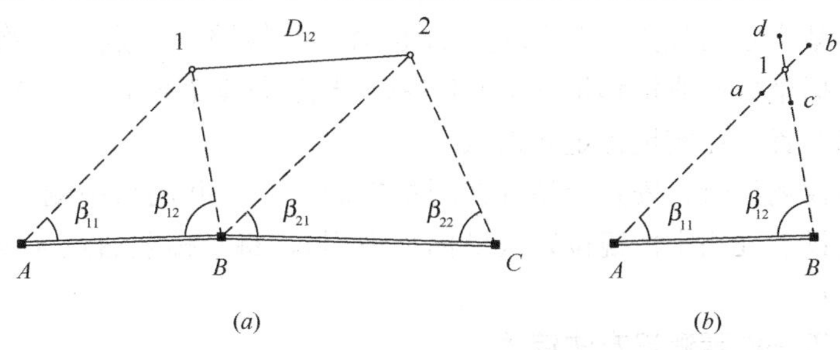

图 10-9　角度交会法测设

10.3.4　距离交会法

利用两个实地已知测量控制点至已知坐标的待测设点的水平距离进行交会测设的方法，称为距离交会测设法，简称距离交会法。

如图 10-10，A、B、C 为实地已知测量控制点，1、2 为已知坐标的待测设实地位置的线路端点。

将 A、1 和 B、1 两组点的坐标分别代入（6-3）式计算测设距离 D_{A1} 和 D_{B1}，将 B、2 和 C、2 两组点的坐标分别代入（6-3）式计算测设距离 D_{B2} 和 D_{C2}，将 1、2 两点的坐标代入（6-3）式计算检核距离 D_{12}。

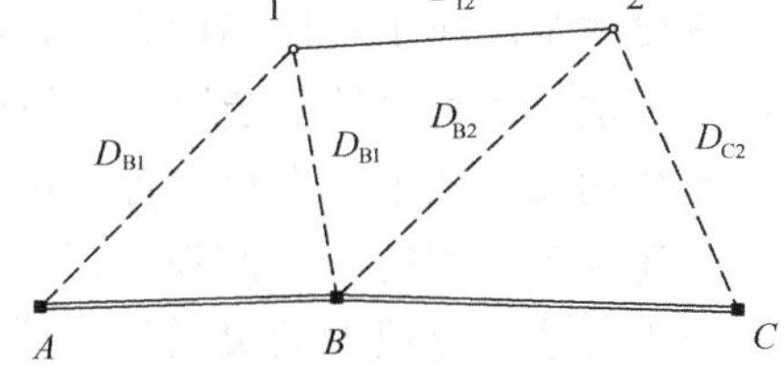

图 10-10　距离交会测设法

测设时，可以利用两根钢尺。由 A、B 两测量控制点上的测量员，分别将钢尺零点对准各自实地测量控制点标志中心并稳定拉紧。测设点 1 的测量员在两尺拉紧、拉直的前提下，使 $A1$ 线上钢尺对应于距离 D_{A1} 的刻画线，与 B1 线上钢尺对应于距离 D_{B1} 的刻画线相交，其交点处的地面点即为测设点 1。同理，利用 B、C 测量控制点和测设距离 D_{B2}、D_{C2} 测设出点 2。

当使用一根钢尺测设时，则可以 A、B 为圆心，分别以 D_{A1} 和 D_{B1} 为半径作圆弧，两圆弧交点即为测设点 1。同理，以 B、C 为圆心，分别以 D_{B2} 和 D_{C2} 为半径作圆弧测设出点 2。

由线段 12 的计算距离 D_{12} 与实地量测距离 D'_{12} 之差的相对误差检核测设成果。

10.3.5　直接测定法

将测量控制点和待测设点的坐标及其点名、或线路的设计参数等事先输入到测设设备中，现场以实地测量控制点为基点，直接测定、计算出测设设备当前位置与待测设点设计位置之间的坐标差或偏移量，并进行修正或趋近测设的方法，称为直接测定法。

直接测定法不需要事先计算测设元素，其坐标差或偏移量在实地观测、计算确定。这种方法是随着实时动态测定与显示数据的GPS接收机和实时无线传输数据的全站仪等现代设备的应用而出现的方法。

利用GPS测设时，先放置一台GPS接收机在一个测量控制点上，并设置其为基准站，另外的一台或多台GPS接收机作为流动站。利用若干测量控制点完成校正后，每个流动站GPS接收机的观测手簿上将可以动态显示接收机当前位置的坐标、或相对于某指定测设点的坐标差、或相对于某线路上一点的线路方向上的纵横偏移量。根据坐标差或偏移量移动GPS接收机进行动态测量，直至GPS接收机到达待测设点位置，在实地标定测设点。

利用全站仪测设时，安置全站仪在测量控制点上，并用另一测量控制点定向。棱镜置于待测设点处测定棱镜位置（坐标与高程），将坐标差通过无线方式传输至棱镜端进行修正。

10.3.6 平面位置测设方法综述

直角坐标法、极坐标法、角度交会法、距离交会法等属于传统测设方法，设备简单，成本较低，通常使用常规经纬仪、钢尺等即可进行测设。这些方法通常在室内计算测设元素，对于野外地形复杂的道路勘测等，其测设工作具有较大难度。直接测定法属于现代测设方法，特别是利用GPS进行测设，速度快、整体精度高，可适合各种野外复杂地形，但设备成本较高。

传统测设方法中，直角坐标法的计算比较简单，特别适合于轴线相互平行或垂直的建筑等工程的施工测设，但要求场地平整、易于建立建筑基线和施工方格网。极坐标法具有很大的灵活性，适应各种勘测与施工测设。角度交会只需要经纬仪，特别适合测量控制点至待测设点之间不易用钢尺量距的情况。距离交会是一种简单的测设方法，但只适合于测设距离小于尺长的情况。在极坐标法和角度交会法中，计算水平角是比较烦琐的工作。

以上各种测设方法的选择，需结合工程地形的复杂程度、测设时间的急迫性以及设备成本因素等进行综合考虑。

10.4 坡度线测设与高程传递

10.4.1 坡度线测设

道路工程、排水管道工程、考虑排水的倾斜面广场平整等，都涉及施工坡度线。常用坡度线测设方法主要有水平视线法和倾斜视线法。水平视线法适合于坡度较小的广场、建筑工程场地，倾斜视线法适合于坡度较大的道路、管线工程。

1）水平视线法

利用水准仪的水平视线，按高程测设原理测设坡度线的方法，称为水平视线法。

如图10-11，已知高程为H_A的实地坡度线起点A、终点B和A至B的设计坡度i，为施工方便，除使AB两点的坡度等于设计坡度外，还需在A、B之间设置若干坡度施工桩点，使各桩顶连线为设计坡度线。具体测设步骤如下：

(1) 打桩

在 A、B 之间按规定间距 d_1、d_2、d_3、d_4（一般为整间距，最后一段不足整间距），利用水平距离测设方法定出 1、2、3 点，打入木桩，并量测 AB 之间的总长 D 进行距离测设检核。

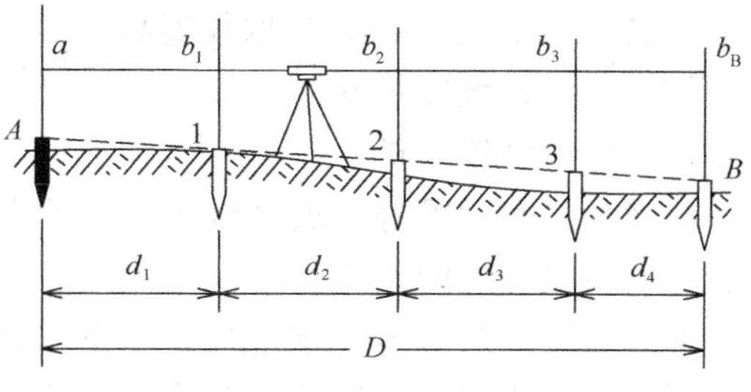

图 10-11　水平视线法测设坡度线

(2) 计算各桩顶设计高程

满足坡度要求的各桩顶设计高程，按下式计算：

$$H_k = H_{k-1} + i \times d_k \tag{10-7}$$

式中，$k=1$，2，3，B；$k=1$ 时，$k-1=A$；$k=B$ 时，$k-1=3$；如

$$H_1 = H_A + i \times d_1$$

由 D 计算 B 点高程进行检核，

$$H_B = H_A + i \times D \tag{10-8}$$

(3) 测设坡度线

在 A、B 两点之间的中间位置安置水准仪，由水准仪提供的水平视线照准后尺（已知高程）点 A，读取水准尺读数 a。然后，由下式计算各桩点上水准尺（前尺）零点高程等于设计高程时的水准尺读数 b_k。

$$b_k = H_A + a - H_k \qquad k=1，2，3，B \tag{10-9}$$

分别在各桩上立水准尺，由水准仪观测员根据水准尺上读数，指挥立尺员调整桩的上下位置，直至水准尺读数等于计算值 b_k。完成所有桩的高程测设，所得各桩顶点连线，即为设计坡度线。

当地面不能打入桩时，可直接测定各桩位的地面高程，并求出设计高程与测定高程之差，根据差值的正负符号进行填挖。

2）倾斜视线法

利用经纬仪倾斜视线坡度等于设计坡度线坡度时，倾斜视线与设计坡度线之间的垂距处处相等的原理进行测设的方法，称为倾斜视线法。

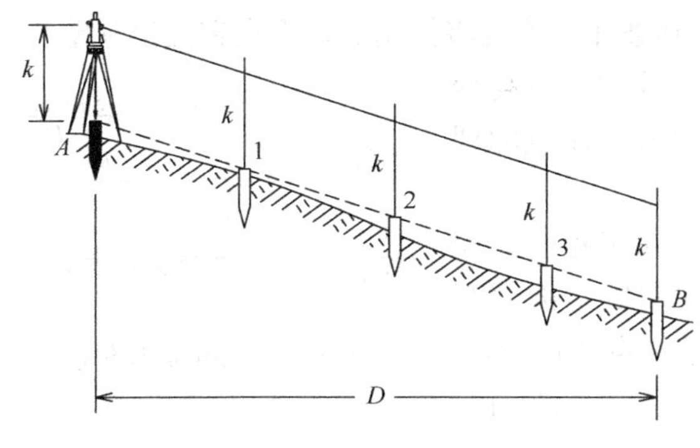

图 10-12　倾斜视线法测设坡度线

如图 10-12，A 为坡度线起点，AB 方向为坡度线方向，设计坡度为 i，测设步骤如下：

(1) 测设坡度线终点 B

在坡度线终点处打入 B 桩，量测 AB 之间的水平距离 D，则 B 点设计高程为：

$$H_B = H_A + i \times D \tag{10-10}$$

按高程测设方法测设 B 点，则 AB 线坡度等于设计坡度。坡度较大时，设若干转点。

(2) 设置与坡度线平行的倾斜视线

在 A 点安置经纬仪，量取仪器高度 k，照准 B 点水准尺读数为 k 的地方，此时视线坡度与设计坡度相同。

(3) 测设坡度线桩

在 AB 之间设置若干坡度线桩，桩间距可以是等间距的，由距离测设方法设定；也可以是非等间距的。

在各坡度线桩上竖立水准尺，上下移动水准尺使读数等于仪器高度 k 时，水准尺零点位置将位于该桩处的设计坡度线上。

10.4.2　高程传递

1）上下传递

在施工过程中，经常需要将地面点的高程传递到高层楼上，或传递到地下基坑，这类测量工作，属于高程的上下传递。

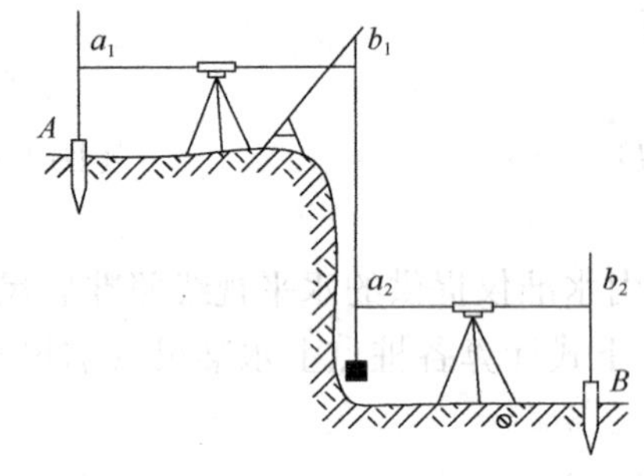

图 10-13　上下高程传递

如图 10-13，已知地面点 A 的高程 H_A，求低处基坑中点 B 的高程 H_B。

传递观测时，在高处架设一支撑架杆悬挂钢尺，钢尺零点端位于下方，在 AB 两点上各立一根水准尺，在高处和低处同时、或分别安置水准仪，读取水准尺和钢尺上的读数 a_1、b_1、a_2、b_2，则可按下式计算 B 的高程 H_B。

$$H_B = H_A + a_1 - (b_1 - a_2) - b_2 \quad (10\text{-}11)$$

如果已知低处 B 的高程 H_B。求高处 A 点高程，则可参照（10-11）式得

$$H_A = H_B + b_2 + (b_1 - a_2) - a_1 \quad (10\text{-}12)$$

2）地面与顶壁传递

在隧道、地下管道等施工中，由于作业通道狭窄，施工机械与人员复杂，在通道内的地面设置测量控制点容易遭到破坏，通常将控制点桩埋设在通道顶壁。

如图 10-14，在作业通道之外安全地方埋设高程控制点 A，已知高程为 H_A，通道内高程控制点的埋设位置如图中所示。

高程传递观测时，A 点水准尺正立于桩上，而 B 点水准尺则倒立于桩下。两点之间安置水准仪观测得到水准尺读数 a、b。按下式计算 B 点高程 H_B。

$$H_B = H_A + (a + b) \quad (10\text{-}13)$$

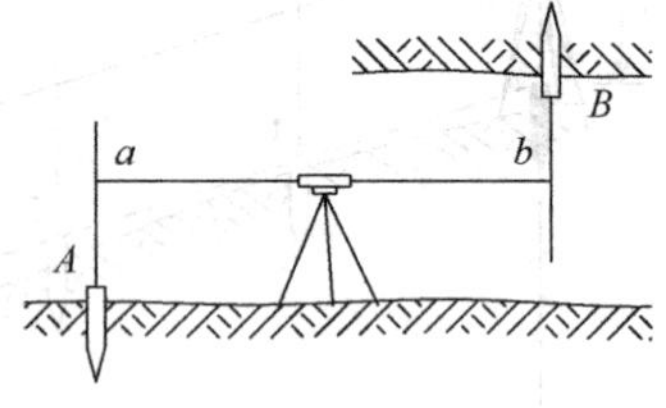

图 10-14　顶壁高程传递

思考题与习题

1. 测设与测定有何相同与不同？测设工作有何特点？应遵循哪些基本原则？有哪些主要步骤？
2. 测设包括哪些主要工作？如何完成这些测设工作？
3. 测设点的平面位置主要有哪些方法？各种方法分别适应什么情况？
4. 如何测设坡度线？
5. 当已知高程点和待求高程点均在隧道顶壁时，如何进行高程传递？

6. 如图 10-15，O 为测站点，A 为定向点，欲测设 90°水平角确定 OB 方向。现用一般角度测设方法测设出 B 点后，用经纬仪精确测定∠AOB 的角值为 90°00′42″，量得 OB 长 126.066m，若将 B 点沿直线 OB 的垂线方向移动来修正∠AOB 使其为所求直角时，则 B 应向∠AOB 的内侧还是外侧移动？移动多长距离（精确到 0.001m）？

7. 如图 10-16，利用具有坐标的实地测量控制点 $N1$、$N2$、$N3$，分别采用极坐标法和角度交会法测设具有设计坐标的线路点 P、Q。测量控制点和测设点的坐标如图中所示。计算测设元素、检核数据，并写出具体测设步骤和检核方法。

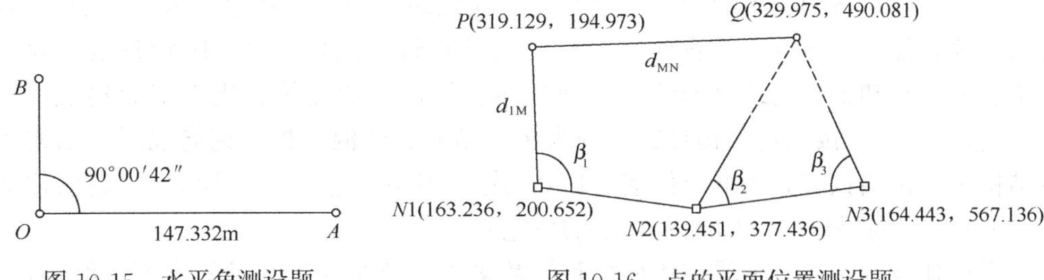

图 10-15 水平角测设题

图 10-16 点的平面位置测设题

8. 已知水准点 A 的高程 H_A=24.128m，设计坡度线起点 P 的高程 H_P=24.500m，设计坡度为 i=+1%，拟用水准仪按水平视线法测设 P 点和距 P 点 20m，40m 桩点，使各桩顶连线的坡度等于设计坡度。若后视 A 点时水准尺读数为 1.327m，计算测设时各桩顶水准尺上的应读数 b，并填入表 10-1（单位为 m）。

表 10-1

点　　号	视线高程	设计高程	$b_{应}$
P			
20m 桩			
40m 桩			

第 11 章　建筑施工测量

建筑类别，按用途可分为民用建筑（居住建筑：如城乡住宅、宿舍、别墅等；公共建筑：如办公建筑、教育建筑、科研试验建筑、纪念建筑、医疗建筑、商业建筑、……）和工业建筑（如纺织工业建筑、机械工业建筑、化工工业建筑、轻工业建筑、…）；按承重结构材料可分为砖木结构、砖混结构、钢筋混凝土结构和钢结构等；按层数可分为低层住宅（1～3 层）、多层住宅（4～6 层）、中高层住宅（7～9 层）和高层住宅（10 层及以上的住宅）。

无论建筑的用途、承重结构材料和层数多少，建筑施工测量的内容一般包括：整个建筑区的施工控制测量、各建筑物的轴线与高程测量和基础、墙体、预制件等的详细施工测量、建筑物在施工过程与使用初期的变形监测等。

11.1　建筑施工控制测量

建筑物的空间定位，一般根据设计总平面图给出的各建筑物的两个或多个主点（如建筑物角点）测量平面坐标系（简称测量坐标系）坐标和一楼室内地平（±0）高程进行。各建筑物的施工，则以建筑物轴线为基础建立施工平面坐标系（简称施工坐标系），再根据建筑物各轴线交点在施工坐标系中的坐标和相对于一楼室内地平的标高进行。

地形勘测阶段的测量控制网，主要用于确定红线和地形图测绘，其控制网点的密度、分布和精度等，往往不能满足建筑施工要求，需要根据建筑物的形状、分布以及施工精度等级情况，建立满足施工需要的施工平面控制网和高程控制网。

11.1.1　测量坐标系与施工坐标系

1）测量坐标系

如图 11-1，XOY 为 X 轴与 Y 轴相互垂直的测量坐标系，它可以是我国按照高斯投影方法建立的“1954 年北京坐标系”、“1980 年国家大地坐标系”或各城市建立的独立坐标系，也可是任意平面直角坐标系。测量坐标系的概念参见 1.3.2 节。

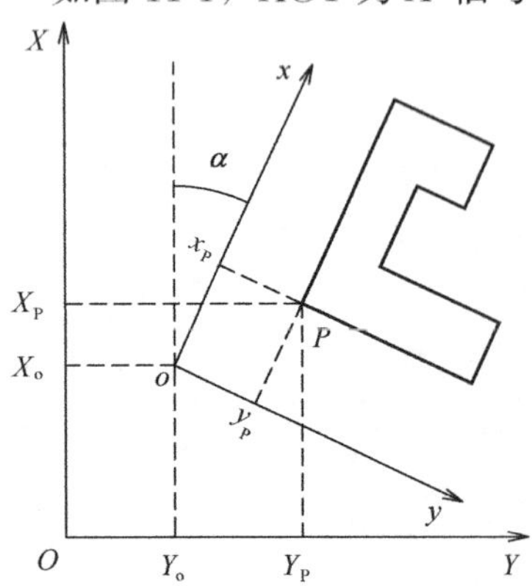

图 11-1　测量坐标系与施工坐标系

2）施工坐标系

如图 11-1，由平行或垂直于建筑物（主）轴线的坐标轴 x、y 组成的平面直角坐标系 xoy，称为施工坐标系，亦称为建筑坐标系。这种坐标系的特点是各轴线之间或轴线交点之间的坐标增量就是建筑轴线的设计间隔，便于测设元素计算和施工测量。

3）测量坐标系与施工坐标系的换算

施工控制网在地理空间的定位，以测量控制点为基准测设确定，需要将施工控制网的控制轴线点的施工坐标转换为测量坐标。相反，建筑物的空间定位，设计总平面图给定的是测量坐标，则需要将测量坐标转换为施工坐标。

在图 11-1 中，设施工坐标系原点 o 和建筑物角点 P 在测量坐标系 XOY 中的坐标分别为 o（X_o，Y_o），P（X_P，Y_P），P 点在施工坐标系 xoy 中的坐标为 P（x_P，y_P），施工坐标系的 x 轴与测量坐标系 X 轴之间的夹角为 α。则根据点的施工坐标计算测量坐标的公式为：

$$\begin{cases} X_P = x_o + x_P\cos\alpha - y_P\sin\alpha \\ Y_P = y_o + x_P\sin\alpha + y_P\cos\alpha \end{cases} \tag{11-1}$$

根据点的测量坐标计算施工坐标的公式为：

$$\begin{cases} x_P = (X_p - X_o)\cos\alpha + (Y_p - Y_o)\sin\alpha \\ y_P = -(X_p - X_o)\sin\alpha + (Y_p - Y_o)\cos\alpha \end{cases} \tag{11-2}$$

11.1.2 建筑施工平面控制测量

根据建筑物的数量多少，建筑施工平面控制网的布设，分为建筑基线和建筑方格网两种基本形式。对于单体或少量几栋排列规则、整齐的建筑区，可布设建筑基线，对于建筑群，则通常布设成建筑方格网。

1）建筑基线

建筑基线由若干主点构成，主点数量不得少于三点，以便检核和施工期间检查点位是否移动。常用布设形式有图 11-2 所示的三点直线形（a）、三点直角形（b）、四点丁字形（c）和五点十字形等基本图形。

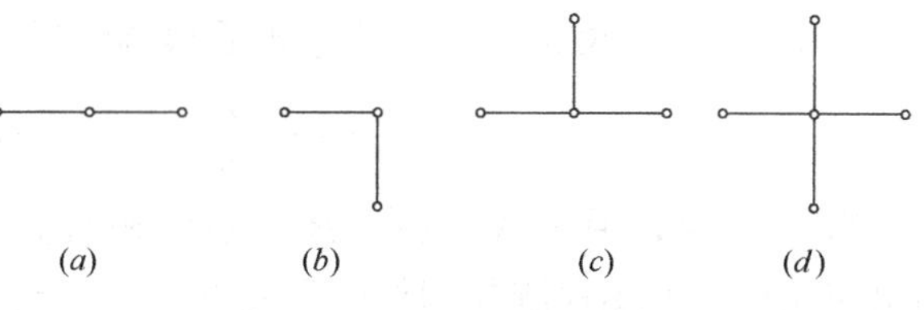

图 11-2 建筑基线布设形式

建筑基线应临近建筑物，并与建筑物的主轴线垂直或平行，其具体位置一般在总平面设计图上布设确定。主点间的边长应在 100～400m 之间，连线点位在施工期间应相互通视，并能长期保存。

建筑基线的测设方法，可以利用建筑红线或测量控制点等方法进行。以下分别利用建筑红线测设三点直角形基线和利用测量控制点测设三点直线形基线为例，介绍建筑基线测设的原理与方法。

（1）利用建筑红线测设建筑基线

建筑红线，指的是由城镇规划管理部门认定，且已在建筑场地用界桩标定的建筑边界线。当建筑物主轴线与建筑红线平行或垂直时，可根据建筑红线测设建筑基线。

如图 11-3，设Ⅰ、Ⅱ、Ⅲ是位于同一直线上的三个建筑红线边界桩点（若只有Ⅰ、Ⅲ两点，可利用经纬仪直线定线方法在Ⅰ、Ⅲ点之间测设出点Ⅱ），建筑主轴线与建筑红线平行或垂直，则可根据 10.3.1 节中介绍的直角坐标法，通过垂直角和距离 d，测设出 AOB 三点直线形建筑基线。

不测设 O 点，而将Ⅰ至 A 或Ⅲ至 B 线延长，可得到如图 11-2（b）所示三点直角形建筑基线；将Ⅱ至 O 线延长则可得如图 11-2（c）所示四点丁字形建筑基线。

由于角度与距离测设不可避免存在误差，实际测设出的建筑基线为如图 11-4 所示的 A'、O'、B'位置，三点一般不在同一直线上。完成 A'、O'、B'点测设后，应在 O'处检测水平角 β，若 β 角与 180°之差超过±5″，则需对 A'、O'、B'三点进行调整。调整时仍用直角坐标测设方法，将 A'、O'、B'三点分别向图中所示垂直于建筑基线 AOB 的方向分别量取相同的调整量 c，得到 A、O、B 三点。

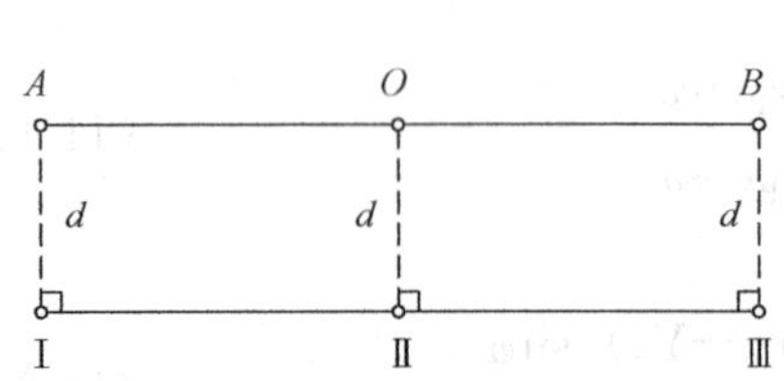

图 11-3　利用建筑红线测设建筑基线

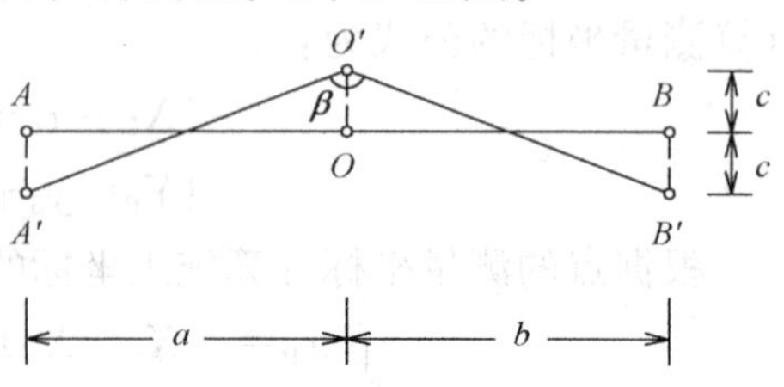

图 11-4　建筑基线调直

设 O 点至 A 和 O 点至 B 的距离分别为 a 和 b，考虑到 β 角与 180°之差是一个很小的角度，则有

$$180° - \beta = \frac{2c}{a} \times \rho'' + \frac{2c}{b} \times \rho''$$

式中，$\rho'' \approx 206265$。将上式整理后得调整量 c 的计算公式如下：

$$c = \frac{ab}{2(a+b)} \cdot \frac{180° - \beta}{\rho''} \tag{11-3}$$

当 $c<0$ 时，说明 A'、O'、B'三点的相对关系与图 11-4 所示相反，其调整方向也应相反。上述检测与调整应反复进行，直至 β 角与 180°之差满足规范要求。

（2）利用测量控制点测设建筑基线

当建筑场地没有测定建筑红线，而建筑总平面图上给定了建筑物主点测量坐标，且周边有测量控制点时，可在建筑总平面图上设计建筑基线位置，计算出建筑基线点的测量坐标后，根据测量控制点测设建筑基线。测设时，可采用 10.3.2～10.3.4 中介绍的极坐标法、角度交会法或距离交会法等方法进行。

图 11-5 是利用测量控制点Ⅰ、Ⅱ测设 A、O、B 三点直角形建筑基线的原理图。极坐标法测设元素 α_1、d_1，α_2、d_2，角度交会法测设元素 β_1、β_2 根据测量控制点Ⅰ、Ⅱ和建筑基线点 A、O、B 的坐标计算求出（计算公式参见 10.3 节）。

测设时，分别在测量控制点Ⅰ、Ⅱ上，根据测设元素 α_1、d_1 和 α_2、d_2，用极坐标法分别测设出建筑基线点 A 与 B，根据测设元素 β_1、β_2，用角度交会法测设出建筑基线点 O，由此可测设出 AOB 三点直角形建筑基线，其中，OA 与 OB 相互垂直。

由于存在测量误差，实际测设的建筑基线点在图 11-6 的 A'、O、B'位置，需要进行检测与调整。在 O 点测定检测角 β，若用 δ 表示 OA 与 OB 的垂直度误差，则有

$$\delta = 90° - \beta \tag{11-4}$$

将垂直度误差δ进行平均分配，对OA与OB方向各调整$\delta/2$。$\delta>0$时，两方向均向内侧调整，反之均向外侧调整。实地调整时，分别过A'、B'点作OA、OB方向的垂线，计算并测设对应于调整角$\delta/2$的垂距c_A、c_B，得到A与B点。

设OA'、OB'的距离分别为a、b，则有

$$\begin{cases} c_A = a\tan\dfrac{\delta}{2} \\ c_B = b\tan\dfrac{\delta}{2} \end{cases} \tag{11-5}$$

上述检测与调整过程也需反复进行，直至垂直度误差小于规定要求。

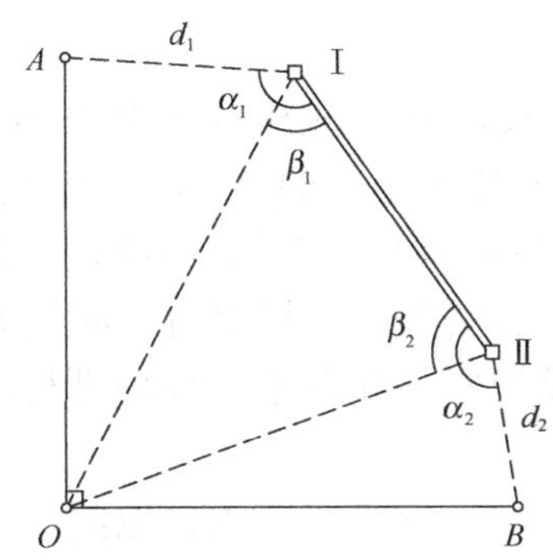

图 11-5 利用测量控制点测设建筑基线

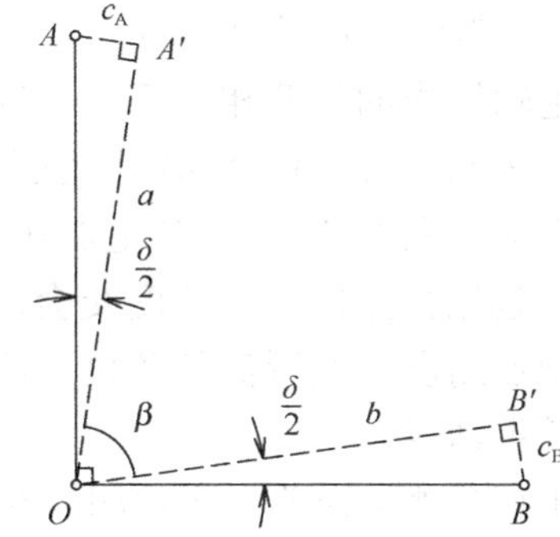

图 11-6 建筑基线垂直度调整

2）建筑方格网

大型建筑及其附属管线工程、建筑群等，通常布设建筑方格网来控制平面轴线的施工。

（1）建筑方格网的布设

由若干连续的正方形或长方形构成的建筑施工测量控制网，称为建筑方格网。根据建筑或建筑群的形状、分布，构成建筑方格网的图形可以是等大小的正方形或矩形格网，也可以是不等行距或间距的矩形格网。图 11-7 是一种常见的不等行距与间距的方格网图形，由纵横相互垂直的主轴线AOB和COD以及若干长方格组成。两主轴线上的定位点A、B、O、C、D等称为主点，各主轴线上的主点不应少于三个，交点O是两主轴线的公共主点。

设计方格网图形时，应考虑如下几点：

①方格网轴线方向应与建筑区域的主要建筑或多数建筑的建筑轴线平行或垂直。纵横主轴线严格垂直（90°），垂直度误差在±5″之内；各主轴线尽量位于场地中部，总长度 300～500m 为宜。

②相邻格网线间距为 100～200m，边长相对精度一般为 1/10000～1/20000。

③主轴线两个端点应布设在建筑场地边缘，以便控制整个场地。相邻格网点之间应保证通视良好，以便测角与量距。各格网点标桩应埋设在不受施工破坏的地方，并高于建筑场地设计高程 0.1m 以上，便于寻找。

（2）主轴线测设

主轴线AOB和COD如图 11-8。其测设通常根据测量控制点进行，具体测设步骤如下：

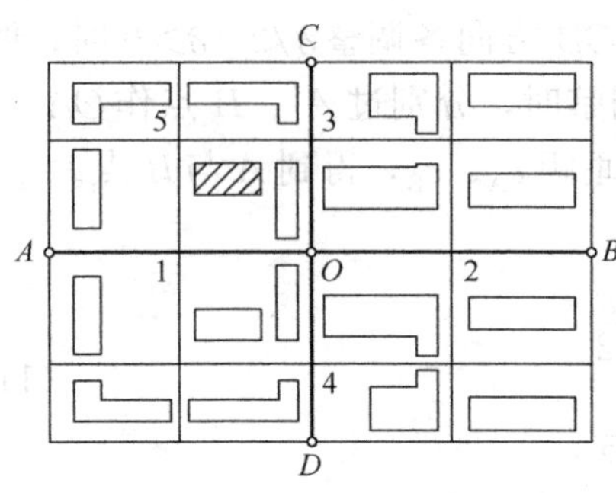

图 11-7　建筑方格网

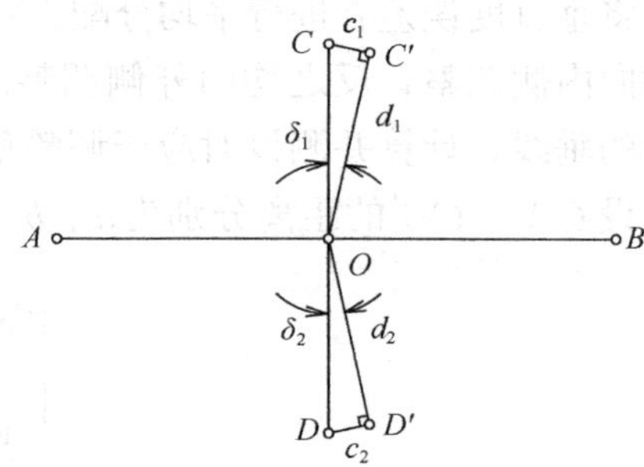

图 11-8　主轴线测设与垂直度调整

①长主轴线测设及其调直

长主轴线指的是两相互垂直主轴线中长度较长者，如图 11-8 中的 AOB 轴线。测设前，按照（11-1）坐标转换公式，求出具有施工坐标的 A、O、B 三主轴线点的测量坐标。根据 A、O、B 主点和Ⅰ、Ⅱ、Ⅲ……测量控制点的测量坐标，参考图 11-5，选用极坐标法、角度交会法或距离交会法等，计算出对应测设方法利用测量控制点测设主点所需的角度、距离等测设元素，并在施工现场进行测设，获得实地长主轴线。

由于存在测设误差，实际测设在地面的是 A'、O'、B' 三点，他们一般不在同一直线上，如图 11-4。需按照式（11-3）计算出调整量 c 后，按图 11-4 中所示方法进行调整，得到调直后的主轴线 AOB。

② 短主轴线测设及其垂直度调整

以测设的长主轴线为基准，在 O 点安置经纬仪分别照准 A、B 点，测设直角得到 OC、OD 方向，用钢尺或光电测距仪等沿上述方向，测设 O 点至 C、D 两主点的水平距离，得到实地短主轴线。

测设同样存在误差，测设在实地的是 C'、D' 两点，如图 11-8 所示。仍在 O 点安置经纬仪，精确检测 $\angle BOC'$、$\angle BOD'$，并分别求出它们与 90°之间的差值 δ_1、δ_2。实地调整时，分别过 C'、D' 点作 $C'O$、$D'O$ 方向的垂线，计算并测设对应于调整角 δ_1、δ_2 的垂距 c_1、c_2，得到 COD 轴线。c_1、c_2 按下式计算：

$$\begin{cases} c_1 = d_1 \tan\delta_1 \\ c_2 = d_2 \tan\delta_2 \end{cases} \tag{11-6}$$

式中，d_1、d_2 分别是 O 点至 C'、D' 点的水平距离。

（3）建筑方格网测设

如图 11-7，以主轴线为基础，在 O 点安置经纬仪定向，用钢尺或光电测距仪测距，测设两主轴线上的方格网点 1、2、3、4。在两主轴线上已测定的主点或方格点上同时或分别安置经纬仪，后视本主轴线上的其他主点，测设 90°角交会非主轴线上的格网点 5、……直至完成所有格网点的测设。

在所有格网点上安置经纬仪精确测定各相邻两格网线的夹角与 90°角之差是否满足角度精度要求；用钢尺或光电测距仪测定格网线上两相邻格网点之间的水平距离是否满足长度精度要求。对于不满足精度要求的相关格网点应进行重新测设。

11.1.3　建筑施工高程控制测量

建筑施工高程控制点，主要用于场地平整、建筑物基坑与楼层施工、给排水管线与检修井施工、场地内部道路施工的高程控制和建筑物沉降观测等，一般采用市政统一高程系统。

场区原有已知高程控制点数量有限，需要加密，其密度尽可能满足安置一次仪器能测定周边所有高程点。对于小型施工场地，可一次性布设高程控制网，其高程控制可采用四等水准测量方法实施。对于大型施工场地，其高程控制网需分首级控制与加密控制两级布设。首级控制网起骨干与基本控制作用，采用三等水准测量方法实施；加密控制点用于具体施工测量，可采用四等水准测量方法实施。

一次性布设的控制网或两级布设的首级控制网，应布设成闭合线路，且至少有三个不受施工影响、点位稳定、不被施工破坏的永久性高程点。两级布设的加密控制网，可以是闭合线路，也可以首级控制点为起止点布设成附合线路。现场施工高程控制点，在施工期间应稳定不变，并按一定周期与不受施工破坏的永久性高程点联测，进行检核。

为后续施工方便，在一层柱体或墙体施工后，可将室内地平±0.000的位置测设到柱体或墙一侧，并用红漆绘制“▼”图形，图形上部水平线，为±0.000的位置。

11.2 建筑轴线与高程测量

在完成场地平整之后，可以施工控制测量所建立的建筑基线或建筑方格网等施工坐标系为基础进行建筑整体定位、轴线测设和高层轴线投测。以高程控制点为基础测设各建筑室内地平±0.000的高程、传递各楼层高程。

11.2.1 建筑定位测量

图11-7中，带有斜线的矩形建筑，位于建筑方格网中顶点依次为O、1、5、3组成的小方格里，其长度、宽度和角点至建筑方格网线5-1、5-3的垂直距离，即定位尺寸如图11-9。

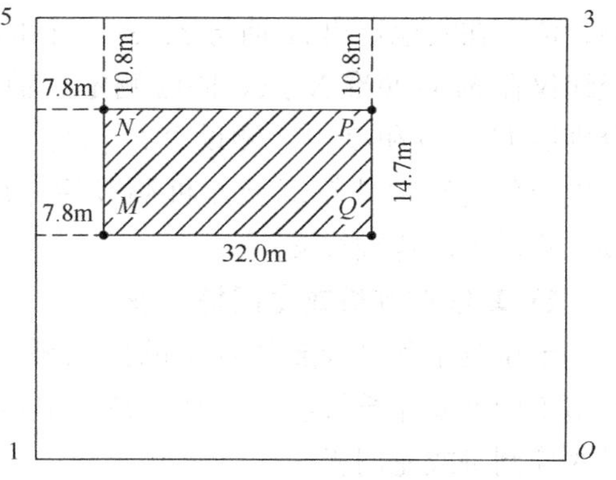

图11-9 建筑定位测量

矩形建筑的定位测量，实际上是测设具有控制、定位作用的四个建筑角点M、N、P、Q。测设前，应检测小方格各边长是否等于设计长度，用于检查方格顶点位置是否受到破坏或有较大位移。满足要求后，用经纬仪和钢尺，按照10.3.1直角坐标法，测设矩形建筑四个角点，完成该建筑整体定位测设，并实地量测矩形建筑四条边长和对角线长度进行测设检核，其误差应在规范容许范围之内。

测设过程中，角度测设采用盘左、盘右测设，取平均位置。距离测设采用往返测量，计算平均长度后进行实地点位的修正。

对于具有若干拐点的建筑，需在拐点处增测定位点。

11.2.2　轴线放线

图 11-10 是已经完成 M、N、P、Q 四个定位角点测设的建筑物平面图，点画线为墙体中心轴线，“■”为桩柱平面位置，1、2、…，A、B、…等分别为建筑纵、横轴线编号。

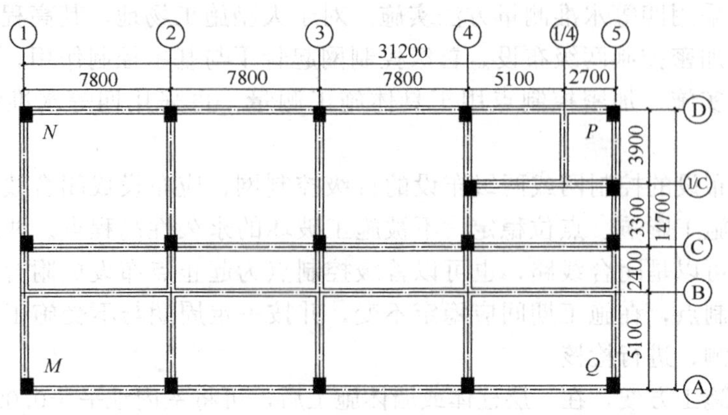

图 11-10　建筑基础轴线平面图

1）轴线放线

建筑轴线是建筑的桩、柱、槽形基础、墙体等施工的平面位置控制线。根据已测设的定位点 M、N、P、Q，按轴线平面图上标注的间隔尺寸，用经纬仪进行定向或角度测设，用钢尺量距，测设出纵横轴线的所有交点（亦称中心桩），并用钉有小钉的木桩标定在实地上，小钉顶几何中心为交点位置。

轴线详细测设，可采用如下过程实施。在 M 点安置经纬仪照准 Q 点进行定向，从 M 点开始，用钢尺沿定向方向（A 轴线）测设轴线平面图上给定的尺寸间隔，依次在实地定出 A 轴与 2、3、4 轴的交点，用钉有小钉的木桩进行点位标定；经纬仪在 M 点照准 N 点，同法测定 1 轴与 B、C 轴的交点。将经纬仪搬至 P 点，分别照准 N 点和 Q 点，测设出 D 轴与 2、3、4 轴的交点和 5 轴与 B、C 轴的交点。完成全部建筑物外轮廓交点桩测设后，用相同的方法，利用对应外轮廓交点桩，逐一测设内部各轴线交点。

2）轴线控制桩或龙门桩测设

定位测量和轴线放线标定的角点桩、轴线交点桩，在施工中都将被破坏。为在施工中恢复建筑轴线，需要在施工开挖基坑或基槽范围之外的安全地方，设置轴线控制桩或龙门板。

（1）轴线控制桩测设

图 11-11 是图 11-10 所示轴线的轴线控制桩布设位置。先将经纬仪安置在轴线一端的轴线交点 M 上，照准轴线另一端的轴线交点 N，在外墙轴线外侧的 MN 连线的建筑轴线延长线上，沿经纬仪定向方向测设 1、2 两个轴线控制桩；再在点 N 安置经纬仪照准点 M，测设出 3、4 两个轴线控制桩。同法测设所有轴线控制桩。

测设时，先确定轴线控制桩粗略位置，钉入木桩，再在木桩上精确定位并钉入小钉。木桩外围填入混凝土使点位稳固。轴线控制桩至外墙轴线的距离一般为 3～5m，对于多层、中高层、和高层建筑，轴线控制桩则应设置在距建筑物外墙较远的地方，并尽可能地投测到建筑施工期间能永久保存建筑或其他物体上，以便将建筑轴线向高层楼层引测。

(2) 轴线龙门桩测设

在人工开挖基槽的低层、多层建筑施工中，可在建筑墙体外侧，设置龙门板与龙门钉来控制、恢复建筑轴线和控制室内地平±0.000位置。龙门板与龙门钉的结构如图11-12，由木质龙门桩、龙门板和金属龙门钉组成。

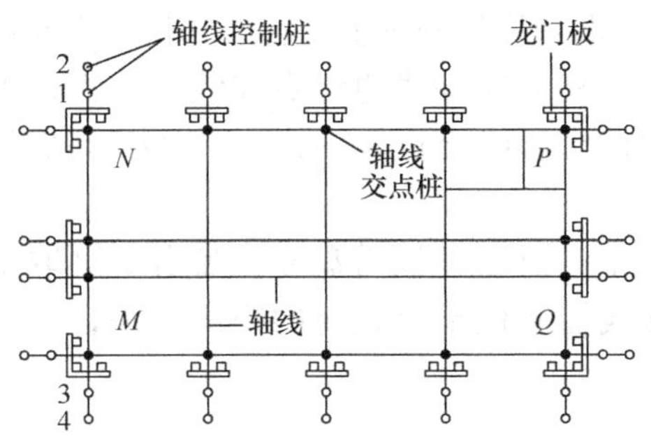

图11-11 轴线控制桩测设

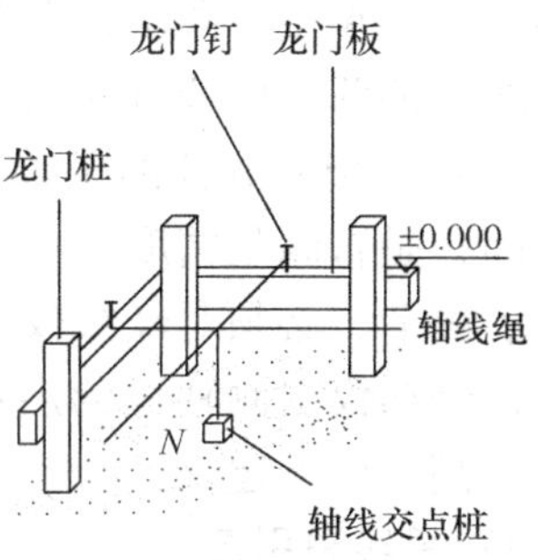

图11-12 轴线龙门桩测设

龙门桩、龙门板和龙门钉的具体测设步骤与要求如下：

①设置龙门桩

在建筑物拐角和外墙外侧距建筑轴线1.5～3m处设置龙门桩，桩体铅垂状钉入地下，侧立面与建筑轴线平行或垂直。墙拐角处设置三个龙门桩，形成“∟”形，其他地方设置两个龙门桩，呈直线形，参见图11-11。

②设置龙门板

用水准仪在各龙门桩上测设出室内地平±0.000位置，并将龙门板钉在龙门桩上，龙门板上顶面与所测设的室内地平±0.000线重合，即龙门板顶面为室内地平高度位置。

③设置龙门钉

在轴线一端的轴线交点桩M上安置经纬仪，照准轴线另一端的轴线交点桩N后，在N点龙门板顶面视线方向上钉一小钉，称为轴线钉，亦称龙门钉。倒转望远镜，同理设置M点处龙门板顶面的龙门钉，但需取盘左、盘右平均位置。同法钉出各建筑轴线的两个龙门钉。

④测设检核

在各轴线龙门钉之间拉细绳，用钢尺测定两轴线间距，其相对误差应满足规定精度要求。

11.2.3 轴线引测

首层以上楼层的建筑轴线，以首层轴线控制桩或龙门钉确定的轴线为依据，引测几条相互垂直的建筑角点对应轴线或中部主轴线到上层楼层，然后以引测轴线为依据在上层进行其他轴线测设。根据楼层高度和精度要求，可选不同设备、工具，采用不同方法进行引测。

1) 经纬仪引测

如图11-13，完成首层施工后，在轴线控制桩上安置经纬仪照准另一轴线控制桩定向后，将轴线引测到首层墙或柱上，用红油漆绘制◀或▶标志，标志竖向边为轴线方向。

以测设上层轴线交点 M 为例的引测过程为，在首层轴线 A 的一端安置经纬仪，盘左、盘右分别照准首层墙或柱上◀标志▶或的竖向边后，上仰望远镜，在上层墙或柱边缘做标记，取盘左、盘右平均位置，作为上层 A 轴线的一个端点。将经纬仪搬至首层轴线 A 的另一端，重复上述过程，得到上层轴线 A 在墙或柱边缘的另一个端点。同法，在首层轴线 1 的两端轴线控制桩上安置经纬仪，引测出上层轴线 1 的两个墙或柱边缘端点。上层墙或柱对应轴线边缘点连线的交点，即为 M 点。同法引测其他两条轴线，可得上层四个轴线交点 M、E、P、Q，并需检测轴线间距是否满足精度。

引测前，必须对经纬仪进行检验与校正。引测过程需盘左、盘右观测取平均位置。经纬仪引测轴线的层数，与首层轴线控制桩至建筑物的距离有关，一般适用于中高层以下建筑。

2）吊线锤引测

吊线锤引测原理见图 11-14，在地面建立轴线控制桩，设置标志。在引测楼层的地面标志铅垂方向上预留小孔。引测轴线时，在引测层楼面预留孔上面放置十字架，在十字交点用细钢丝悬挂重锤球，移动十字架使锤球尖对准地面标志后，将十字架的四个端点标注在引测层楼面。连线对应端点所得十字交点便可确定引测层轴线交点。

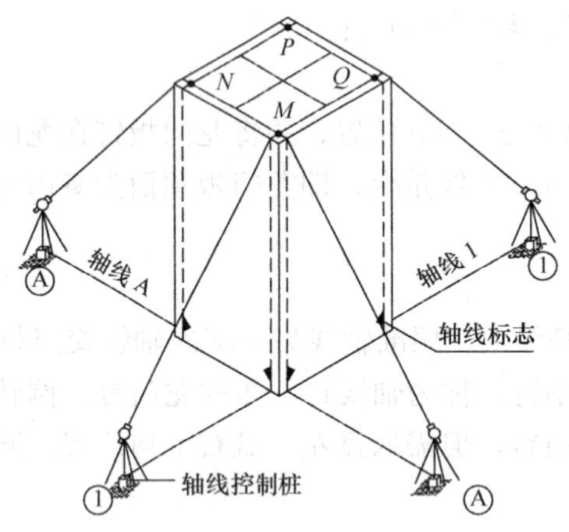

图 11-13 经纬仪引测法

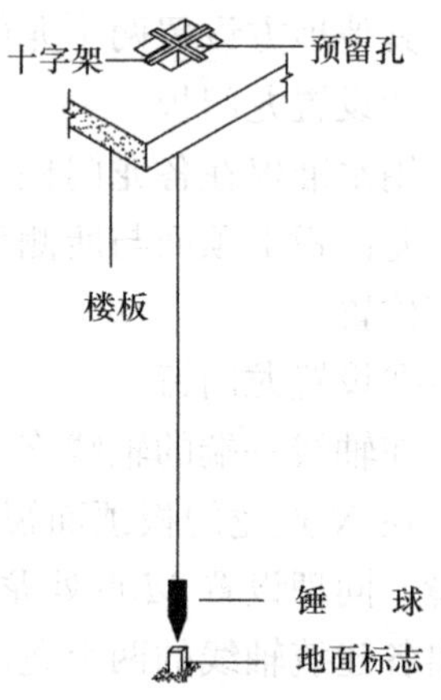

图 11-14 吊线锤引测法

吊线锤引测轴线是一种传统的引测方法，也是最简单、最直接的方法，不仅适合于中高层及以下层数的建筑，也适合于 50～100m 的高层建筑。对于低层或多层，可不设置预留孔，直接在各层墙或柱边缘吊线锤引测轴线。对于中高层和高层，特别是超高层建筑，除设置预留孔外，还应考虑风力对线、锤的作用以及高悬挂体的自由摆动难于静止等因素，需通过悬挂重锤（15～25kg）、钢丝外套管道挡风、锤球浸在浓液体中（特制地面标志）等措施减少线锤摆动影响。

3）激光铅垂仪引测

（1）激光铅垂仪简介

激光铅垂仪外形结构如图 11-15，望远镜、圆水准器、水准管、脚螺旋等的功能与作用均与经纬仪相同。物镜光学中心与十字丝交点连线构成视准轴，铅垂方向放置。通过 90°补偿装置，人眼利用目镜在水平方向观测铅垂方向目标。激光铅垂仪内有两套半导体激光器，产生两束激光。一束激光通过下对点系统向下方发射，在下方目标上出现红色光斑，旋转下对光调焦螺旋调节光斑大小，用于仪器对中。另一束激光通过望远镜，与视准轴同轴方向，向上方竖直方向发射，在上方目标上出现红色光斑。旋转上对光调焦螺旋可使上方目标在十字轴线分划板上成像清晰，并可调节上方目标红色光斑的大小。

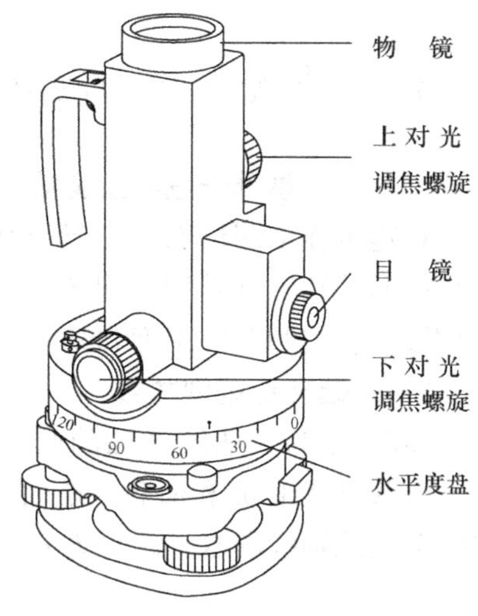

图 11-15 激光铅垂仪

使用激光铅垂仪引测轴线前，必须进行水准管轴垂直于仪器纵轴（旋转轴）和激光束光轴与仪器纵轴重合两项检验校正，参见仪器使用说明书。

（2）激光铅垂仪引测

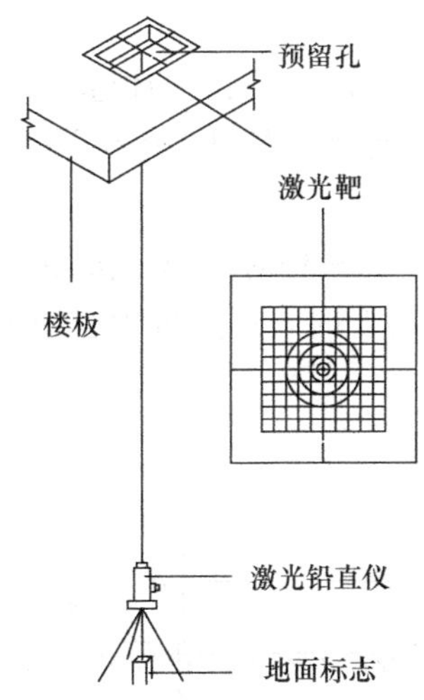

图 11-16 激光铅垂仪引测

激光铅垂仪引测轴线原理如图 11-16，在地面埋设的轴线标志上，利用激光铅垂仪上的圆水准器、水准管、脚螺旋和对点激光束（打开激光电源开关，可利用切换按钮切换到对点激光发射状态），完成激光铅垂仪的对点与整平，使待发上激光束（与望远镜同轴）处于铅垂状态，并与地面轴线控制标志点重合。在待引测轴线楼板上预留激光穿越孔，安置激光靶（如图，透明、正方形，具有相互垂直的对称十字轴线、10cm×10cm 方格网和若干中心圆），按激光束切换按钮发射上激光束，并旋转物镜调焦旋钮使激光靶上红色光斑最小。移动激光靶，使红色光斑位于激光靶中心，在激光靶十字轴线的四个端点处的楼面进行标记。标记对应点的连线交点，应与地面标志位于同一铅垂线上。

激光铅垂仪不受风力影响，广泛应用于各类高层建筑物施工，也用于烟囱、铁塔等高耸构筑物的施工。

11.2.4 高程测量与传递

每栋建筑应设置不少于两个已知高程点，用于详细施工的高程控制、引测和检核。一般采用水准测量方法测定。

各楼室内地平±0.000 测设，参见 11.1.3。基坑与高处楼层的高程传递，可直接用钢尺垂直丈量传递、用水准仪利用楼梯逐层观测传递、或按 10.4.2 中介绍的用水准仪与钢尺配合进行观测传递。

11.3　建筑施工详细测量

11.3.1　基础开挖施工测量

对建筑施工测量而言，具有代表意义的建筑基础有独立（桩）基础、条形基础和箱形基础三种类型。建筑基础开挖施工测量的主要任务是测定基础开挖范围（边界线）、控制开挖深度和基础垫层施工的标高控制。

1）基础开挖范围放线

如图 11-17，建筑基础的开挖边界线位置，由建筑定位轴线位置、槽底宽度 $2b$、槽壁坡度 $1/m$ 和槽底至地面高差 h_i（$i=1$，2；代表轴线两侧）确定。设槽口边线至建筑轴线的水平距离为 d_i，则有，

$$d_i = b + h_i m (i = 1,2) \tag{11-7}$$

根据建筑轴线和计算的距离 d_i，在实地撒白灰放出基础开挖边线。

由上式可以看出，当地面高程相同时，即 $h_1=h_2$ 时，建筑轴线至基槽两侧槽口边线的距离 $d_1=d_2$。对于箱形基础的大型基坑，亦可用上式计算基坑开挖边线。若基坑较深，中部需设平台时，如 12 章中的图 12-27，则按（12-34）计算槽口或坑口边线位置。

2）基坑深度控制桩设置

如图 11-18，一般在基坑开挖到距离坑底某一整分米 c（如 0.5m）的位置，设置一个基坑深度与基础标高控制桩 B，便于施工人员以 B 桩为依据控制挖坑深度、坑底清理以及基础垫层等施工的标高控制。

用水准仪设置 B 桩时，设 A 点为±0.000 标高位置，坑底相对于 A 点的标高为 $-h$，A 点水准尺读数为 a，则 B 尺应读数为下式计算的 b 时，B 点桩顶至坑底差值为 c。

$$b = a + (h - c) \tag{11-8}$$

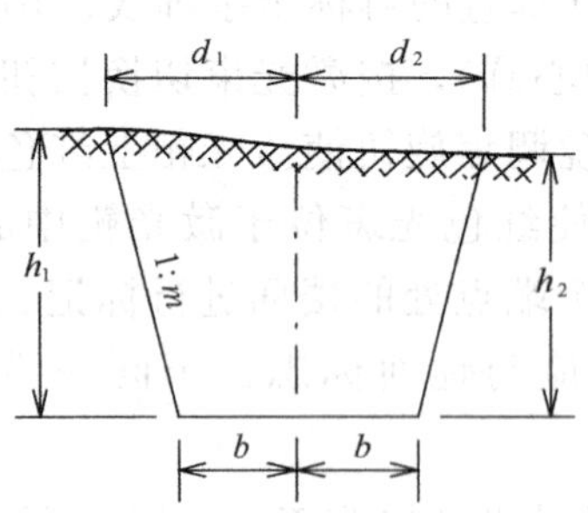

图 11-17　确定开挖边界线

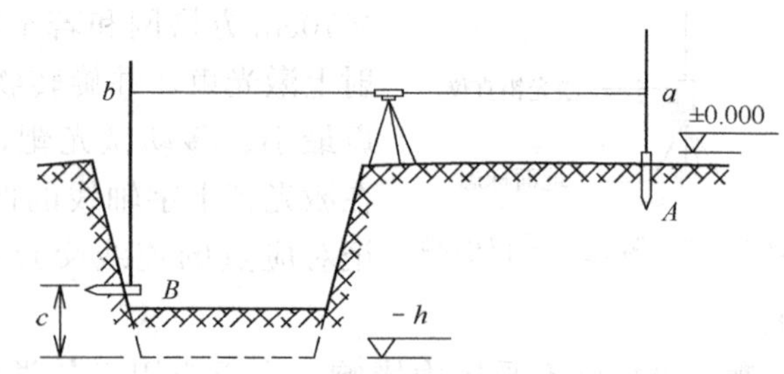

图 11-18　坑深与基础标高控制桩设置

11.3.2　墙体施工测量

建筑墙体包括基础墙和各楼层的墙身，其施工测量的内容主要包括墙（柱）体轴线恢复与边线放线、门窗及各种预留孔的平面位置和标高放线、墙（柱）体垂直度与标高控制。

1）墙（柱）体轴线恢复与边线放线

建筑基槽或基坑开挖后，原先在地面测设的建筑轴线已不存在。为了（桩、

条形、箱形等）基础施工，在完成垫层施工后，应根据原先设置的龙门板、钉，或轴线控制桩，恢复基础轴线。图 11-19 是利用龙门钉恢复基槽轴线的原理图，在对应轴线的龙门钉之间拉轴线绳，并在两轴线绳的交点处挂锤球线，将龙门钉确定的轴线投测到基槽（坑）垫层面，根据设计尺寸，量出墙（柱）体边界线，用墨线将轴线和边线弹在垫层面上。

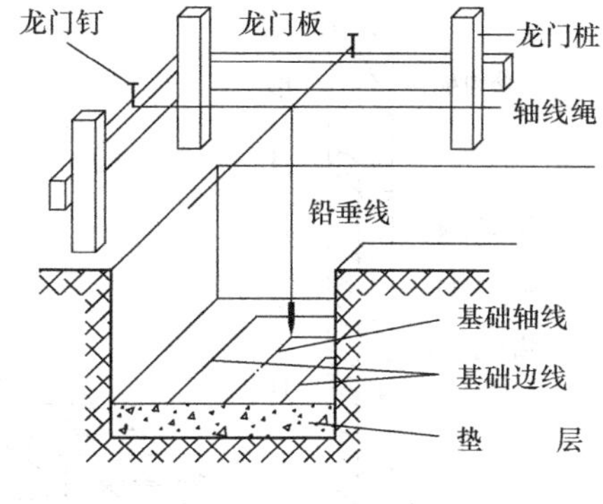

图 11-19　恢复轴线

完成基础墙（柱）体施工后，及时将轴线，用经纬仪等引测到墙（柱）体上，绘标志“◀”或“▶”表示轴线位置，如图 11-20 上的轴线 A、B 和轴线 1 等。

2）门窗及各种预留孔的平面位置和标高放线

（1）预留孔平面位置放线

基础墙体中给排水、热力、电力、通风等管道孔，各楼层墙身中的门洞、窗洞等，应分别将它们的位置或边线，在对应的基础垫层面、±0.000 面和各楼层的地板面上用钢尺丈量后绘出⊠，并在外侧立面墙体上绘制标志“|←”、“→|”，注明是何种洞孔。图 11-20 所示砌筑墙中±0.000 面及其侧面，标注了窗洞的平面位置。

（2）预留孔标高位置放线

框架结构砌体填充墙中预留孔竖直方向的下、上边线，一般直接标绘在混凝土柱上。砖结构砌体墙中预留孔竖直方向的下、上边线，通常标绘在墙身皮数杆上，如图 11-20 中的窗口出砖和窗口过梁分别说明了窗口下边缘的出砖高度位置和上边缘的过梁高度位置。

3）墙（柱）体垂直度与标高施工控制

框架结构混凝土墙（柱）体施工，实际上是控制模板施工。可直接按照墙（柱）体边线、预留孔平面与高度边线安置模板，模板垂直度由挂锤球线或经纬仪控制，高度由水准测量或钢尺量取。砖结构墙（柱）体，平面位置按照墙（柱）体边线、预留孔平面位置边线砌筑，垂直度由挂锤球线或经纬仪控制，墙体与预留孔边线标高，由 11-20 所示皮数杆控制。

皮数杆上绘有±0.000 标高线，一侧按砖和灰缝厚度画线，每一块砖及其灰缝为 1 皮。基础墙由±0.000 标高线向下增加，各楼层墙由±0.000 标高线向上增加，每隔 5 皮分别标注数字 5、10、15、……；另一侧按设计尺寸，标注门、窗、过梁、楼板和其他预留孔的位置及其边线。立皮数杆时，先在墙角打一木桩，用水准仪测设出木桩上±0.000 标高线，然后，将皮数杆上的±0.000 标高线与木桩上的±0.000 标高线对齐，用铁钉将皮数杆固定在木桩上。施工时，在两墙角皮数杆上对应皮数或对应预留孔上下边线位置拉线控制砌筑。

11.3.3　预制构件与设备安装测量

工业企业与大型建筑中，各种各样的大型设施、重型设备的定位与安装，是

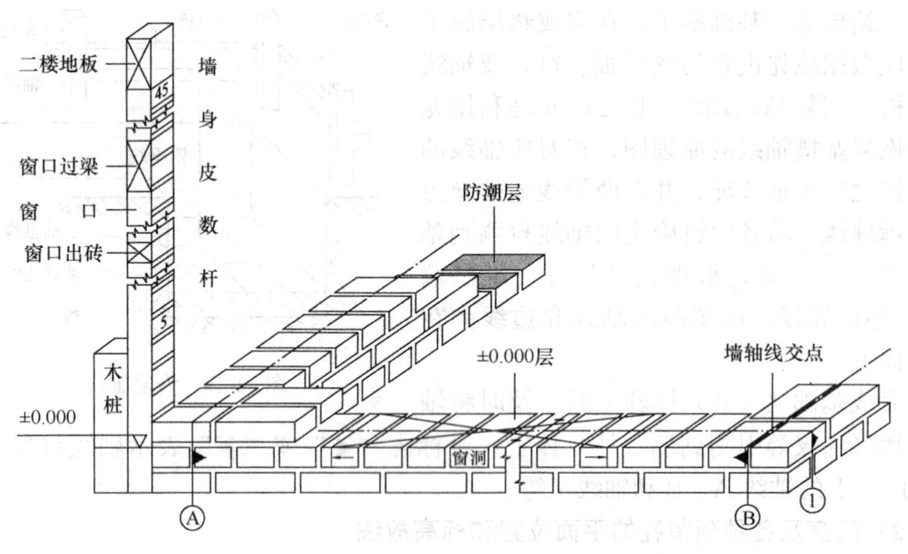

图11-20 墙体轴线与标高控制

工程施工的组成部分。常见工业厂房中的吊车轨道安装是其中的典型代表，由柱基础施工，柱子定位、吊车梁定位和轨道定位等工序组成。柱基础施工测量包括系列柱轴线定位测量、柱基坑开挖放线、基坑深度控制桩设置、柱轴线恢复与边线放线以及模板的平面位置、垂直度和标高控制等测量工作，其具体方法与11.2.2节、11.3.1节和11.3.2节中介绍方法相同，此处不再重复。

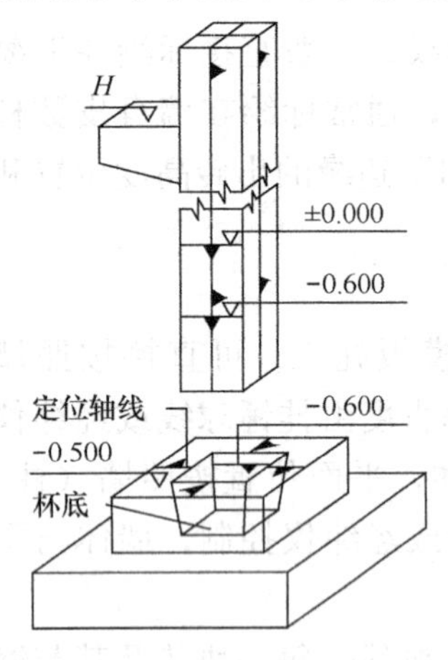

图11-21 柱子与杯形基础

1）柱子安装测量

如图11-21，上图是要安装的已经预制好的柱子，俗称牛腿柱，柱子凸出部分的上表（顶）面称为牛腿面，下图是安装柱子的杯形基础。安装可按如下工序进行。

（1）基础杯底找平 用水准仪测设出杯形基础内壁两个相对位置的－0.600m标高线（基础上表面标高一般为－0.500m），用红漆绘制标高控制标志“▼”（横向宽边为标高位置）。再根据牛腿面设计标高 H，在柱子上用钢尺量出±0.000和－0.600m标高线，用红漆绘制标志“▼”。分别用钢尺量取基础内壁标志“▼”至杯底的距离和柱子上－0.600m标志“▼”至柱子底部的距离（一般前者大于后者）。根据两距离的差值（找平厚度）对杯底用混凝土找平。

（2）绘制定位控制标志 先根据基础施工前已经测设的柱列轴线控制桩，用经纬仪将轴线投测到基础上表面，弹出墨线，用红漆绘制四个轴线控制标志“◀”或“▶”（竖向宽边为轴线方向）。再在每根柱子上至少三个侧面，弹出中心线墨线，在每条中心线上端和下部靠近基础杯口的地方，绘制标志“◀”或“▶”。

（3）柱子安装 将柱子立于杯形基础上，在相互垂直的两条定位轴线上的适当位置安置两台经纬仪，分别先照准杯形基础上的定位控制标志进行定向，上抬经纬仪望远镜分别先后瞄准柱子下部与上部定位控制标志处，调整柱子下部与上部使柱子上的定位标志精确与望远镜竖丝重合。反复若干次，直至定位误差在容许范围之内，如图 11-22 所示。

2）吊车梁安装测量

用水准仪检测各柱子±0.000 标高控制标志的高程，以其差值为依据对各柱子牛腿面进行凿削或垫高。根据柱子上的柱轴线，在牛腿面上量出吊车梁中线位置，并在牛腿面顶面和侧面用墨线弹出。吊车梁外形结构如图 11-23 上中部图形所示，安装前，在吊车梁顶面和两端面弹出中线墨线。安装时，使吊车梁顶面或侧面中线与牛腿面顶面或侧面中线对齐即可。完成安装后，在吊车梁上用水准仪检测标高是否满足精度要求。

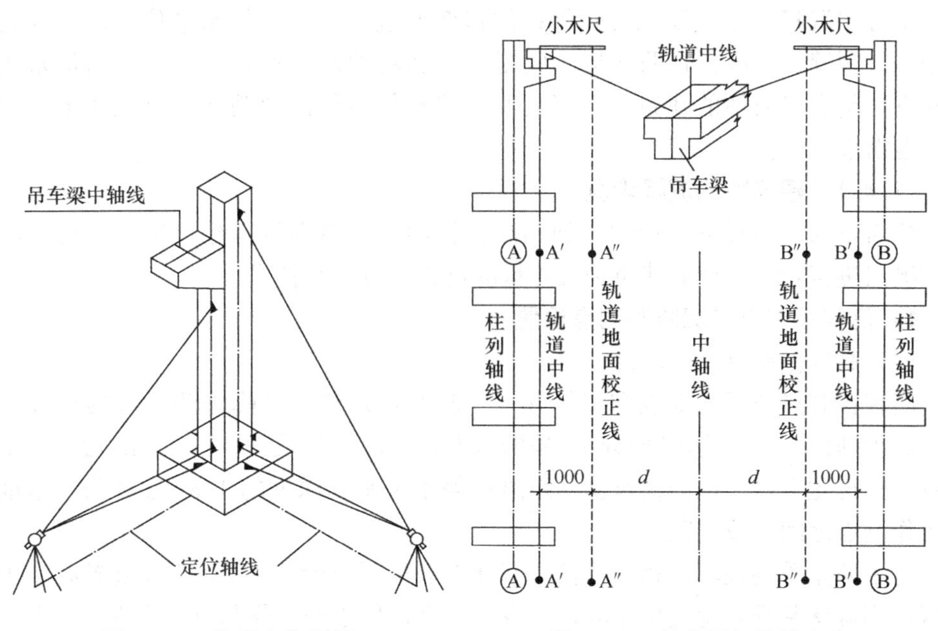

图 11-22 柱子定位测量

图 11-23 吊车梁与轨道定位

3）吊车轨道安装测量

如图 11-23，吊车轨道由 A′A′、B′B′两条线组成，对间距与准直度有很高的精度要求。具体安装过程如下：

（1）根据柱列轴线 AA、BB 与轨道中线的设计距离，在地面测设、标定出轨道中线 A′A′、B′B′。

（2）由于吊车梁的遮挡，不能直接在地面轨道中线上用经纬仪定线控制轨道安装。一般在地面向中轴线方向测设、标定出距轨道中线 1000mm 的轴线（轨道地面校正线）A″A″、B″B″，并检测两轴距离是否满足精度要求。

（3）在 A″A″轴线一端安置经纬仪照准轴线另一端进行定向，上抬望远镜指挥吊车梁上的小木尺使其读数等于 1000mm，则尺的零点位置为轨道轴线 A′A′位置，依次定出轨道轴线上的若干点。同法测设出吊车梁上的轨道轴线 B′B′。

11.4　建筑物的变形观测

建筑物不同位置的荷重，在施工期间陆续地、非均匀性增加，使得地基基础必定发生不同程度变化，且将持续到建筑物竣工后的很长一段时戒。深基坑场地土石方开挖和建筑物荷载的作用，使得建筑物周边的地基也将发生变化。这些变化，将导致建筑物本身和周边已有建筑物产生沉降与位移。为了施工、使用和周边居民的安全，对于中高层以上或特殊用途的建筑物、重要设施与重型设备的基础、高耸构筑物、地质复杂场地的建构筑物、深基坑等，在施工期间和运行、使用初期的一段时间内，需进行建筑物的变形观测。

建筑物的变形分为沉降与位移两类，沉降变形包括：建筑物沉降、基坑回弹、地基土分层沉降、建筑场地沉降等；位移变形包括：建筑物水平位移、建筑物主体倾斜、裂缝、挠度、日照变形、风振变形和场地滑坡等。本节只介绍最常用且观测方法具有代表性的建筑物沉降观测、建筑物主体倾斜观测、建筑物水平位移与场地滑坡观测。

11.4.1　建筑物的沉降观测

建筑物的沉降观测，指的是利用高程控制点，对埋设在建（构）筑物上的沉降观测点进行观测，获取建筑物沉降量的过程、方法与技术。

1）高程控制点与沉降观测点设置

（1）高程控制点及其埋设

高程控制点包括基准点和工作基点。基准点是建筑沉降观测区域的高程起始点，必须埋设在建筑物沉降影响之外的地方，一般离建筑物 80～150m 为宜。工作基点可临近建筑物，但与建筑物的距离不得小于基础深度的 1.5～2.0 倍。基准点与工作基点之间可设置联系点。

为了防止受到破坏和相互检核，基准点数量不应少于 3 个，对于建筑物较少的测区，当确认基准点稳定可靠时，可少于 3 个，但连同工作基点不得少于 3 个。基准点与工作基点的标石形式，可参见图 2-13，各自具体的规格、材料、埋设处的地质条件、埋设深度等，详见有关规范。埋设后应有足够的沉降稳固时间，至少 15 天后才能观测。

（2）沉降观测点及其设置

沉降观测点的位置，应结合地质情况和建筑结构特点，全面反映建筑物地基变形特征。一般情况下应均匀布设（如，墙面每隔 2～3 根柱基或 10～15m 处），但建筑物四角、大转角等平面形状变化部位、高低层建筑物、新旧建筑物、纵横墙等交接处两侧等荷载变化部位、原土与填土等地基基础交接处等地质条件变化处、重型设备或动力设备周边等，应加设足够密度的沉降观测点。

沉降观测点标志，可以是简易的直径为 20mm 以上的圆钢或螺纹钢、角钢等，也可为定制螺栓式标志。立尺部位应加工成半球面或有明显高度凸现点。埋设标志时，应仔细查看大样施工图纸，避免埋设在装饰墙、雨水管道等覆盖或通过部位。考虑到建筑物竣工后的观测，沉降观测标志的墙（柱）体外露部分长度 d，需根据粉灰、装饰（瓷砖）材料以及隔热层等的厚度综合确定，一般为 50～70mm。几种常见标志及其埋设形式如图11-24。

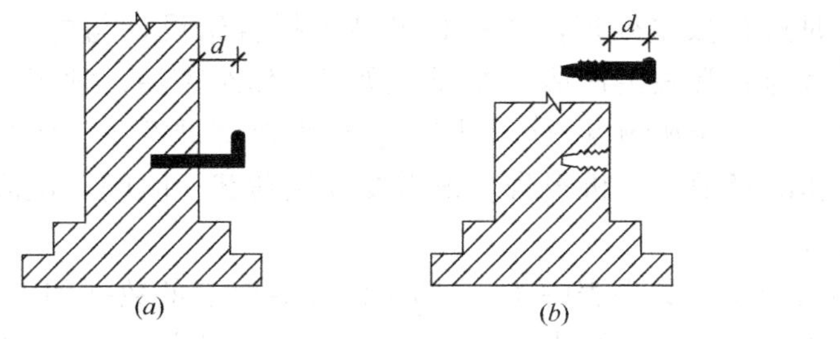

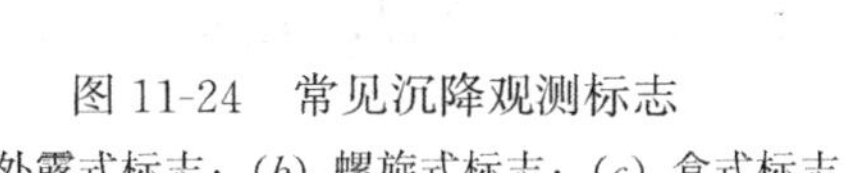

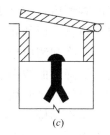

图 11-24　常见沉降观测标志

(*a*) 外露式标志；(*b*) 螺旋式标志；(*c*) 盒式标志

2) 观测方法与技术要求

建筑物沉降观测的等级，根据建筑物的变形容许值估算确定，以下均采用二级技术要求。

(1) 高程控制网

对于建筑物分散的较大区域，一般分两个层次布设高程控制网，由控制点组成闭合环路控制网，每半年至少复测一次；沉降观测点与所联测的控制点组成闭合或附合线路的扩展网，按变形观测周期观测。建筑物较少的测区，可将控制点与观测点按单一层次布设成闭合环路观测网，按变形观测周期观测。

(2) 观测方法

建筑物的沉降观测，通常采用几何水准测量方法。不便采用几何水准测量或需要自动观测时，可采用液体静力水准测量方法。低等级精度要求时，可用短视线三角高程测量方法。

(3) 技术要求

二级沉降观测应采用 DS1 或 DS05 型水准仪和因瓦合金水准尺，按光学测微法观测。项目开始前，应对水准仪和水准尺进行检验，二级观测的水准仪 i 角不得大于 15″。

水准路线的首次观测，应单程双测站或往返观测，以后各次可单程单测站观测。为保证观测成果的精确性，应使用固定的水准仪与水准尺、配备固定的观测人员、使用固定的控制点、按固定的路线与测站进行观测。

水准测量的视线长度、前后视距差、前后视距累计差、基辅分划读数之差、基辅分划所测高差之差、往返较差或附合、环行闭合差等，均应符合现行测量规范要求。

(4) 沉降观测周期与时间

建筑施工阶段应随施工进度及时进行观测。民用建筑每增加 1～5 层观测一次，工业建筑在建筑物均匀增高时，可按荷载每增加 1/4 观测一次。停工期间每 2～3 个月观测一次。观测过程中，如遇基础周围大量积水、长时间连续降雨，应适当增加观测次数。

建筑使用阶段一般可在第一年观测 3～4 次、第二年观测 2～3 次、第三年观测

1～2 次、此后每年一次，直至沉降量符合稳定性要求为止。

3）成果整理

每次观测后，应及时进行数据处理，并将观测结果报告给设计与施工单位，以便对建筑物变形的正常与异常做出评估、处理。观测工作结束后，须提交的成果包括：沉降观测成果表、沉降观测点位分布图及各周期沉降展开图、沉降速度－时间－沉降量曲线图和沉降观测分析报告。视需要提供荷载－时间－沉降量曲线图和建筑物沉降曲线图。

某中学教学楼 A 的沉降观测成果表中 1、2 两个沉降观测点的数据如表 11-1。表中，本次下沉等于上次高程减本次高程，沉降速度等于本次下沉/天数（上次至本次）。

建筑物沉降观测成果表　　**表 11-1**

观测次数	观测日期	各观测点沉降情况								施工进展	荷载 (t/m^2)
		1				2					
		高程 (m)	本次下沉 (mm)	沉降速度 (mm/d)	累计下沉 (mm)	高程 (m)	本次下沉 (mm)	沉沉速度 (mm/d)	累计下沉 (mm)		
1	05.03.12	30.788	0	0.00	0	30.771	0	0.00	0	一层平口	
2	05.04.21	30.786	2	0.05	2	30.770	1	0.03	1	三层平口	20
3	05.06.10	30.785	1	0.02	3	30.768	2	0.04	3	六层平口	50
4	05.08.01	30.784	1	0.02	4	30.766	2	0.04	5	九层封顶	80
5	05.09.28	30.781	3	0.05	7	30.765	1	0.02	6	主体完工	110
6	05.11.27	30.779	2	0.03	9	30.763	2	0.03	8	竣工	
7	06.02.10	30.776	3	0.04	12	30.761	2	0.03	10	使用	
8	06.04.26	30.774	2	0.03	14	30.759	2	0.03	12		
9	06.07.10	30.772	2	0.03	16	30.757	2	0.03	14		
10	06.09.23	30.771	1	0.01	17	30.756	1	0.01	15		
11	06.12.12	30.771	0	0.00	17	30.755	1	0.01	16		
12	07.03.02	30.770	1	0.01	18	30.755	0	0.00	16		

根据表 11-1 数据绘制的沉降速度—时间—沉降量曲线如图 11-25，其中，下半部分是观测点 1、2 的时间－沉降量曲线图。上半部分是观测点 1 的时间-沉降速度曲线图。

11.4.2　建筑物倾斜观测

建筑物基础非均匀性沉降，是引起建筑物主体倾斜的重要原因，特别是高耸建构筑物的严重倾斜可能导致倒塌，对建构筑物自身及周边区域的安全构成极大威胁。

建筑物主体倾斜观测，主要是观测建筑物顶部相对于底部的水平位移与高差，分别计算倾斜度、倾斜方向，以及倾斜速度。观测点的布设、观测标志埋设、测站点与定向点设置、观测周期等技术要求和应提交的成果，详见有关测量规范。

建筑物主体倾斜观测的方法，可以在建筑物外部设置测站和定向点，安置经

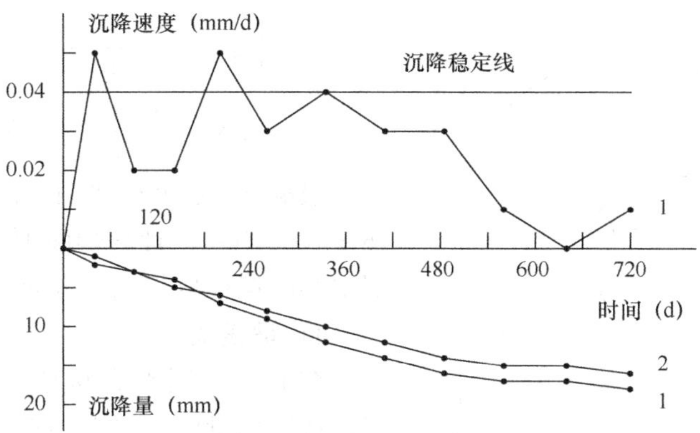

图 11-25 沉降速度—时间—沉降量曲线

纬仪或全站仪进行观测；或者在竖向通视的情况下，在底部中心设置基准点，利用铅垂线观测；当观测点数较多时，可以利用近景摄影测量方法观测。以下介绍几种常用方法。

1）经纬仪前方交会法

如图 11-26，选择 M、N 两点作为测站，分别对建筑物某角点顶端 p'和底部 p 进行前方交会，观测交会角 $\alpha_{p'}$、$\beta_{p'}$ 和 α_p、β_p，可按（6-22）、（6-3）式分别计算 p' 和 p 两点坐标及它们之间的水平距离 d。根据 p'点相对于 p 点的高差 h，则倾斜角 i 按下式计算。

$$i = \arctan \frac{d}{h} \tag{11-9}$$

建筑物的 p'至 p 方向为倾斜方向，可按(6-4)式计算。为确保交会精度，交会角宜在 60°～120°之间。

2）全站仪极坐标法

在图 11-26 中，以 N 点作为测站，利用 M 点进行定向，可用全站仪按极坐标法分别测定测站 N 至观测点 p' 和 p 的水平角 $\beta_{p'}$、β_p 与水平距离 $D_{p'}$、D_p。则

$$\begin{cases} x_p = x_N + D_p \cos(\alpha_{NM} + \beta_p) \\ y_p = y_N + D_p \sin(\alpha_{NM} + \beta_p) \end{cases} \tag{11-10}$$

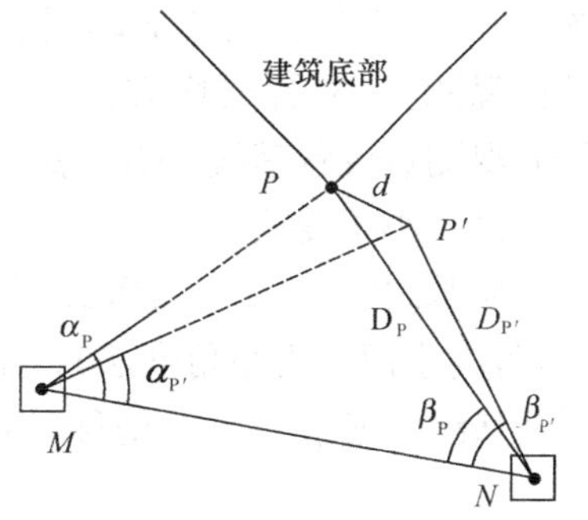

图 11-26 前方交会法与极坐标法

同理求出 $x_{p'}$ 和 $y_{p'}$，再按（6-3）式计算偏移量 d。建筑物的倾斜角和倾斜方向计算，与经纬仪前方交会法相同。

3）经纬仪投点法

图 11-27 为烟囱倾斜观测原理图，圆心为 o'和 o 的小圆和大圆分别为烟囱顶部与底部在水平面上的投影。观测时，在地面两相互垂直方向上放置钢尺，分别设为 x、y 轴。在烟囱底部中心 o 至两坐标轴的垂线延长线上安置经纬仪，分别照准烟囱顶部与底部边缘后，旋转望远镜在钢尺上读数获取坐标。按下式计算 o'至 o 的坐标增量 Δx、Δy。

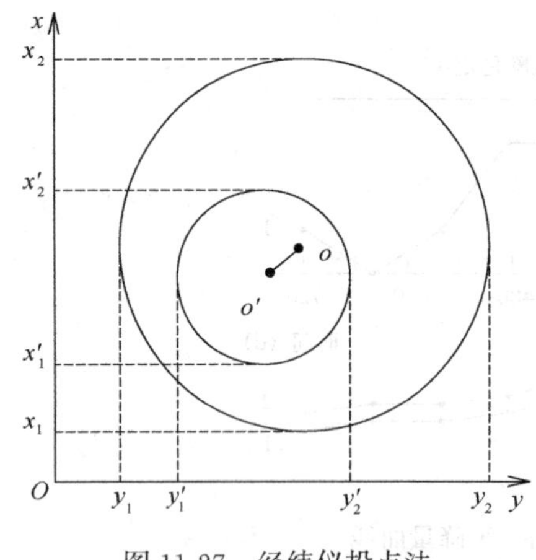

图 11-27　经纬仪投点法

$$\begin{cases} \Delta x = \dfrac{x_2 + x_1}{2} - \dfrac{x'_2 + x'_1}{2} \\ \Delta y = \dfrac{y_2 + y_1}{2} - \dfrac{y'_2 + y'_1}{2} \end{cases} \tag{11-11}$$

根据上式计算的坐标增量，便可按（6-3）和（6-4）计算烟囱顶部中心相对于底部中心的偏移量与偏移方向。

4）垂线法

在上部观测点直接或支出一点悬挂垂球，在底部量取上部观测点相对于底部观测点的偏移量与偏移方向；或利用激光铅直仪在底部观测点设置测站，在上部安置接收靶，量取接收靶上激光点至上部观测点的偏移量与偏移方向。参见 11.2.3。

11.4.3　建筑物水平位移与场地滑坡观测

建筑物水平位移观测主要包括地基基础的水平位移观测、受高层建筑物基础施工影响的建筑物、工程设施的水平位移观测和挡土墙等的侧向位移观测。测定滑坡周界、面积、滑动量、滑移方向等的建筑场地滑坡观测，实际也是测定观测点的水平位移。常用观测方法如下：

1）视准线法

视准线法包括小角度法和活动觇牌法，适用于观测点在特定方向上的水平位移。如图 11-28，小角度法和活动觇牌法的共同点是在观测点 p' 的位移方向的垂直方向上，靠近观测点设置基线 MN。p 为 p' 在基线上的垂足点。

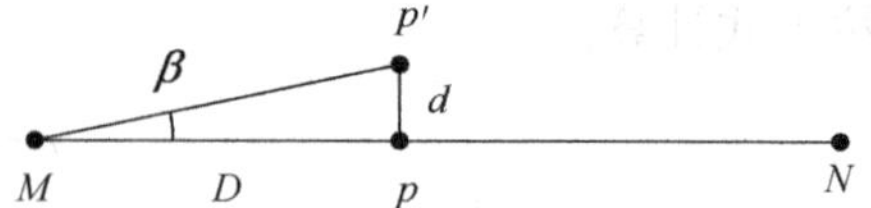

图 11-28　视准线法观测水平位移

（1）小角度法

在基线端点 M 上安置经纬仪，利用另一端 N 点定向后，观测至 p' 的水平角 β（因角度小而称为小角度法），量取 M 点至 p 点的水平距离 D，按下式计算观测点 p' 至基线（或 p 点）的偏移量 d。

$$d = D\tan\beta \tag{11-12}$$

两次偏移量之差，即为两次观测期间的水平位移量。

（2）活动觇牌法

在 M 上安置经纬仪照准 N 点固定觇牌确定视准线，指挥 p' 点上活动觇牌的照准标志移至视准线上后，直接在活动觇牌处读取偏移量 d。再根据两次偏移量计算水平位移量。

2）前方交会法与极坐标法

利用经纬仪进行前方交会观测和利用全站仪进行极坐标法观测，可以测定观测点在任意方向的水平位移。具体观测方法与移动量、移动方向的计算，见 11.4.2。

11.5 建筑竣工测量

规划设计的建构筑物及其附属道路、管线、生活设施等的整体布局、尺寸和空间位置等，在工程施工过程中，由于种种原因，一般都会有不同程度的调整与修改。为了保存工程建设的完整资料和便于工程的使用、管理与维修，必须进行竣工测量，并编制竣工总平面图。

1）竣工测量内容

（1）建构筑物　包括厂房、住宅、办公楼等一般建筑物的房角点坐标与高程、层数、编号、材料、面积、竣工时间和烟囱等特殊构筑物的圆心坐标、半径、地面标高与高度等。

（2）道路　包括道路中心线起点、转折点、与其他线路的交叉点、曲线主点（起点、曲中点、终点）等的坐标与标高，曲线的半径、长度、切线长、外矢距和偏角等，道路的名称、等级、宽度、路面材料。

（3）地下管网　包括地下管道接口、转折点、分支点、窨井等的坐标与高程，管道的类别（给水、排水、燃气等）、管径、管材、型号、坡度、流向、沟槽和管底与管顶高程等。

（4）电力通信线网　包括电力线路的变电站、室外变电装置、铁塔、电杆、地下电缆检修井等的位置，通信线路的中继线、交接箱、地下电缆入口等的位置。

（5）各种其他附属配套设施的位置、大小等。

2）隐蔽工程竣工测量要求

建构筑物及其配套设施，许多属于隐蔽工程，因此，应按照边竣工边测量的基本要求进行竣工测量。如地下排水管道，应在敷设完成，但尚未覆土时进行竣工测量。

3）竣工总平面图绘制

以测量控制网、点为基础，根据所有竣工测量资料，并结合设计总平面图、设计变更文件，按要求的比例尺和地形图绘制方法，绘制整个建筑区域的竣工总平面图。

思考题与习题

1. 建筑工程施工为何常采用施工坐标系？施工坐标系与测量坐标系如何转换？
2. 建筑施工平面控制网有哪两种基本形式？如何测设它们？
3. 如何布设建筑施工高程控制网？对高程控制点的数量与位置有哪些要求？
4. 如何测设建筑轴线桩和恢复建筑轴线？
5. 有哪些方法将建筑轴线向首层以上楼层引测？各种方法有何优缺点、适应什么场合？
6. 如何确定建筑基础开挖边界线和控制开挖深度？
7. 如何控制墙体施工的垂直度与高度？如何进行预制构件的安装测量？
8. 建筑物的沉降分为哪两类？具体需要进行建筑物的哪些变形观测？
9. 建筑物沉降观测的高程控制点包括哪些点？如何布设与埋设？沉降观测点应布设在什么位置？
10. 完成表 11-1 中沉降观测点 2 的“时间-沉降速度”曲线图绘制。

第 12 章　线路勘测与施工测量

铁路、公路与城市道路、河道与渠道、给排水管网、输电与通信线路、热力与天然气输送等工程，都属于线路工程。桥梁、隧道、涵管等，是线路工程的重要组成部分。线路工程的勘测与施工测量，主要包括勘测与施工控制测量、中线测设、纵横断面测量和桥梁、隧道、地下管道等特定工程的施工测量。其中，勘测或施工控制测量的主要作用是统一勘测、设计与施工的坐标系统，控制误差的积累，其基本原理与方法，详见第 6 章。针对不同工程的特殊控制测量要求，将在相关内容中补充介绍。

本章将重点介绍具有代表意义的道路工程勘测与施工测量的主要过程和基本方法，简要介绍地下管线、桥梁、隧道工程的一些特殊要求和施工方法。

12.1　线路中线测量

各种线路工程的中心线，习惯上简称为中线。线路中线指的是线路起点、若干交点（即线路转折点）JD_1、JD_2、…和终点等中线控制点所连成的图形。对于道路工程，其交点处的中线，一般由曲线（圆曲线或缓和曲线）连接，如图 12-1。

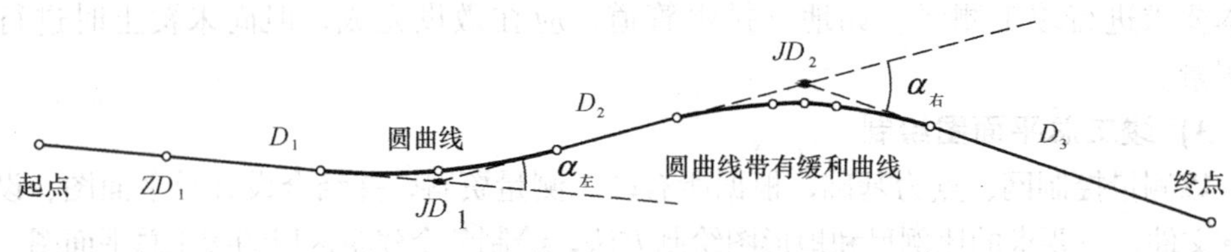

图 12-1　线路中线基本图形

通过水平角、水平距离的测设，将线路中线平面位置用一系列桩点在实地标定出来的工作，称为中线测量。中线测量按阶段划分包括勘测阶段的选线、定线阶段的定线测量和设计、施工阶段的详细测设。具体内容包括交点（含起点、终点）测设、转点测设、转向角测定、中桩（中线里程桩）测设等，对于道路工程，需进行曲线测设。

12.1.1　图上初步定线与测设准备

1）收集或测绘地形图

线路中线初步定线一般在地形图上进行，铁路、公路、输电、通信等长距离工程，通常选用 1∶50000、1∶10000 等比例尺的地形图，这类地形图属于国家基本比例尺地形图，可直接由有关部门提供。市政线路工程通常选用 1∶5000、1∶2000 甚至更大比例尺地形图，这类地形图需由承接勘测设计任务的单位，结合详细设计的需要，一次性直接测绘。

直接测绘地形图的区域，一般为初步规划线路与方案比较线路范围的带状区域。大区域地形图，可采用航空摄影测量、高分辨率卫星立体影像方式获取，市政工程或小范围区域地形图，可直接利用全站仪、GPS 接收机等设备现场测绘。

2）图上选线

根据线路用途、目的和总体规划，考虑地面起伏、各类建（构）筑物的分布、工程成本等因素，在地形图上选定出线路位置主要方案和若干备选方案，经反复比较后，初步拟定出线路的中线位置，求出线路的起点、交点（转折点）和终点等中线控制点的坐标。

3）精密控制测量

勘测定线和线路施工，通常需要建立与地形图或设计施工图一致的平面与高程的测量控制网点。

线路平面控制网点主要满足中线勘测与施工，一般布设为导线形式，根据实际地形和不同线路工程，亦可布设为小三角网，对于需要建立桥梁或隧道的地方，一般需要另行布设大地四边形、中点多边形等图形。利用原有地形图时，需同时收集图中的控制点坐标与高程；直接测绘地形图时，其测图控制点应尽量顾及线路测设要求。

线路高程控制点主要满足纵坡设计与施工需要，特别是高等级公路的施工，对高程控制有较高的精度要求。高程控制一般布设成单一附合水准线路。

12.1.2 交点测设

按照图上拟定的中线位置，到实地进行踏勘，结合现场的各种因素，最后确定出线路的起点、交点（转折点）和终点等中线控制点，并用木桩等在实地上标定出来。

当线路起点、终点在现场确定之后，中线上的各个交点，可采用以下方法进行。

1）利用 GPS 测设

利用 GPS 静态定位方法或其他常规控制测量方法测定若干高级控制点，然后利用 GPS 的 RTK 技术（详见 7.5.3 节），以高级控制点作为基准站点和校正点、检核点，完成基准站设置并进行校正、检核后，根据各交点的设计坐标，通过流动站的 GPS 接收机，即可定出实地交点。这种方法的设备成本较高，但速度快、精度高，目前已在线路的勘测、施工中广泛应用。

2）利用极坐标法或交会法测设

交点附近有测量控制点、地物点时，根据测量控制点、地物点与线路初步设计的交点之间的水平角、水平距离等几何关系，使用全站仪、经纬仪与钢尺等，采用 10.3 节中介绍的极坐标法、角度交会法、距离交会法等方法，即可直接测设出交点。

利用上述方法所需的水平角、水平距离等测设元素，可直接图解或现场实测其坐标后计算求出。

3）利用拨角放线法测设

根据地形图上设计的线路位置，图解出各交点坐标，以此反算出各直线段的长度和坐标方位角及其转角，然后到实地直接将全站仪架设在起点或已测设出的交点上，依次拨出水平角度、测段长度，即可定出实地各交点的位置。这种方法特别适合于地势平坦、通视良好的地区。

4）穿线法测设

交点附近没有，但中线附近有测量控制点、地物点时，可采用穿线法测设出中线段上的点后，由相邻两中线相交间接测设交点。

穿线法测设原理如图 12-2，过程与步骤如下：

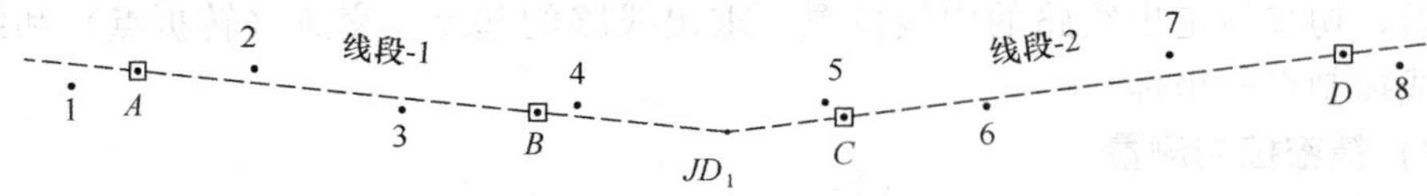

图 12-2 穿线法测设

（1）放点

在地形图中直线段—1 上选择若干中线点并图解其坐标，再根据线段—1 附近控制点坐标，利用前述极坐标法和交会方法，测设出对应的实地临时点 1、2、3、4。

（2）穿线

由于图解坐标和测设误差存在，图上位于同一直线上的点，其对应的实地临时点一般并不在同一直线上。此时，可在实地临时点上各固定立一根标杆，另外竖立两根活动标杆 A、B，采用目估或经纬仪视准方法分别指挥 A、B 标杆移动，使其连线尽量穿过或靠近各临时点，定出一条直线，并在最后确定的 A、B 位置打入木桩固定，A、B 连线即为所测设的直线。这一过程称为穿线。同理测设直线段—2。

（3）交点

延长直线段—1 和直线段—2 相交，便可确定交点 JD_1。

5）支距法测设

当地面比较平坦，初测导线与设计中线的距离较近，或没有光电测距仪以及线路等级不高的情况下，可用支距法。支距法的原理、过程与穿线法基本相同，包括放点、穿线和交点，其中，穿线和交点方法与穿线法完全相同。不同的是极角为 90°，极距 d 通常图解求出，设备是一个钉有四个小钉，连成相互垂直的“十”字线的方向架。

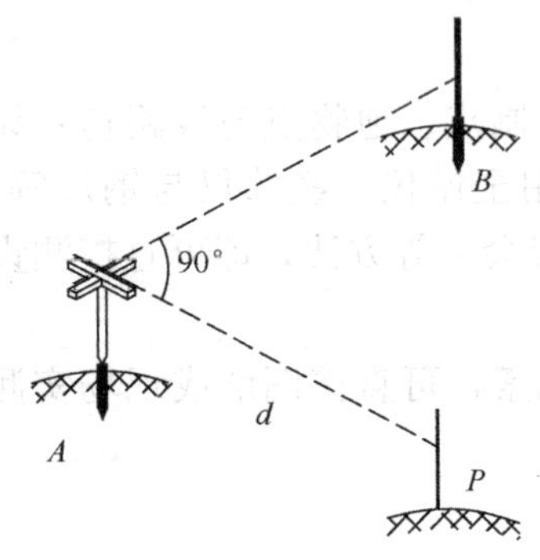

图 12-3 支距法测设

放点过程如图 12-3，将方向架放在导线点 A 上，利用两个小钉瞄准导线点 B，另两个小钉的连线的方向为支距方向，沿支距方向量取支距 d 便可放出中线上的点 p。

12.1.3 转点与中线要素测定

当相邻两中线控制点之间互不通视或距离较远时，为勘测与施工的测角、量距方便，需在两点的连线或延长线上设定若干点，称为转点，用 ZD 表示。

1）转点的测设

测设转点时，若两中线控制点之间能通视，可在一个中线控制点上架设经纬仪照准另一中线控制点进行定向后，直接定线测设两控制点之间的转点或采用倒镜方法测设延长线上的转点。当两中线控制点之间互不通视时，可采用以下方法测设转点：

（1）测设两中线控制点连线间的转点

如图 12-4，JD_1与JD_2为相邻而互不通视的两个交点，欲在两交点之间的连线上测设一个能同时看到两个交点的转点 ZD_1。先在两交点连线上确定转点的大致位置 ZD'_1，并在该点上安置经纬仪，盘左、盘右用交点 JD_1定向，分别倒镜后在视线方向上的另一交点JD_2附近测设得到两点，在容许误差范围内，取两点的中分点位置为JD'_2，量取JD'_2至JD_2的长度f，用视距测量、钢尺量距或光电测距等方法之一获取水平距离a、b，按下式计算ZD_1'至ZD_1的长度e，

$$e=\frac{a}{a+b}\cdot f \tag{12-1}$$

根据JD_2'与JD_2的相对位置、e值及ZD'_1点，在实地测设出 ZD_1。将经纬仪移至刚确定的ZD_1点上，重复上述过程，逐渐趋近，直至最后两次确定的点位差值小于规定的要求。

（2）测设两中线控制点延长线上转点

如图 12-5，JD_4与JD_5为相邻而互不通视的两个交点，欲在两交点延长线上测设一个能同时看到两个交点的转点 ZD_3。先在靠近两交点延长线的适当位置选定ZD'_3，架设经纬仪，盘左、盘右用交点JD_4定向，俯仰望远镜在JD_5附近测设得到两点，取两点中分点位置为JD'_5之后，与测设两中线控制点连线间的转点方法相同，最终确定转点ZD_3。其中，e值按下式计算。

$$e=\frac{a}{a-b}\cdot f \tag{12-2}$$

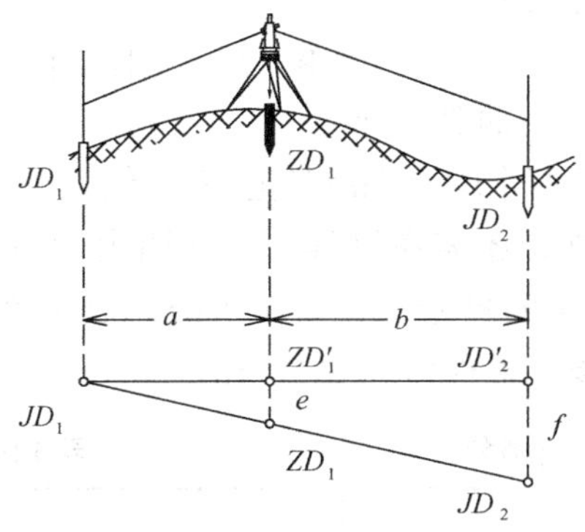

图 12-4　测设两交点连线间的转点

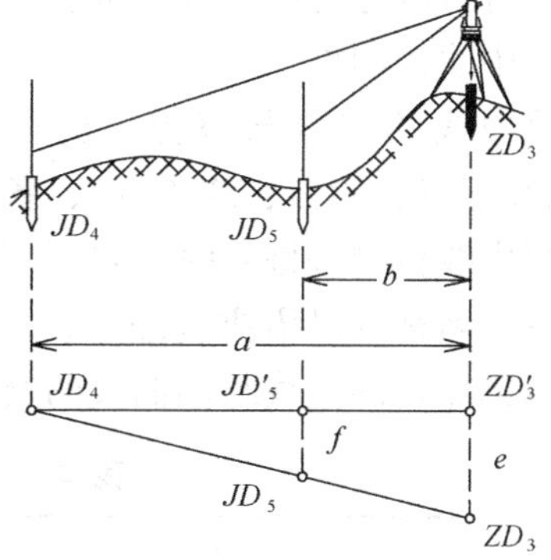

图 12-5　测设两交点延长线上的转点

2）转角与长度测定

（1）转角测定

线路由一个方向偏转到另一方向时的偏转角，称为转角，亦称为转向角或偏角，用α表示。线路转角用于道路的曲线设计和管道的转向设计。如图 12-6，转角

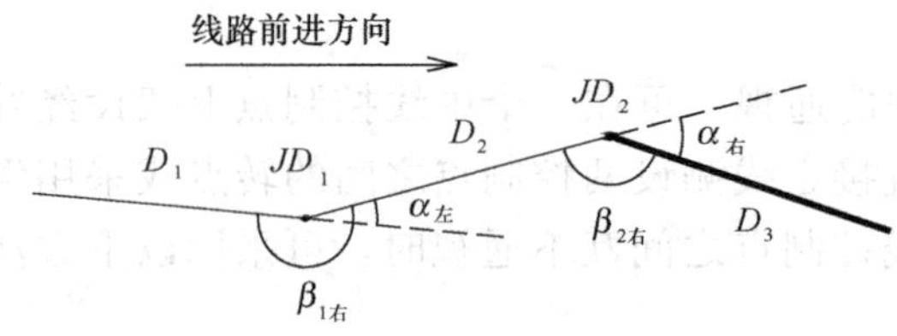

图 12-6 转角测定

有左右之分，沿线路前进方向，偏转后的方向位于原方向左侧时，称为左转角，用 $\alpha_左$ 表示；位于原方向右侧时，称为右转角，用 $\alpha_右$ 表示。

通常用经纬仪按测回法观测图 12-6 中的转折角 β 后计算转角 α。转折角有左角和右角之分，位于线路前进方向左侧时称为左角，位于右侧时称为右角。一般观测右转折角 $\beta_右$，然后按下式计算转角 α：

$$\begin{cases} \alpha_左 = \beta_右 - 180° & \beta > 180° \\ \alpha_右 = 180° - \beta_右 & \beta < 180° \end{cases} \tag{12-3}$$

(2) 确定线段长度

相邻中线控制点（起点至 JD_1、JD_1 至 JD_2、……）之间的长度 D_i（$i=1$，2，……），可以利用 GPS 接收机测定的坐标或在地形图上图解的坐标，按（6-3）式计算求出，或者利用光电测距仪直接测定，也可在后面介绍的里程桩测设过程中用钢尺等量取。

12.1.4 里程桩测设

设置在线路中线上，标注了至起点或某指定点距离（里程）的桩，称为里程桩，亦称为中桩，其距离值即为中桩的桩号。如某点沿中线至起点的距离为 1977.12m，该桩的桩号为 1+977.12 或 $K1+977.12$，其中，“+”前为千米数，K 亦代表千米。中桩形状及几种实例桩号的书写形式如图 12-7。里程桩既标定中线位置，也是测定线路纵、横断面图的依据。

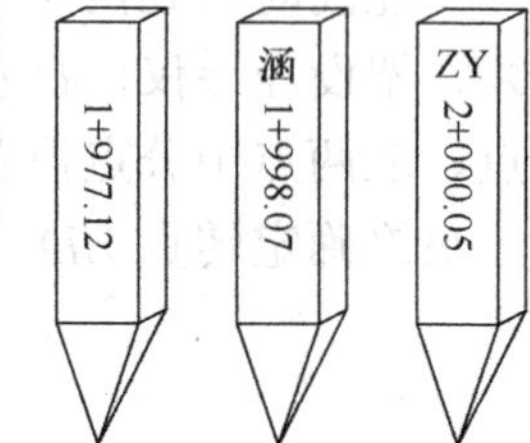

图 12-7 中桩及书写形式

1）里程桩类别

里程桩可以分为中线控制桩、整桩和加桩三种。

(1) 中线控制桩

线路中线的起点与终点、交点、转点、平曲线主点（如圆曲线起点、中点、终点等）、各种桥梁的两个端点和隧道起终点等。

书写中线控制桩桩号时，除了书写里程外，还需在里程前，注明表 12-1 中所规定的桩点名称的汉语拼音缩写。如图 12-7 中的桩号 ZY2+000.05，表示该桩为线路的直圆点，即直线与圆曲线的交接点，该点里程为 2000.05m。

我国常用公路符号（部分） **表 12-1**

名 称	简 称	汉语拼音缩写	英语缩写	名 称	简 称	汉语拼音缩写	英语缩写
交点		*JD*	*IP*	公切点		*GQ*	*CP*
转点		*ZD*	*TP*	第一缓和曲线起点	直缓点	*ZH*	*TS*
圆曲线起点	直圆点	*ZY*	*BC*	第一缓和曲线终点	缓圆点	*HY*	*SC*
圆曲线中点	曲中点	*QZ*	*MC*	第二缓和曲线起点	圆缓点	*YH*	*CS*
圆曲线终点	圆直点	*YZ*	*EC*	第二缓和曲线终点	缓直点	*HZ*	*ST*

（2）整桩

从线路起点或某指定点开始，直线上每隔 20m（公路）或 50m（铁路），曲线上根据不同曲率半径以及不同公路等级，每隔 20、10m 或 5m 所设置的桩，称为整桩。百米桩和千米桩均属于整桩。如 6＋000（千米桩）、6＋600（百米桩）、6＋660（20m 整数倍桩）。

（3）加桩

线路两侧工程施工区域内纵向、横向地形显著变化处，与铁路、公路、重要小路、水渠、管道、电力与电讯线的交叉处，不良地质地段的起点与终点、桥涵中心等处，应设置加桩，并在桩号的里程前简明标注。如图 12-7 中的涵洞中心桩号“涵 1＋998.07”。

2）里程桩测设

里程桩的设置通常与中线丈量同时进行，边丈量边设置。丈量工具根据道路等级而定，等级公路，一般用钢尺或 GPS 接收机，简易公路，可用皮尺。用 GPS 接收机，详见 7.5.3；用钢尺、皮尺丈量时，尽量采用水平尺法量距。钉桩时，中线控制桩处打入正桩，桩顶钉中心钉，桩顶高出地面约 2cm，并在线路前进方向一侧约 20m 处钉桩号桩。其他桩直接钉在中线上，以露出桩号为宜，桩号背向线路前进方向。

12.2 曲线测设

12.2.1 曲线类型及其连接形式

道路（公路、铁路等）中线由一直线方向转向另一直线方向，为保障行车安全，在转折点（线路交点）处，平面线路一般设置曲线进行连接。

如图 12-8，JD_i（i=1，2，3，…；下同）为线路交点，O_i 为圆曲线圆心，R_i 为圆曲线半径。根据道路等级和地形条件，曲线连接的形式多种多样，图中（a）～（e）处是几种常见的连接形式。

（a）：直线与圆曲线连接；

（b）：不同半径的两种曲线的连接；

（c）：曲率半径方向相反的两种曲线的连接；

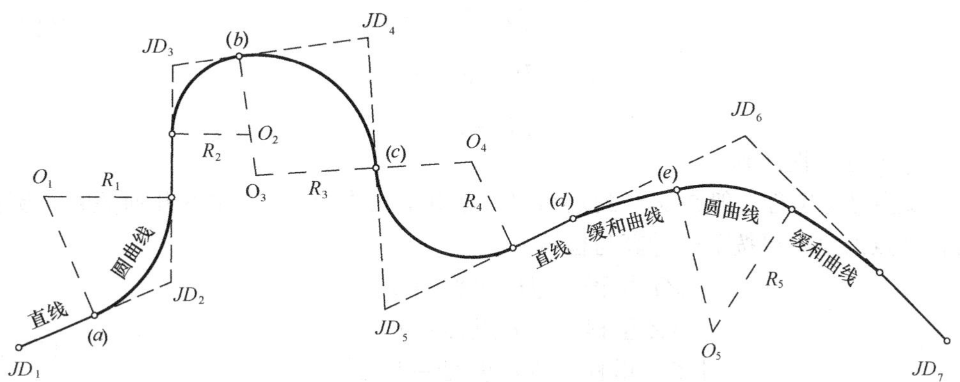

图 12-8　曲线及其连接形式

(d)：直线与缓和曲线的连接；

(e)：缓和曲线与圆曲线的连接。

上述是几种具有代表意义的连接形式。实际线路中，两圆曲线、回头曲线等一般都需要通过缓和曲线连接。图中 JD_6 交点的直线与圆曲线之间嵌有缓和曲线，其作用是使曲率半径无穷大的直线，通过缓和曲线逐步过渡到半径等于圆曲线半径，可以避免连接处车辆急拐弯。

虽然直线与圆曲线、缓和曲线的连接形式有很多种组合，但概括起来主要使用圆曲线和缓和曲线两种曲线。

12.2.2　曲线主点测设

线路中线上控制曲线形状的点，称为曲线的主点。道路由一个方向转向另一方向，主要通过圆曲线或圆曲线带有缓和曲线两种曲线形式进行连接，两种曲线的主点存在差异。

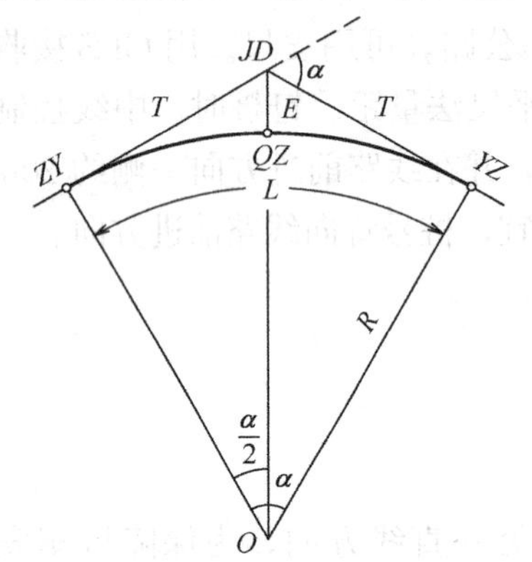

图 12-9　圆曲线主点与要素

1) 圆曲线主点测设

(1) 圆曲线主点

如图 12-9，圆曲线主点有三个，即：直圆点 ZY（直线与圆曲线连接点，亦称为圆曲线起点，字母用“直圆”的汉语拼音缩写，下同）、曲中点 QZ（圆曲线中点）和圆直点 YZ（圆曲线与直线的连接点，亦称为圆曲线终点）。

(2) 圆曲线要素与主点里程

①圆曲线要素及其计算

图 12-9 中，圆曲线转角 α、圆曲线半径 R、切线长 T（ZY 点与 YZ 点分别至 JD 点的长度）、曲线长 L（ZY 点至与 YZ 点的圆曲线弧长）外矢距 E（QZ 点至 JD 点的距离）和切曲差 J（切线与曲线长度之差），合称为曲线要素。其中，转角 α 由实际线路决定，通过观测得到；半径 R 由设计确定。即 α 和 R 为已知要素，其他要素可按下式计算：

$$\begin{cases} T = R \cdot \tan \dfrac{\alpha}{2} \\ L = \dfrac{\pi}{180^\circ} \cdot \alpha \cdot R \\ E = R(\sec \dfrac{\alpha}{2} - 1) \\ J = 2T - L \end{cases} \tag{12-4}$$

②主点里程计算

交点 JD 里程一般在交点测定后已经确定，根据图 12-9 中的几何关系，圆曲线各主点的里程可按下式计算与检核：

$$\begin{cases} ZY\text{ 里程} = JD\text{ 里程} - T \\ YZ\text{ 里程} = ZY\text{ 里程} + L \\ QZ\text{ 里程} = YZ\text{ 里程} - L/2 \\ JD\text{ 里程} = QZ\text{ 里程} + J/2\text{(检核)} \end{cases} \tag{12-5}$$

【例 12-1】 已知：转角 $\alpha_{右}=48°54'$，圆曲线设计半径 $R=160$m，交点 JD 里程为5＋182.47m。

【求】 各圆曲线要素和圆曲线主点里程。

【解】 将 α 和 R 的已知值代入（12-4）式，依次计算可得各圆曲线要素如下：

$T=72.75$m　　　　$L=136.55$m

$E=15.76$m　　　　$J=8.95$m

圆曲线各主点里程计算如下：

	JD	5＋182.47
一)	T	72.75
	ZY	5＋109.72
＋)	L	136.55
	YZ	5＋246.27
一)	$L/2$	68.28
	QZ	5＋177.99
＋)	$J/2$	4.48
	JD	5＋182.47

（3）主点测设

主点测设过程如图 12-10，在交点 JD 上安置经纬仪，分别照准后视交点和前视交点方向，从 JD 点开始，沿两照准方向分别量取切线长 T，得到圆曲线起点 ZY（直圆点）和终点 YZ（圆直点）。从后视交点或前视交点方向拨角（180°－α）/2，量取外矢距 E，得曲中点 QZ。

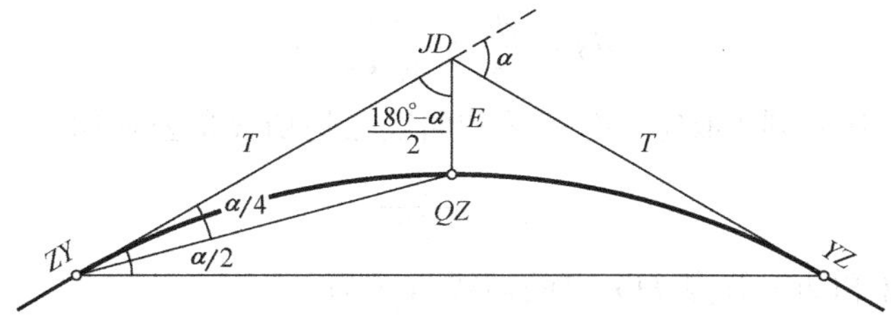

图 12-10 圆曲线主点测设

当完成了后视直线上中桩的测设时，可实地量取后视直线段最后一个中桩至 ZY 点的距离，与两点里程差进行比较，以此检核切线长 T 值的计算和 ZY 点测设是否存在错误与满足精度要求。再在 ZY 点上安置经纬仪，测定 ZY 至 QZ 点、YZ 点两条弦线与 ZY 至 JD 切线的夹角，应分别为转角的四分之一和二分之一，用以检核 QZ、YZ 两点测设的正确性与精度。

2）圆曲线带有缓和曲线的主点测设

（1）缓和曲线方程

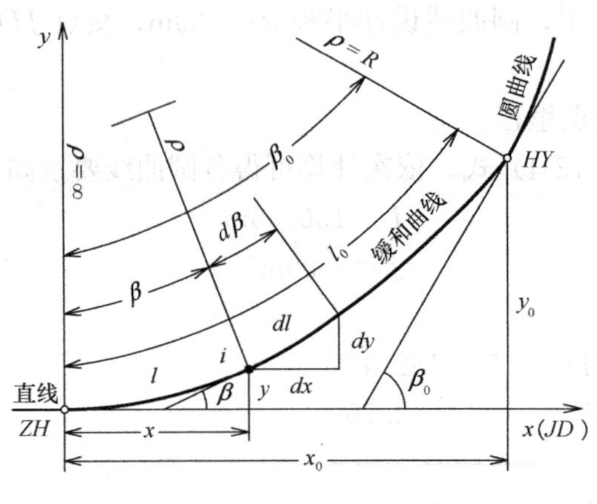

图 12-11　缓和曲线

道路平面上，半径无穷大的直线与指定半径的圆曲线、两半径大小不同或曲率方向相反的圆曲线相连接时，为避免转弯半径的突变造成行车不安全，通常需要在两线之间设置一条半径渐变的过渡曲线，这种曲线称为缓和曲线，亦称为介曲线。用于缓和曲线的线型有螺旋曲线（亦称回旋曲线）、三次抛物线等，我国公路、铁路一般使用螺旋曲线。下面以直线与圆曲线连接为例，推导缓和曲线的计算公式。

如图 12-11 所示，在直线与圆曲线间嵌入缓和曲线，其半径 ρ 是逐渐变化的。在直线与缓和曲线的连接点（缓和曲线起点）ZH 上，$\rho=\infty$（直线半径），在缓和曲线与圆曲线连接点（缓和曲线终点）HY 上，$\rho=R$（圆曲线半径），在缓和曲线上距缓和曲线起点（ZH）的弧长为 l 的 i 点，ρ 与弧长 l 成反比，即

$$\rho \propto \frac{1}{l} \quad \text{或} \quad \rho = \frac{c}{l}$$

则

$$c = \rho \cdot l \tag{12-6}$$

式中，c 为常数，称为曲线半径变化率。当 l 等于缓和曲线全长 l_0 时，顾及 $\rho=R$，于是有：

$$c = R \cdot l_0 \tag{12-7}$$

缓和曲线上任意点 i 的切线与起点 ZH 的切线所构成的夹角，称为 i 点的切线角，用 β 表示。根据 i 点处的曲率半径 ρ、微分弧段 dl 及其对应的圆心角 $d\beta$ 之间的几何关系，并顾及式（12-6）和式（12-7），

$$d\beta = \frac{dl}{\rho} = \frac{l}{R \cdot l_0} dl$$

将上式两边从 0 到 l 取定积分得缓和曲线点的切线角公式如下：

$$\beta = \frac{l^2}{2Rl_0} \tag{12-8}$$

$l=l_0$ 时的缓和曲线终点 HY 点的切线角 β_0 为

$$\beta_0 = \frac{l_0}{2R} \tag{12-9}$$

以缓和曲线起点 ZH 为原点，过 ZH 点的缓和曲线切线方向为 x 轴，曲率半径方向为 y 轴建立平面直角坐标系。容易看出，缓和曲线上任意点 i 处的微分段 dl 与对应 dx、dy 之间存在如下微分关系：

$$\begin{cases} dx = dl \cdot \cos\beta \\ dy = dl \cdot \sin\beta \end{cases}$$

将上式中的 $\cos\beta$ 和 $\sin\beta$ 按级数展开，将式（12-8）代入，等式两边从 0 到 l 取定积分，略去高次项后，得缓和曲线的直角坐标计算公式为：

$$\begin{cases} x = l - \dfrac{l^5}{40R^2 l_0^2} \\ y = \dfrac{l^3}{6Rl_0} \end{cases} \tag{12-10}$$

$l = l_0$时的缓和曲线终点 HY 点的直角坐标计算公式为：

$$\begin{cases} x_0 = l_0 - \dfrac{l_0^3}{40R^2} \\ y_0 = \dfrac{l_0^2}{6R} \end{cases} \tag{12-11}$$

（2）内移值与切线增值

如图 12-12，在直线与圆曲线之间嵌入长度为 l_0（ZH 至 HY 或 YH 至 HZ 弧段）的缓和曲线段，必须将圆曲线向圆心方向内移 p 值，才能使缓和曲线与直线连接，此时，切线长将增加 q。在公路中，通常保持圆心位置不变，将原圆曲线半径由 $R+p$ 缩短至 R，缩短半径后的圆曲线为 HY 至 YH 弧段。顾及图 12-11 中对 β_0 和 x_0、y_0 的定义可得，圆曲线弧段所对应的圆心角为 $\alpha - 2\beta_0$，由图 12-12 不难看出，内移值 p 与切线增值 q 可由下式计算：

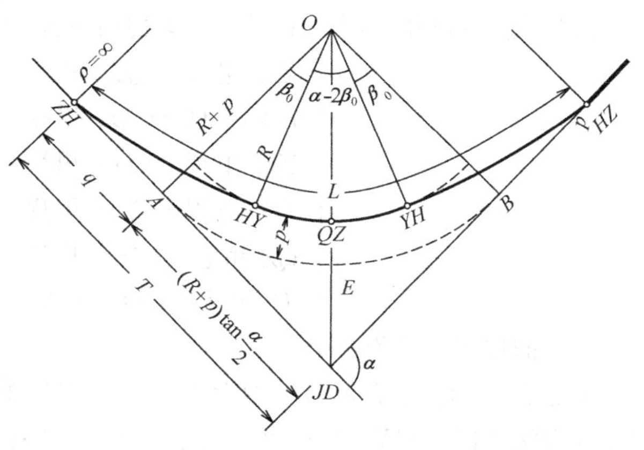

图 12-12 圆曲线带有缓和曲线的元素

$$\begin{cases} p = y_0 - R(1 - \cos\beta_0) \\ q = x_0 - R\sin\beta_0 \end{cases} \tag{12-12}$$

将上式中的 $\sin\beta_0$、$\cos\beta_0$ 用级数展开，略去高次项，并将 β_0 和 x_0、y_0 按式(12-9)和式（12-11）代入、整理后得：

$$\begin{cases} p = \dfrac{l_0^2}{24R} \\ q = \dfrac{l_0}{2} - \dfrac{l_0^3}{240R^2} \end{cases} \tag{12-13}$$

（3）测设元素与主点里程计算

两直线用带有缓和曲线的圆曲线连接时，一般将圆曲线和缓和曲线作为一个整体进行考虑。其曲线主点有五个，即直缓点 ZH（直线与缓和曲线连接点、曲线起点）、缓圆点 HY（缓和曲线与圆曲线连接点）、曲中点 QZ（圆曲线中点）、圆缓点 YH（圆曲线与缓和曲线连接点）、缓直点 HZ（缓和曲线与直线连接点、曲线终点）。用 Ly、L、T、E、J 分别表示圆曲线长、圆曲线与缓和曲线总长、切线长、外矢距和切曲差（切线与曲线长度之差），它们合称为测设元素。由图 12-12 可得：

$$\begin{cases} L_y = R(\alpha - 2\beta_0) \cdot \dfrac{\pi}{180^\circ} \\ L = L_y + 2l_0 \\ T = (R+p)\tan\dfrac{\alpha}{2} + q \\ E = (R+p)\sec\dfrac{\alpha}{2} - R \\ J = 2T - L \end{cases} \tag{12-14}$$

式中，α 为实地测定，l_0 由设计给定，β_0 按式（12-9）计算求出。

已知交点 JD 里程时，曲线主点里程由下式计算：

$$\begin{cases} ZH\text{ 里程} = JD\text{ 里程} - T \\ HY\text{ 里程} = ZH\text{ 里程} + l_0 \\ YH\text{ 里程} = HY\text{ 里程} + L_y \\ HZ\text{ 里程} = YH\text{ 里程} + l_0 \\ QZ\text{ 里程} = HZ\text{ 里程} - L/2 \\ JD\text{ 里程} = QZ\text{ 里程} + J/2 \end{cases} \tag{12-15}$$

（4）曲线主点测设

主点 ZH、QZ、HZ 点的测设方法，分别与单一圆曲线主点 ZY、QZ、YZ 点的测设方法相同。HY、YH 点一般根据 HY、YH 点的坐标（x_0，y_0），用下面将要介绍的切线支距法测设。

12.2.3　曲线详细测设

曲线详细测设的任务是测设曲线（圆曲线、缓和曲线）上除已测设的主点外的一切中桩，包括整桩与加桩。根据使用的设备不同，其测设方法很多，传统的曲线详细测设主要使用经纬仪与钢尺，常用偏角法、切线支距法、弦线偏距法等；近年来，全站仪和 GPS 技术与设备应用于线路勘测与施工，极坐标法（坐标法）随之得到广泛应用。此处仅介绍具有代表意义、且最常用的偏角法、切线支距法和极坐标法（坐标法）。

1）偏角法测设

以曲线的起点（ZY 或 ZH）或终点（YZ 或 HZ）至曲线点 i 的弦线与切线之间的弦切角（偏角）Δ_i 和弦长 c_i 来测设 i 点的方法，称为偏角法。

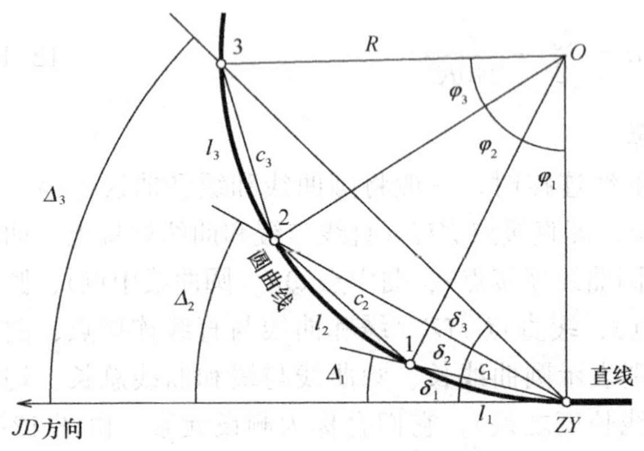

图 12-13　偏角法测设圆曲线

（1）圆曲线的偏角法详细测设

如图 12-13，ZY 至 JD 方向是圆曲线在 ZY 点的切线方向，O 为圆心，R 为圆曲线半径，欲测设圆曲线上的 1、2、3 三个桩点。

图 12-13 中，Δ_i 为 i 点对

应弦线的弦切角，c_i、φ_i和δ_i分别是对应于圆弧段l_i的弦线长、圆心角和圆周角，$i=1,2,3,\cdots$。根据图中几何关系，并顾及同弧所对应的弦切角、圆周角是圆心角的一半的定理，则有

$$\begin{cases} c_i = 2R\sin(Kl_i) \\ \delta_i = Kl_i \end{cases} \quad (i=1,2,3,\cdots) \tag{12-16}$$

上式中，$K=\dfrac{180^\circ}{2\pi R}$。当圆曲线半径$R$一定时，$K$为常数，$c_i$、$\delta_i$仅与弧段长有关。

一般而言，i点至起点（ZY）的弦切角可由下式计算：

$$\Delta_i = \delta_1 + \delta_2 + \cdots + \delta_i \tag{12-17}$$

或

$$\Delta_i = \Delta_{i-1} + \delta_i \qquad (当\ i=1\ 时,\Delta_{i-1}=0) \tag{12-18}$$

实际线路中，除起点至第一个整桩、最后一个整桩至终点之间的弧长l_1、l_n是不确定的外，其他相邻整桩之间的弧长是相等的，设为l_0，根据式（12-16）第一式和（12-17）式可得测设元素如下计算式：

$$\begin{cases} c_1 = 2R\sin(Kl_1), \quad c_2 = c_3 = \cdots = 2R\sin(Kl_0), c_n = 2R\sin(Kl_n) \\ \delta_1 = Kl_1, \delta_2 = \delta_3 = \cdots \delta_n = Kl_0, \delta_n = Kl_n \\ \Delta_i = \delta_1 + (i-1)\delta_0 \qquad i=1,2,3,\cdots \end{cases} \tag{12-19}$$

【例 12-2】 利用例 12-1 的数据，已知$\alpha_{右}=48°54'$，$R=160$m，主点里程ZY为 5+109.72，QZ为 5+177.99，YZ为 5+246.27，相邻整桩间距$l_0=20$m。

用偏角法进行详细测设时，先在ZY点安置经纬仪从ZY测设至QZ点，再在YZ点安置经纬仪从YZ测设至QZ点。详细测设数据见表 12-2。

偏角法测设圆曲线数据 **表 12-2**

测站	定向点	曲线里程桩号	相邻桩点间弧长 (m)	偏角值 (°) (′) (″)	相邻桩点间弦长 (m)
ZY 正拨角	JD 切线方向	ZY 5+109.72		0 00 00	
			10.28		10.28
		5+120		1 50 26	
			20		19.99
		5+140		5 25 18	
			20		19.99
		5+160		9 00 10	
			17.99		17.98
		QZ 5+177.99		12 13 26	
YZ 反拨角	JD 切线方向	QZ 5+177.99		347 36 26	
			2.01		2.01
		5+180		348 08 02	
			20		19.99
		5+200		351 42 54	
			20		19.99
		5+220		355 17 46	
			20		19.99
		5+240		358 52 38	
			6.27		6.27
		YZ 5+246.27		0 00 00	

利用偏角法测设圆曲线的具体步骤如下：

①在ZY点安置经纬仪，照准JD点进行定向，配置水平度盘读数为0°00′00″；

②顺时针方向旋转（正拨）照准部，使水平度盘读数为1°50′26″，从 ZY 开始

沿此照准方向量弦长 10.28m，定出曲线上桩号为 5+120 的第一个中线桩；

③顺时针方向旋转照准部，使水平度盘读数为 5°25′18″，从刚测设的 5+120 桩开始量弦长 19.99m，与经纬仪视线方向交会定出桩号为 5+140 桩。以此类推，定出曲线上各桩，直至定出 QZ 桩，并检核其是否与原测设的主点 QZ 重合。

④将经纬仪搬至 YZ 点，重复上述①至③步，测设 YZ 点至 QZ 点的另一半圆曲线。不同的是照准部应逆时针旋转，称为反拨。

（2）圆曲线带有缓和曲线的偏角法测设

从偏角法测设圆曲线的原理可以看出，偏角法的关键是要求出偏角和弦长两个测设元素。利用偏角法测设圆曲线带有缓和曲线时，一般将缓和曲线部分与圆曲线分开进行测设。

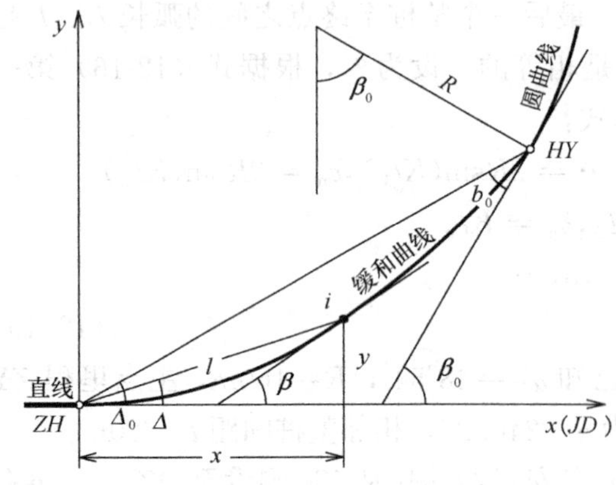

图 12-14　偏角法测设缓和曲线

①偏角法测设缓和曲线

如图 12-14，缓和曲线上任意点 i 的坐标，可用式（12-10）计算求出。当需要精确计算 i 点偏角 Δ 和 i 点至相邻曲线点的弦长时，可以根据坐标分别利用式（6-4）和式（6-3）式计算。

实际铁路与公路工程中，缓和曲线段的弧段长度与对应弦线长度差别很小，一般直接用 $i-1$ 点至 i 点的弧长 l_i 代替弦长 c_i。即

$$c_i \approx l_i \tag{12-20}$$

对于 i 点偏角 Δ，有

$$\sin\Delta = \frac{y}{l}$$

式中，l 是缓和曲线起点（ZH 或 HZ）至 i 点的弧长。

因 Δ 很小，可有 $\sin\Delta \approx \Delta$，将式（12-10）的第二式代入上式。圆曲线半径 R、缓和曲线总长度 l_0 在设计后为定值，顾及弧度与角度转换关系，上式可以写成：

$$\Delta = Kl^2 \tag{12-21}$$

式中，$K = \dfrac{180°}{6\pi R l_0}$

测设时，在 ZH 或 HZ 安置经纬仪，以 JD 点定向，用式（12-20）和式（12-21）计算的弦长和偏角，按偏角法测设圆曲线的过程与方法进行测设。

②偏角法测设带有缓和曲线的圆曲线

偏角法测设带有缓和曲线的圆曲线与前面介绍的圆曲线测设方法完全相同，不同的是需要确定圆曲线起点（HY 或 YH）的切线方向。在图 12-14 中，可以通过求出 b_0 达到确定圆曲线起点（HY 或 YH）的切线方向的目的。

当 $l=l_0$，由式（12-21）可得

$$\Delta_0 = \frac{180°}{6\pi R} \cdot l_0 \tag{12-22}$$

β_0 由式（12-9）确定，则

$$b_0 = \beta_0 - \Delta_0 \tag{12-23}$$

测设时，在圆曲线起点（HY 或 YH）安置经纬仪，照准 ZH 或 HZ 点，拨角 b_0，即为所需切线方向。

2）切线支距法

切线支距法是以曲线上特定点（如起点等）的切线方向为基线建立平面直角坐标，并根据曲线点的坐标进行测设的一种方法。

（1）圆曲线的切线支距法测设

如图 12-15，以圆曲线起点 ZY（或终点 YZ）为原点，过原点的指向曲线交点 JD 的曲线切线方向为 x 轴，曲率半径方向为 y 轴建立平面直角坐标系，求解曲线点 i 的纵、横坐标（x_i，y_i）后，以原点作为起点，沿 x 轴和 y 方向量距测设 i 点。由图 12-15 中的几何关系可知：

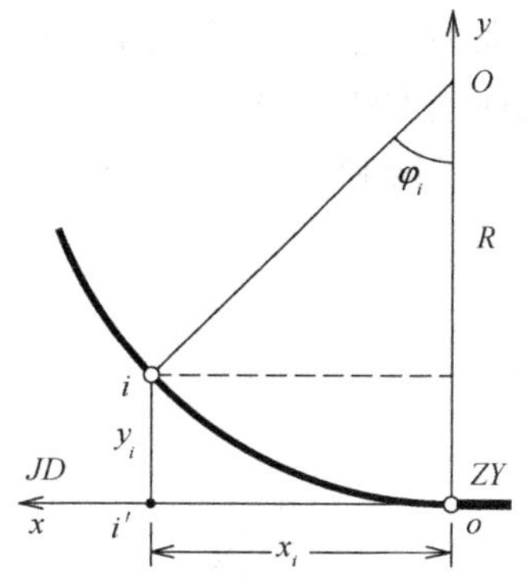

图 12-15 切线支距法测设圆曲线

$$\begin{cases} x_i = R\sin\varphi_i \\ y_i = R(1-\cos\varphi_i) \end{cases} \tag{12-24}$$

式中，$\varphi_i = \dfrac{180^\circ}{\pi R} \cdot l_i \quad i=1，2，3，\cdots\cdots$。

l_i 为原点 ZY（或 YZ）至曲线点 i 的弧长。

为避免支距太大，一般采用以 ZY 与 YZ 点分别向 QZ 点施测。

【例 12-3】 用例 12-2 数据，已知 R=160m，主点里程 ZY 为 5+109.72，QZ 为 5+177.99，YZ 为 5+246.27，相邻整桩距 l_0=20m。按 12-24 式计算的切线支距法测设圆曲线数据见表 12-3。

切线支距法测设圆曲线数据 **表 12-3**

测 站	定向点	曲线里程桩号	桩点至原点曲线长 (m)	横坐标 (m)	纵坐标 (m)
ZY 正拨角	*JD* 切线方向	*ZY* 5+109.72	0.00	0.00	0.00
		5+120	10.28	10.27	0.33
		5+140	30.28	30.10	2.86
		5+160	50.28	49.46	7.84
		QZ 5+177.99	68.27	66.22	14.35
YZ 反拨角	*JD* 切线方向	*QZ* 5+177.99	68.28	66.23	14.35
		5+180	66.27	64.39	13.53
		5+200	46.27	45.63	6.64
		5+220	26.27	26.15	2.15
		5+240	6.27	6.27	0.12
		YZ 5+246.27	0.00	0.00	0.00

具体测设步骤如下：

①从 ZY 点开始，沿 ZY 点切线方向量 x_i 得 i 点在切线上垂足点 i'；

②在 i' 点上用经纬仪或图 12-3 中所示十字架定出垂线方向后量 y_i 值得 i 点；

③重复上述步骤完成各曲线点测设，并用 QZ 点与最后一个曲线桩的距离进行检核；

④从 YZ 点开始，按照上述同样方法与步骤测设另一半曲线。

（2）圆曲线带有缓和曲线的切线支距法测设

圆曲线带有缓和曲线时，以 ZH、HZ 点为原点，JD 方向为 x 轴，曲率半径方向为 y 轴建立平面直角坐标系，求出曲线上各点的坐标后，按切线支距法测设圆曲线方法测设。

①缓和曲线段的坐标按式（12-10）计算：

$$\begin{cases} x = l - \dfrac{l_H^5}{40R^2 l_0^2} \\ y = \dfrac{l_H^3}{6Rl_0} \end{cases}$$

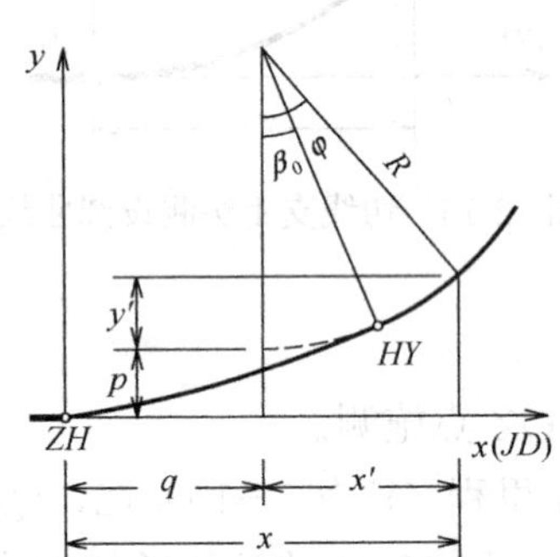

图 12-16　切线支距法测设带有缓和曲线的圆曲线

式中，l_H 为 ZH 或 HZ 点至缓和曲线点的弧长。

②圆曲线段的坐标与各参数的几何关系如图 12-16，具体计算公式如下：

$$\begin{cases} x = x' + q = R\sin\varphi + q \\ y = y' + p = R(1-\cos\varphi) + p \end{cases} \tag{12-25}$$

式中

$$\varphi = \beta_0 + \frac{180^\circ}{\pi R} \cdot l_Y \tag{12-26}$$

l_Y 为 HY 点或 YH 点至圆曲线点的圆曲线弧长；β_0 是缓和曲线的 HY 点或 YH 点的切线角，由式（12-9）计算。q、p 分别是圆曲线内移值和切线长增值，由式（12-12）或式(12-13)计算。

3）极坐标法与坐标法

如图 12-17 所示，已知实地具有坐标的控制点 A（x_A，y_A）与 B（x_B，y_B），已计算出坐标的待测设曲线点 p_1（x_1，y_1）。根据三点坐标计算、测设水平角（极角）α 和水平距离 d_{Ap}（极距）后得到实地曲线点 p_1 的方法，称为极坐标法。使用这种方法时，一般需要具有光电测距功能的全站仪，按 10.3 节中的极坐标法进行测设。这种方法虽然计算比较烦琐，但现场设置测站比较自由，测设比较方便。

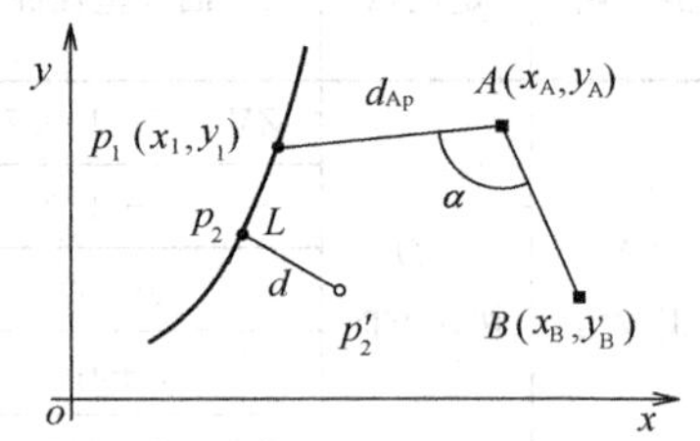

图 12-17　极坐标法与坐标法测设曲线

近年来，GPS 技术在线路勘测与施工中得到广泛应用。线路测设时，可先将线路（直线、曲线）的有关参数（如起点坐标与方向，转向角，曲线半径等）输入到带有线路测设软件的 GPS 手簿中，然后由 GPS 接收机实时测定接收机的当前位置 p_2'，并由手簿中的软件计算出最近线路点 p_2 的里程 L 与横向距离 d（偏差）。这种根据坐标进行测设的方法，通常称为坐标法。

无论是极坐标法还是坐标法，它们的关键是要求出线路上各点与测站点、定向点的坐标系统一致的坐标。直线交点和直线与曲线连接点（如 ZY、YZ、ZH、HZ）的坐标，一般在线路定线、主点测设时直接测定，或简单转换求出，此处不再讨论。以下介绍曲线点的坐标计算与转换。

如图 12-18，根据切线支距法，可建立以曲线起点（ZY、ZH）或终点（如 YZ、HZ）为原点 O'，指向本曲线交点 JD 的切线方向为 X'轴，曲率半径方向为 Y'轴的独立平面直角坐标系 $X'O'Y'$，并按式（12-24）、式（12-10）和式（12-25），可分别求出圆曲线点、缓和曲线点和带有缓和曲线的圆曲线点 p 在对应坐标系中的独立坐标（x'，y'）。极坐标法和坐标法中的测站点、定向点等，使用的是整条线路统一的测量坐标系 XOY（简称整体坐标系）。利用具有整体坐标的点进行测设，只需将曲线点 p 的独立坐标（x'，y'）转换成整体坐标（x，y）。

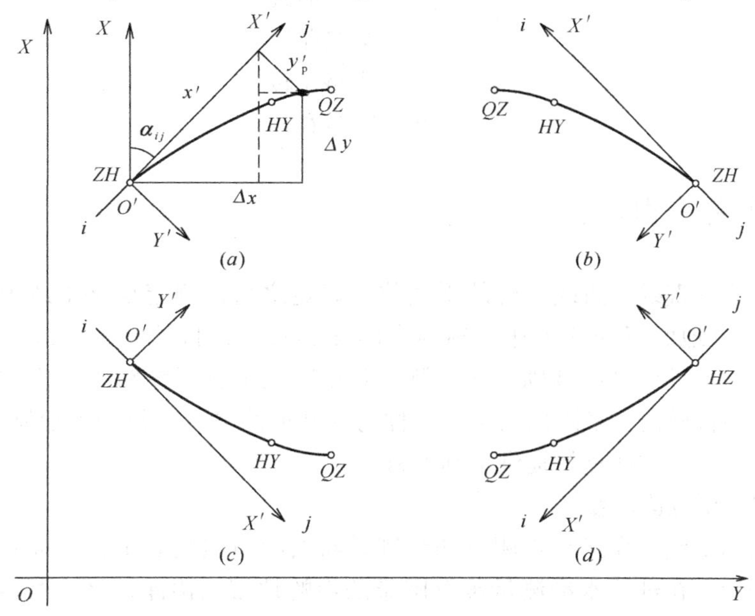

图 12-18　坐标转换

设切线支距法的坐标系原点 O'（ZY、YZ 或 ZH、HZ）所在直线的后视交点为 i，前视交点为 j，i 至 j 在整体坐标系 XOY 中的坐标方位角为 α_{ij}；曲线起点（ZY、ZH）至 QZ 点的曲线称为第一（圆、缓和）曲线，曲线终点（YZ、HZ）至 QZ 点的曲线为第二（圆、缓和）曲线。顾及线路有左转与右转，归纳起来有图 12-18 中的（a）、（b）、（c）和（d）四种形式。

根据图 12-18（a）中的几何关系，可得切线坐标系原点 O'至曲线点 p 在整体坐标系 XOY 中的纵横坐标增量为：

$$\begin{cases}\Delta x = x'\cos\alpha_{ij} - y'\sin\alpha_{ij} \\ \Delta y = x'\sin\alpha_{ij} + y'\cos\alpha_{ij}\end{cases} \tag{12-27}$$

曲线点 p 的整体坐标为：

$$\begin{cases}x = x_{ZH} + \Delta x \\ y = y_{ZH} + \Delta y\end{cases} \quad \text{或} \quad \begin{cases}x = x_{O'} + \Delta x \\ y = y_{O'} + \Delta y\end{cases}$$

将式（12-27）代入上式

$$\begin{cases} x = x_{ZH} + x'\cos\alpha_{ij} - y'\sin\alpha_{ij} \\ y = y_{ZH} + x'\sin\alpha_{ij} + y'\cos\alpha_{ij} \end{cases} \tag{12-28}$$

式（12-28）是线路右转时第一曲线的由 p 点切线支距法坐标计算整体的转换公式。若用切线支距法的坐标原点 O' 的 $x_{O'}$、$y_{O'}$ 代替式（12-28）中的 x_{ZH}、y_{ZH}，同理可以证明线路右转时第二曲线、线路左转时第一、二曲线转换公式中的计算因子，具有式（12-28）的相同形式，其通用转换公式如下：

$$\begin{cases} x = x_{O'} - (-1)^{u}x'\cos\alpha_{ij} - (-1)^{v}y'\sin\alpha_{ij} \\ y = y_{O'} - (-1)^{u}x'\sin\alpha_{ij} + (-1)^{v}y'\cos\alpha_{ij} \end{cases} \tag{12-29}$$

式中

$$u = \begin{cases} 1 & \text{第一曲线} \\ 2 & \text{第二曲线} \end{cases}$$

$$v = \begin{cases} 1 & \text{线路左转} \\ 2 & \text{线路右转} \end{cases}$$

12.3 纵横断面测量

线路中线（直线、曲线）桩的平面位置确定之后，测定线路中线上各中线桩（简称中桩）处地面高程的工作，称为纵断面测量，其目的是绘制线路的纵断面图，为线路纵坡设计提供基础资料。测定各中桩处垂直于线路中线方向的地面点高程及其至中桩横向水平距离的工作，称为横断面测量，其目的是绘制横断面图，为路基设计、土石方计算等提供基础资料。

12.3.1 纵断面测量

纵断面测量包括线路高程测量和绘制纵断面图两项主要工作。高程测量一般采用水准测量。在进行水准测量确有困难的山岭地带、沼泽地区，其四、五等水准测量可由光电测距三角高程代替；在满足精度要求的情况下，勘测设计阶段亦可采用 GPS 技术进行观测。为了控制测量误差积累、提高测量精度，公路等线路的水准测量一般分两步进行，先沿线路布设若干水准点，进行高程控制测量，亦称基平测量；然后以高程控制点为起算点进行各中桩处地面点的高程测量，称为中平测量。

1）基平测量

基平测量目的是建立线路中桩高程测量的高程控制。高程控制测量的等级根据线路的等级、附属设施的精度要求确定。如公路的水准测量分为三、四、五等，高速公路、1000～2000m 特大桥、2000～4000m 长隧道，可采用线路最大长度不超过 16km 的四等水准测量。

高程控制点既要考虑勘测设计阶段使用，也要兼顾施工、竣工和运行阶段的使用。一般沿线路两侧地基稳固、易于引测、距离中线距离 50～300m 之内、不受施工破坏的地方布设永久性水准点或临时水准点，永久性水准点应埋设标石。相邻两水准点之间的间距一般为 1～1.5km，大桥、隧道及大型构筑物两端，应增设水准点。

线路高程系统，目前宜采用1985年国家高程基准，尽量与国家高程控制点联测。当线路附近没有国家高程控制点时，可参考具有国家统一高程系统的地形图，假定起算高程。同一线路，应采用同一高程系统，使用不同系统时，应给定高程系统之间的转换参数。

水准点高程测定，可采用一台水准仪往返观测或采用两台水准仪同向单程观测，观测方法与技术要求，参阅有关线路工程的技术规范。如《公路勘测规范》中，四等水准测量的往返较差、附合或环线闭合差应满足如下精度要求。

$$f_{h容}=\begin{cases}\pm 20\sqrt{L} & 平原微丘区\\ \pm 25\sqrt{L}或\pm 6\sqrt{n} & 山岭重丘区\end{cases} \tag{12-30}$$

式中，L 为以 km 为单位的水准线路长度，n 为线路的测站数。

水准线路跨越宽度大于300m的江河、湖泊、沟谷等地时，应按有关规范要求，选用精密水准仪或精密全站仪，按跨河水准测量方法或相应等级光电测距三角高程测量方法观测。

2）中平测量

中平测量的目的是测定各中桩点的地面（非桩顶）高程。施测时，一般以相邻两水准点为一个测段，从一水准点开始，逐个依次测定各中桩的地面高程，并附合到另一水准点进行检核和判断是否满足精度要求。中平测量的视线长度要求不要超过150m，因此，在两水准点之间通常需要设置若干转点，用于传递高程。转点可以是稳定的木桩、坚石、混凝土或柏油路面等，一般要求使用尺垫。

在相邻水准点与转点、转点与转点之间设置测站观测的中桩，称为中间桩。为了消除高程传递过程中的各种不利因素的影响，观测时，应先观测后、前视转点（或水准点），后观测中间点，中间点的尺应立于紧靠中桩的地面。转点尺上须读数至毫米，中间（中桩）点读数只需至厘米。

中平（纵断面）测量的观测方法与过程如图12-19，BM_2 为水准点、ZD_5、ZD_6 为转点。水准仪安置在测站1处，后视水准点 BM_2、前视转点 ZD_5，将两点水准尺上的读数分别填入表12-4中对应的后视与前视列中。接下来利用后视点 BM_2 上的水准尺，依次立于桩号为5+80、5+100、5+109.72、…、直至5+177.99的中桩处地面，观测各水准尺上读数，分别填入表12-4中对应中视列中，完成水

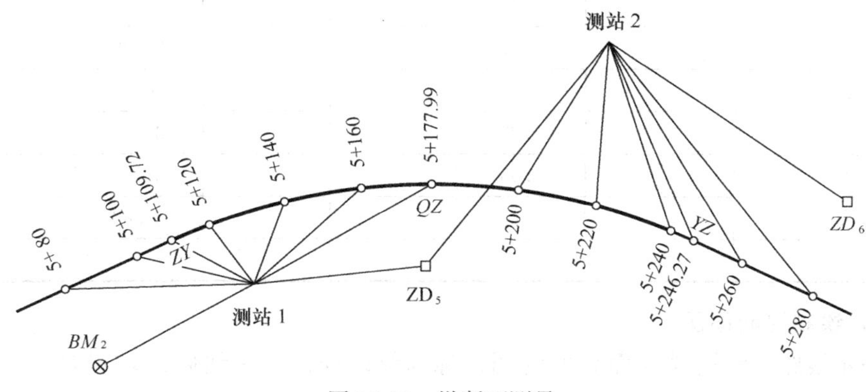

图12-19 纵断面测量

准点 BM_2 至转点 ZD_5 之间各中桩地面高程的测定。将水准仪搬到测站 2 上，按上述同样方法，后视水准点 ZD_5、前视转点 ZD_6，然后用后视尺依次立于桩号为 5＋200、5＋220、5＋240、…、直至 5＋280 的中桩处地面，观测并记录到表 12-4 中。同法继续观测，完成各中桩高程测定。

完成两水准点之间一测段观测后，须根据两水准点的已知高程差，检查其观测成果是否存在错误和满足精度。设测段两端水准点的中平高差和基平高差分别为 $\Delta h_{中}$ 与 $\Delta h_{基}$，则

$$f_h = \Delta h_{中} - \Delta h_{基} \tag{12-31}$$

f_h 的容许值，对于高速公路和一级公路，一般为 $\pm 30\sqrt{L}$ mm，对于二级及以下等级公路，则为 $\pm 50\sqrt{L}$ mm。L 为测段长，以千米为单位。不符合要求时，应查明原因纠正或重测。

中间点地面高程和前视转点高程，一般用视线高程计算，每一测站计算公式如下：

$$\begin{cases} 视线高程 = 后视点高程 + 后视读数 \\ 转点高程 = 视线高程 - 前视读数 \\ 中间点地面高程 = 视线高程 - 中视读数 \end{cases} \tag{12-32}$$

纵断面水准测量手簿（单位：m）　　**表 12-4**

点　名	水准尺读数			视线高程	高　程	备　注
	后视	中视	前视			
BM_2	2.474			31.406		28.932
5＋80		2.80			28.61	
5＋100		2.00			29.41	
5＋109.72		1.91			29.50	*ZY*
5＋120		1.49			29.92	
5＋140		1.53			29.88	
5＋160		0.60			30.81	
5＋177.99		0.35			31.06	*QZ*
ZD_5	2.471		1.828	32.049		29.578
5＋200		1.89			30.16	
5＋220		1.97			30.08	
5＋240		1.76			30.29	
5＋246.27		1.25			30.80	YZ
5＋260		0.98			31.07	
5＋280		0.23			31.82	
ZD_6			1.080			30.969

3）绘制纵断面图

表示线路中线沿线地面高低的图，称为纵断面图。是线路纵坡设计、土石方计算的重要基础资料。

纵断面图以中桩里程为横坐标，中桩处地面高程为纵坐标绘制而成。一般情况下，纵断面图由上下两部分构成。纵断面图上部通常绘出中线地面线、设计地面线；标注有如下基本信息：竖曲线示意图及其元素，水准点位置及其编号、高程，桥涵类型及其孔径、跨度、长度、里程桩号和设计水位，与其他线路（铁路、公路、小路、电力与通信线、管道等）的交叉点位置、里程和相关说明。纵断面图下部通常绘有直线与曲线及其参数、里程（桩号）、地面高程、设计高程、坡度、填挖土石方量等若干栏，注记测量、设计等方面的信息。

图 12-20 是仅标注有直线与曲线、桩号（里程）和地面高程，并根据里程与高程等实地测量资料绘制的描述中线地面高低形态的纵断面图形。绘制纵断面图的方法与步骤如下：

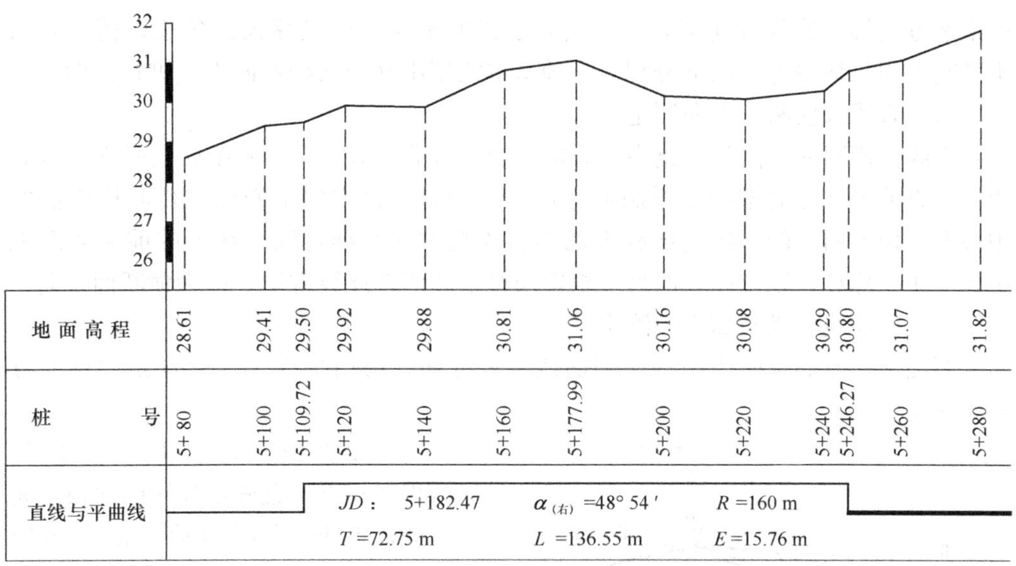

图 12-20　纵断面图

（1）绘制坐标轴线

一般在厘米格网纸上绘出纵横坐标轴线，纵坐标为高程轴线，横坐标为水平里程轴线。在平原与丘陵地区，为突出地面起伏变化，通常选高程比例尺比水平比例尺大 10 倍，如水平比例尺为 1∶2000 时，高程比例尺为 1∶200。根据实地高差，其比例关系可以调整。

（2）绘制与标注图下部栏目

本例图下部内容为直线与曲线、桩号（里程）和高程三栏，依次标定各中桩平面位置，填写里程和对应高程，绘制直线与曲线的位置，并填写曲线有关参数。

（3）绘制中线对应地面线

根据中桩地面高程，在纵轴上标定起止高程整米位置和区间内各整米刻划线。根据各点高程，在各中桩位置上方对应高程位置标定点位，连接各标定点，即可绘制出纵断面图。

12.3.2　横断面测量

横断面测量测定各中桩处垂直于线路中线方向指定宽度的横向地面起伏形态，

绘制横断面图，用于路基（包括排水、用地）、挡墙、防护工程等横向设计和土石方工程量计算。

横断面测量的宽度，因线路宽度和地形变化而定，一般为中线两侧 15～50m。横断面测量精度应符合对应线路工程的技术要求，如高速公路、一级公路的距离和高差的检测误差限差分别为 $\pm(L/100+0.1)$ m 和 $\pm(h/100+L/200+0.1)$ m，其中 L、h 分别为测点至中桩的水平距离和高差。

横断面测量内容包括：横断面方向测定、横断面点水平距离与高程测量、绘制横断面图。

1）横断面方向测定

根据中线线型、定向仪器与工具不同，横断面方向测定方法很多，常见方法有十字方向架（简称方向架）法、具有度盘的水准仪或经纬仪拨角法，精度要求不高时可用目估法等。以下分别对三种基本线型用其中某种定向方法进行说明。

（1）直线段横断面方向测定

直线段横断面方向与线路中线方向垂直，通常用图 12-3 中 A 点上所立，具有相互垂直的十字方向架确定横断面方向。定向时，将方向架安置在待测横断面的中桩上，使方向架的一根定向杆上的两钉连线方向照准直线中线上的前视或后视中桩上所立标杆，则方向架的另一根定向杆上的两钉连线方向，即为横断面方向。

（2）圆曲线段横断面方向测定

圆曲线横断面方向为中桩点圆曲线半径方向，可由加有一根活动定向杆的方向架测定。

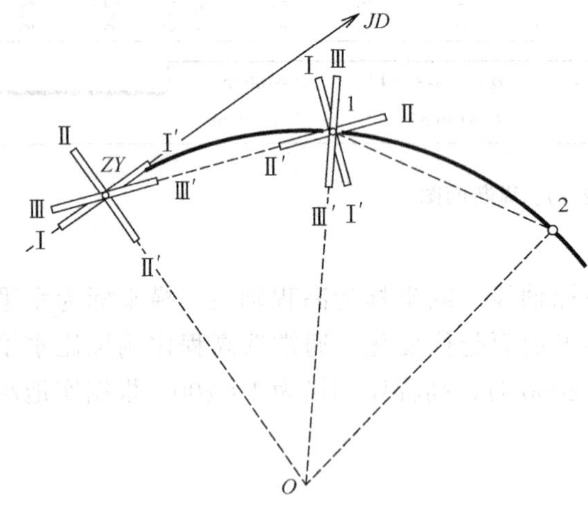

图 12-21　圆曲线横断面方向测定

如图 12-21，Ⅰ-Ⅰ′与Ⅱ-Ⅱ′是相互垂直，且固定连接的两根定向杆，Ⅲ-Ⅲ′为可转动的活动定向杆。圆曲线段横断面定向时，先将方向架置于圆曲线起点 ZY 上，使定向杆Ⅰ-Ⅰ′杆指向交点 JD（或后视直线上的中桩），则定向杆Ⅱ-Ⅱ′所指方向便是 ZY 点的横断面方向。保持Ⅰ-Ⅰ′与Ⅱ-Ⅱ′方向不变的状态下，旋转活动定向杆Ⅲ-Ⅲ′指向圆曲线中桩点 1 后固定。保持三定向杆关系不变，将方向架移至点 1，并使方向杆Ⅱ-Ⅱ′指向后视点 ZY，根据同弧所对圆周角或弦切角相等原理，由图中几何关系不难看出，定向杆Ⅲ-Ⅲ′所指方向，便是点 1 的圆曲线半径方向。

完成 1 点横断面测定后，旋转Ⅱ-Ⅱ′指向 1 点横断面方向，重复上述过程，依次测定各圆曲线点横断面方向。

（3）缓和曲线段横断面方向测定

缓和曲线点的横断面方向与过中桩点的缓和曲线切线方向垂直，可用测定圆曲线点横断面方向的方向架近似测定，但一般计算有关测定元素后用经纬仪测定。

如图 12-22，建立以 ZH 点为原点的独立坐标系，根据 i_1、i_2 点的坐标，按坐标反算公式（6-4）（但需考虑两坐标系的坐标轴位置）计算出中桩点 i_1 至 i_2 的方位角 α_{12} 点，用式（12-8）计算出缓和曲线点 i_1 的切线角 β，此时，i_1 至 i_2 的弦线偏角 θ 按下式计算：

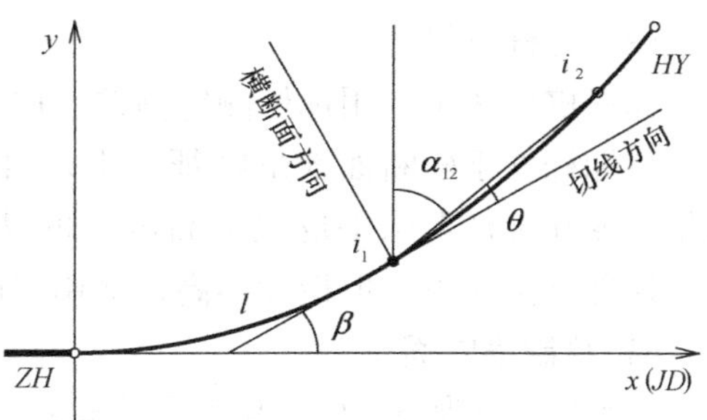

图 12-22　缓和曲线横断面方向测定

$$\theta = 90° - \alpha_{12} - \beta \tag{12-33}$$

在 i_1 点架经纬仪照准 i_2 点，拨水平角 $90°+\theta$，即为 i_1 点横断面方向。

2）横断面点水平距离与高程测量

横断面测量方法很多，较精确的方法有水准仪皮尺法、GPS RTK 法、全站仪法或经纬仪视距法、架置式无棱镜激光测距仪法，一般精度的方法有手水准仪法、数字地面模型法和手持式无棱镜激光测距仪法、抬杆法等，实际应用时，应根据线路精度要求和地形起伏情况选择。以下介绍几种具有代表性的常用方法。

（1）水准仪皮尺法

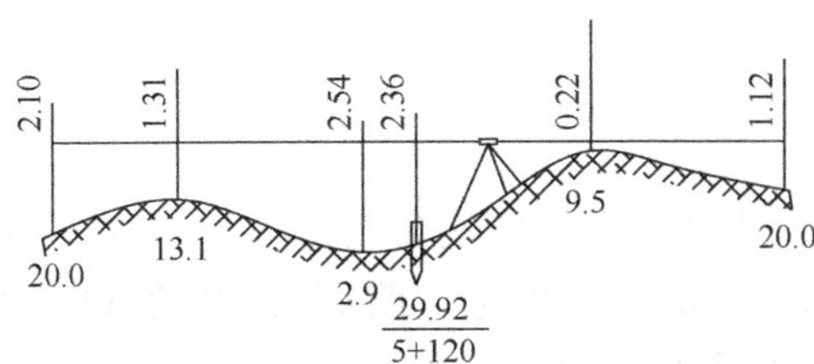

图 12-23　水准仪皮尺法测定横断面

水准仪皮尺法是利用水准仪测定横断面点高程，皮尺量取距离的方法。如图 12-23，将水准仪安置在适当位置，以横断面中桩（如 5＋120 桩）为后视，横断面上地形特征点（坡度变换点）为前视，分别读取水准尺上的读数，精确到 0.01m，用皮尺（高精度要求时用钢尺）量取各地形特征点至中桩的水平距离，精确到 0.1m。将水准尺读数和所量水平距离，按前进方向，分左侧与右侧，以分数形式记录到表 12-5 中。这种方法适合于线路等级较高，横断面较宽的平坦地区。

（2）全站仪或经纬仪视距法

在横断面中桩上安置全站仪或经纬仪，在地形特征点上设置反射棱镜或竖立水准尺，按三角高程测量原理或视距测量原理，可直接测定中桩至横断面点的水平距离与高差。记录手簿可参考表 12-5。这种方法适用于地形复杂、困难、山坡陡峭地区。

横断面测量手簿（水准仪皮尺法）　　**表 12-5**

$\frac{\text{前视读数}}{\text{距离}}$（左侧）(m)			$\frac{\text{后视读数}}{\text{桩号}}$ (m)	$\frac{\text{前视读数}}{\text{距离}}$（右侧）(m)	
$\frac{2.10}{20.0}$	$\frac{1.31}{13.1}$	$\frac{2.54}{2.9}$	$\frac{2.25}{5+120}$	$\frac{0.22}{9.5}$	$\frac{1.12}{20.0}$

(3) 标杆皮尺法

标杆皮尺法是利用标杆测定高差、皮尺丈量距离的横断面测定方法。如图 12-24，将标杆立于横断面地形特征点上，目估将皮尺拉成水平状态，读取皮尺上的丈量长度和标杆至水平皮尺的高度。再以已测定点为基点，依次测定其他横断面点。这种方法简单，但精度不高，适用于山区低等级道路。

3）绘制横断面图

以水平距离为横坐标、高程为纵坐标，在厘米格网纸上，根据实际测定的横向距离和纵向高差，按纵横相同比例尺（如 1∶100）绘制出表示地面高低起伏的图。

绘制时，从中桩开始，按照测定距离与高差，在图纸上将地面特征点的位置依次逐一标出，并用直线将相邻特征点连接起来，构成横断面图。图 12-25 是根据表 12-5 的观测数据绘制的横断面图。

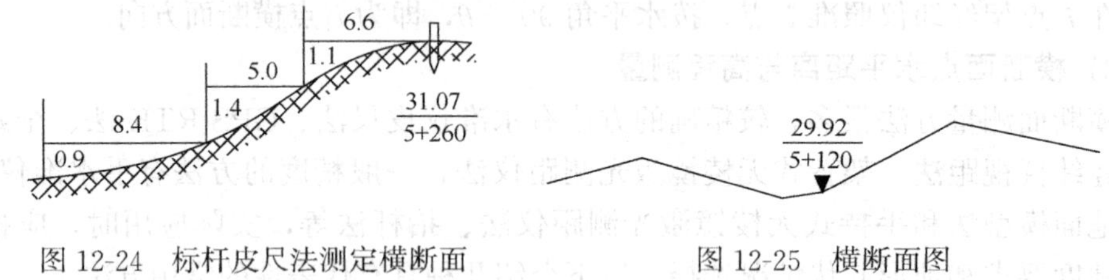

图 12-24　标杆皮尺法测定横断面　　　　图 12-25　横断面图

12.4　管线施工测量

给水、排水（污水、雨水）、燃气（天然气、煤气、液化石油气）、热力（蒸汽、热水）、工业（氧、氢、石油、排渣等）、电力（供电、路灯）、电信（电话、有线电视）等管沟、管道和电力、电信等直埋电缆的施工，各自虽然具有不同的施工特点，但测量方法与原理基本相同。其中，具有代表意义的是管道施工测量。

管道施工常见的形式主要有三种：开槽施工、顶管施工和架空施工，其中开槽施工的工艺简单，成本较低，是最常用的管线施工方法。各种施工的测量方法虽然存在差异，但主要目的是控制管槽中线位置和管底高程。

12.4.1　开槽管道施工测量

开槽管道施工测量的基本工作包括测设中线和检修井控制桩、槽口放线、管道中线测设和管底高程测设等。

1）测设中线和检修井控制桩

如图 12-26，中线和检修井控制桩的测设步骤如下：

(1) 复核、修正和恢复中线位置

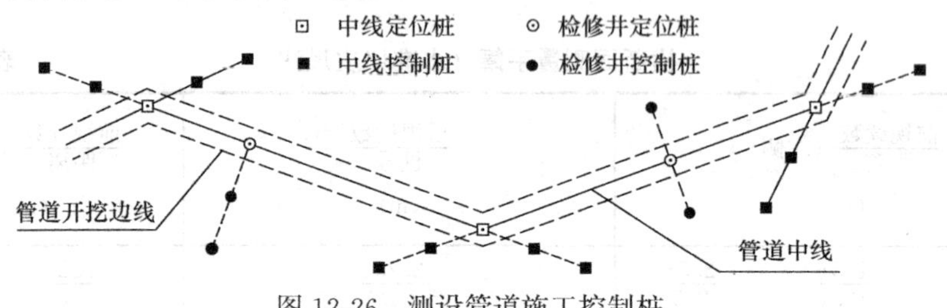

图 12-26　测设管道施工控制桩

完成管道设计后，勘测设计阶段在实地上确定的管道中线桩可能被保留或修改，也有一部分被破坏。施工开始前，应根据设计图纸和实际损坏情况，按中线测设方法对实地中线主点位置进行复核、修正和恢复，确定出实际管道中线定位桩。

（2）测设管道检修井平面位置

可根据设计坐标与数据，以测量控制点或中线定位桩为依据，用全站仪、经纬仪与钢尺等进行测设，并用木桩在实地标定出各检修井定位桩。

（3）测设中线和检修井控制桩

中线定位桩和检修井定位桩在开槽施工中都将被挖掉，为恢复管道中线和检修井位置，需在每个中线端点延长线上测设两个中线控制桩，在过检修井的中线垂直方向的中线一侧或两侧测设两个检修井控制桩。中线和检修井的控制桩应布设在不受施工干扰、易于保存、便于引测的中线开挖线之外。

2）槽口放线

管槽槽壁的坡度，应根据管道埋设深度和土质等因素确定。管槽槽口边线位置，与管道埋设深度、管槽槽壁坡度和地面起伏状态等因素有关。管槽开挖前，需计算、确定管槽边线的位置，即计算槽口边线至中线的水平距离 d，然后撒出石灰线，按设计槽壁坡度和深度开挖管槽。

图 12-27 为典型的管槽截面图形，分上槽和下槽两部分。下槽部分用于埋设管道，槽底半宽为 b，槽高 h_2，槽口有宽度 c 的施工平台，槽壁坡度为 $1:m_2$。上槽部分的开挖深度为 h_1，坡度为 $1:m_1$。则

$$d_{\mathrm{I}} = h_1 m_1 + h_2 m_2 + c + b_1 \tag{12-34}$$

对于埋设深度不深的情况，可以按照相同坡度挖槽，并可不留管道施工平台，则上式可进行相应简化。

需要指出的是，地面起伏时，中线至两侧槽口边线的水平距离 $d_{\mathrm{I}} \neq d_{\mathrm{II}}$。

3）管道中线测设

在浅管槽开挖之前或在图 12-27 所示深管槽挖至适当深度（完成上槽部分）后，由于中线桩即将或已经被挖掉，为了准确控制中线位置，便于测定开挖坡度，通常沿中线方向，每隔 10～20m 需埋设一坡度横板，如图 12-28 所示。坡度横板通常跨越槽口埋设，板身牢固，板面基本水平。

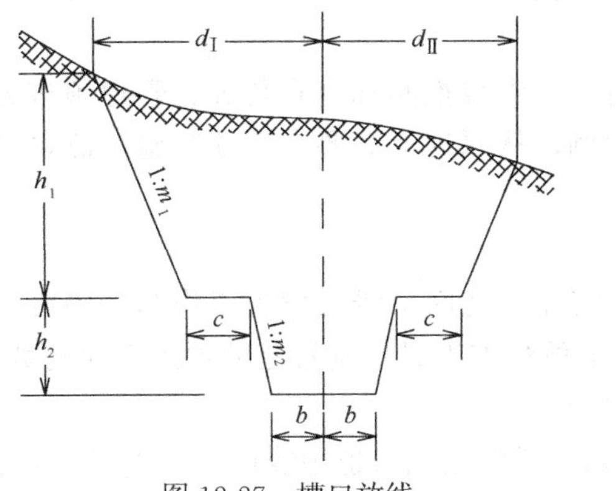

图 12-27　槽口放线

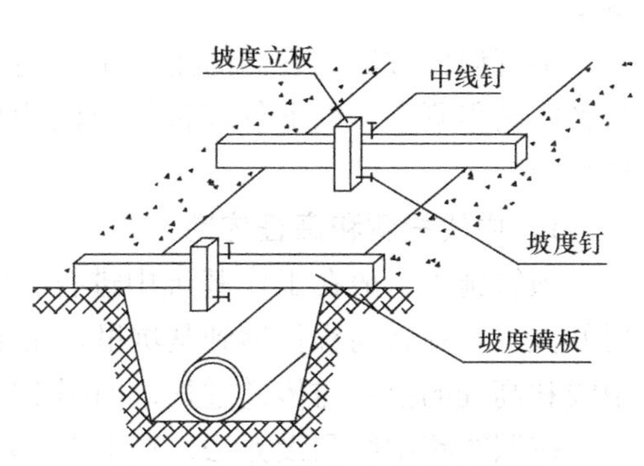

图 12-28　中线钉与坡度钉测设

坡度横板埋设好后，在设置的中线控制桩上安置经纬仪，将管道中线投测到各个坡度横板上，并钉小钉标定，这些指示中线方向的小钉，称为中线钉。相邻中线钉的连线，即为管道中线。施工过程中，在中线钉上悬挂垂球，控制管槽开挖与管道敷设。

4）管底高程测设

为了控制管槽是否达到开挖深度，需要根据附近水准点等高程控制点，用水准仪测定各中线钉处坡度横板面（简称板面）高程 $H_{板面}$。再根据管道主点设计高程和管道坡度，计算出各坡度横板处的管底设计高程 $H_{管底}$。各坡度横板的板面高程与管底设计高程之差，用 h 表示，则

$$h = H_{板面} - H_{管底} \tag{12-35}$$

h 是坡度横板的板面至管底的高差，称为板面下反数。一般情况下，各坡度横板面的下反数互不相同，这给施工检测带来不便。实际施工过程中，通常在各坡度横板一侧靠近中线钉附近，钉一坡度立板，在坡度立板上钉一小钉，称为坡度钉，如图 12-28 中所示。各坡度钉至对应点管底设计高度的高差为整分米常数，用 c 表示，称为坡度钉下反数。坡度钉至坡度横板面的高差用 Δh 表示，计算式如下：

$$\Delta h = H_{管底} + c - H_{板面} \tag{12-36}$$

在坡度立板上设置坡度钉时，若 $\Delta h>0$，则从坡度横板面向上量 Δh 后钉入坡度钉；反之，若 $\Delta h<0$，则从坡度横板面向下量取 Δh 后钉入坡度钉。施工时，可以坡度钉为基准，在各点上始终用相同坡度钉下反数 c 检测管槽开挖深度和控制管道敷设。

12.4.2　顶管施工测量

管道穿越铁路、公路、河流、建筑物和各种重要设施，或在冬、雨季时的施中时，可在不影响地面交通和保障建构筑物不受损坏的情况下，采用不开槽的顶管施工方法埋设管道。

由于被顶管施工的管线长度、使用的顶管设备以及工程精度要求不同，使得顶管施工测量的仪器与方法各不相同。常用传统方法使用垂球定线、水准仪测定高程进行顶管施工测量。现在可利用激光经纬仪、激光准直仪、高精度全站仪等测量仪器进行顶管施工测量。如，利用全站仪与便携式电脑连接，配以相应软件，既可及时显示测点的轨迹，亦可直接得到管道中线方向与高程及其管道顶进的偏差。

不管何种方法，它们的主要工作包括：中线投测和高程传递、管道顶进方向与管底高程测定。以下仅以传统方法为例，从原理上简要介绍顶管施工测量基本过程。

1）中线投测和高程传递

顶管施工一般在工作基坑中进行，需先将地面中线投测到工作基坑中方便利用的位置，并将高程传递到基坑里，用于顶管施工时控制管道的顶进方向与坡度。中线和高程的投测与传递过程，如图 12-29。

按照线路中线测设方法，在工作基坑两端测设出管道中线点 A、B。以 A 点为测站，安置经纬仪，照准管道出口方向的中线点后，旋转经纬仪望远镜，使视准

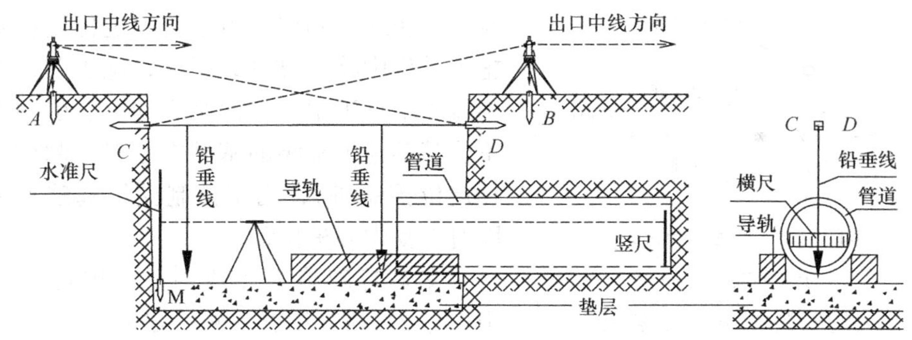

图 12-29　顶管施工测量

轴向下照准基坑壁，取盘左与盘右平均位置，作为基坑壁上的中线点 D。经纬仪搬到 B 点，仍然照准管道出口方向的中线点后，同法确定出基坑壁上的中线点 C。基坑壁上的 C 与 D 点的连线方向，是管道顶进的方向控制点。

在工作基坑中用混凝土浇灌垫层，埋设水准点，如 M。将地面点的高程，按 10.4.2 节中的方法传递到基坑里的水准点。基坑里水准点是顶管施工过程中高程测定与控制的基准点。

2）管道方向与管底高程测定

在基坑壁的两中线点 C、D 之间紧拉一根细钢绳，并在钢绳的适当位置悬挂两根垂球线，两平行垂球线所构成的面为管道中线铅垂面。两垂球线间距应尽量远，以保证定向精度。

控制管道顶进方向时，在管道顶进端的管道内水平放置一根横尺，中央刻度为 0，两边刻度关于 0 刻度对称。顶进过程中，两铅垂线所构成的面应与横尺 0 刻度重合，见图 12-29 中的右图，其偏差应小于规范规定的精度要求，大于容许值时，须调整管道顶进方向。

控制管道顶进坡度时，在管道顶进端的管道内铅垂放置一根竖尺，用水准仪后视具有高程 H_M的水准点 M，得水准尺读数 a，求出视线高程 H_M+a。根据管道顶进端的里程，可计算出该点管底高程 H。顾及管壁厚度 c 时，则管道顶进端的竖尺应读数 $b_{应}$ 计算如下：

$$b_{应} = (H_M + a) - H - c \tag{12-37}$$

水准仪照准管道顶进端竖尺实读数 $b_{实}$，与应读数 $b_{应}$ 之差，应在容许范围之内，超出时应随时纠正。

上述传统方法，适用于长度小于 50m，坡度不大的顶管施工测量。距离较长、坡度较大时，应分段施工，或采用全站仪、激光经纬仪等设备进行顶管施工测量。

使用全站仪进行管道的方向与高程测定时，需将中线控制点直接投测到工作基坑里，并测定其高程。基坑宽敞时，直接用经纬仪投测；基坑狭小时，先投测 C、D 点，再在 C、D 间拉钢丝并用垂球进行投测。

12.4.3　架空管道施工测量

架空管道、渠道等，一般安装在支架上，其测量主要工作包括支架的基础定位测量和支架安装测量。

如图 12-30 所示，支架基础中心定位桩（简称支架定位桩），可按中线里程桩

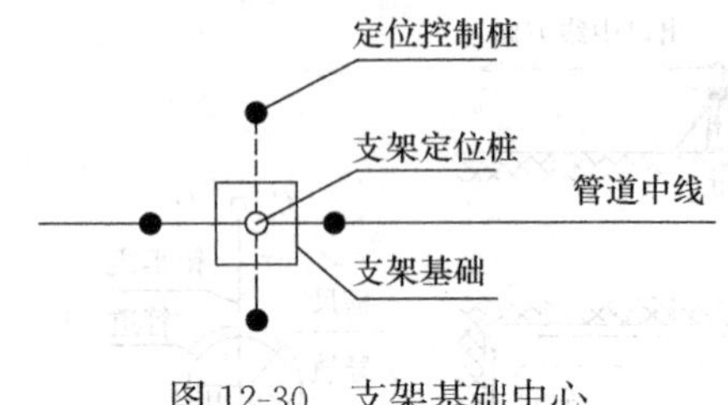

图 12-30　支架基础中心定位桩施工测量

测设方法逐一测定。由于支架定位桩在基础施工过程中将被破坏，因此，施工前，应在中线和垂直于中线的两个方向上、引测四个不受基础施工影响的基础中心点控制桩（简称定位控制桩），用于控制支架基础施工和随时恢复中心桩位置。

支架基础施工完成后，可进行支架安装。支架的安装测量，可参照 11.3.3 中 1)、2) 所介绍安装测量方法实施。

12.4.4　管线竣工测量

除部分电力、电信线路和渠道等为架空管线外，绝大多数管线工程都属于地下隐蔽工程，特别是市政主干道上，多种管线并存与交织。市政道路与管线的规划与设计，需要了解各种管线的现状。管线的运行与维护，需要各种管线的详细敷设资料。

管线竣工测量应测绘竣工平面图和竣工纵断面图。

1）管线竣工测量

管线竣工测量，主要是测定管线起点、终点、转折点、检修井、曲线主点和管线分支与交汇点等的平面坐标与高程，检修井及其相对于管线中线的偏距，各种管线附属设施（如，电力线路的变压器、通信线路的交换机等）及其他相关设施（给水管线中的消火栓等）的位置。另外，为了使用方便，需要测量管线周边其他重要的、具有标志作用的建（构）筑物。

管线竣工平面位置与高程测量，一般应以施工控制网为基准，也可沿管线的实际施工路线重新布设控制网。平面位置测量可用全站仪测定，也可用经纬仪与钢尺、皮尺结合测定，高程一般利用水准仪测量。

2）管线竣工平面图绘制

地面及架空管线工程，可在工程施工完成后，根据前面竣工测量数据和其他相关资料一次性绘制管线竣工平面图。隐蔽管线工程，要随工程施工进程，在管线已经施工、敷设，但尚未覆土时进行测量，竣工平面图可在完成整个工程后绘制。竣工平面图除绘有各点平面位置外，还应标注各点高程。

3）管线竣工纵断面图绘制

纵断面图的纵轴为高程，横轴为里程。图形内容包括管线图形和地表图形，备注内容包括管顶、管底和地面高程、管径、管壁厚度，相邻里程点、管线坡度或管径变化点、检修井等之间的间距。

思 考 题 与 习 题

1. 路线交点测设的常用方法有哪几种？简述其测设原理与过程。
2. 中线里程桩分为哪三种？每种具体包含哪些桩？采用什么设备与方法测设？
3. 道路工程有哪些类型的曲线？它们之间有哪些连接形式？
4. 圆曲线带有缓和曲线的路线有哪几个主点与要素？如何计算圆曲线要素和进行圆曲线主点测设？
5. 曲线详细测设的方法主要有哪几种，简述各种方法的数据计算与详细测设的主要步骤。

6. 什么叫纵断面图？什么叫横断面图？它们有何作用？如何观测、计算与绘制纵、横断面图？

7. 顶管施工测量主要包含哪些工作？

8. 桥梁与隧道施工测量有何特点？其平面控制网通常布设成什么图形？

9. 设道路某交点 JD_i 的里程为 K6＋392.66m，路线右转角 $\alpha_{右}=11°28'$，采用圆曲线连接时，圆曲线设计半径为 800m，求：

①求圆曲线要素：切线长 T、曲线长 L、外矢距 E、切曲差 J；

②计算圆曲线主点里程，并进行计算检核；

③参照表 12-2，计算偏角法测设圆曲线的测设数据；

④参照表 12-3，计算切线支距法测设圆曲线的测设数据。

10. 已知 $BM1$ 和 $BM2$ 的高程分别为 30.520m 和 31.150m，纵断面水准测量观测数据如表 12-6。计算各转点和中桩点高程，并按水平距离比例尺1∶2000，高程比例尺1∶200绘制纵断面图，标注有关注记。

纵断面水准测量　　表 12-6

测站后视	点　名	水准尺读数			测站后视	点　名	水准尺读数		
		后视	中视	前视			后视	中视	前视
1	BM1	1743			3	TP2	2333		
		1888					2427		
	TP1			0779		6＋400			2035
				0927					2130
2	TP1	2316				6＋420		1718	
		2107				6＋440		1505	
	TP2			2053		6＋460		1607	
				1842	4	6＋400	1519		
	6＋312.55		1408				1435		
	6＋320		1388			BM2			2416
	6＋340		1529						2331
	6＋360		1776			6＋472.65		1059	
	6＋380		1839			6＋480		1157	
	6＋392.60		1686			6＋500		1471	

附录 仪器常规项目的检验与校正

一、水准器轴平行或垂直于仪器旋转轴的检验与校正

水准器主要指水准仪、经纬仪、全站仪及其棱镜、GPS 接收机天线、激光铅直仪、陀螺经纬仪等的圆水准器和经纬仪、全站仪、激光铅直仪等的水准管，它们的作用是控制仪器水平或仪器旋转轴处于铅垂状态。

1）圆水准器轴平行于仪器旋转轴的检验与校正

水准仪、经纬仪、全站仪及其棱镜、GPS 接收机天线、激光铅直仪、陀螺经纬仪等的圆水准器轴（圆水准器球面顶点法线）$L'L'$应平行于仪器旋转轴 VV。

（1）检验

安置仪器，旋转脚螺旋使圆水准器气泡居中，见附图-1（a）。根据气泡始终位于圆水准器最高处的规律，转动仪器 180°，观察圆水准器气泡位置，如果气泡仍然居中，说明圆水准器轴 $L'L'$平行于仪器旋转轴 VV；如果气泡不居中，位于附图-1（b）位置，则$L'L'$与 VV 不平行，两轴存在夹角 α。

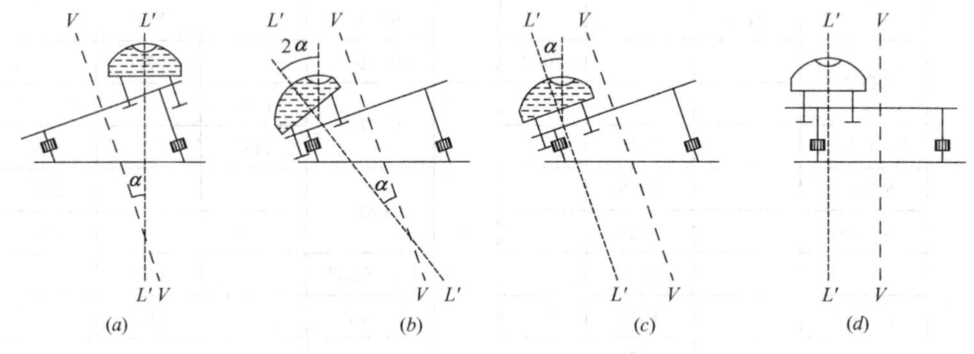

附图-1　圆水准器轴//仪器旋转轴的检验与校正

（2）校正

由附图-1（b）可知，气泡中心点的铅垂线与圆水准器轴 $L'L'$的夹角为 2α，该角值是 $L'L'$与 VV 的夹角 α 和 VV 倾斜 α 的联合影响。因此，校正需分两步进行。先将校正针插入附图-2 所示校正螺钉上的拨孔内拨动校正螺钉转动，使气泡向圆水准器顶点返回一半，其结果见附图-1（c）。再旋转仪器脚螺旋使气泡居中，其结果见附图-1（d）。此校正过程应反复至气泡始终在圆圈之内。

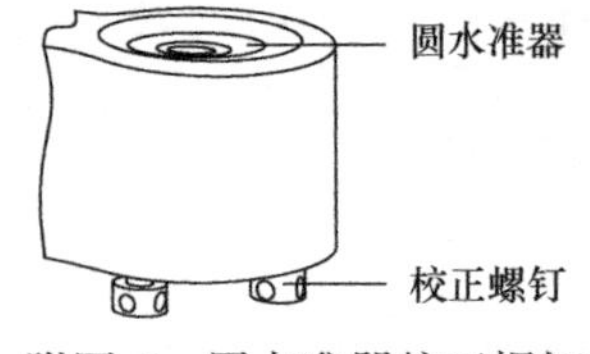

附图-2　圆水准器校正螺钉

2）水准管轴垂直于仪器旋转轴的检验与校正

经纬仪、全站仪、激光铅直仪等利用水准管整平仪

器，其水准管轴为水准管顶点纵切线，应垂直于仪器旋转轴。检验、校正时，应在水准管平行于两个脚螺旋的方向上进行，其原理与具体过程，与上述圆水准器轴平行于仪器旋转轴的检验与校正方法相同。

二、十字丝横丝垂直于仪器旋转轴和纵丝垂直于横轴的检验与校正

1）十字丝横丝垂直于仪器旋转轴的检验与校正

水准测量和竖直角测量，分别使用水准仪和经纬仪的十字丝横丝（中丝），横丝应垂直于仪器旋转轴。

（1）检验

如附图-3（*a*），整平仪器后，使十字丝横丝一端（如右端）照准清晰目标点 *M*，固紧水平制动螺旋，利用水平微动螺旋使望远镜缓慢（顺时针）旋转，人眼在目镜处跟踪观察 *M* 点是否离开横丝。如果 *M* 点从横丝一端移至另一端始终位于横丝上，见图-3（*b*），说明十字丝横丝垂直于仪器旋转轴。反之，*M* 点在移动中离开横丝，见图-3（*c*），说明十字丝横丝不垂直于仪器旋转轴。

（2）校正

对附图-4 所示结构仪器，用螺钉旋具松动十字丝板座固定螺钉，轻微转动十字丝板座至偏离值一半位置即可。重复上述检验与校正过程，直至 *M* 点从横丝一端移至另一端始终位于横丝上为止。有些仪器十字丝板座结构与此不同，但校正时也是旋转十字丝板座。

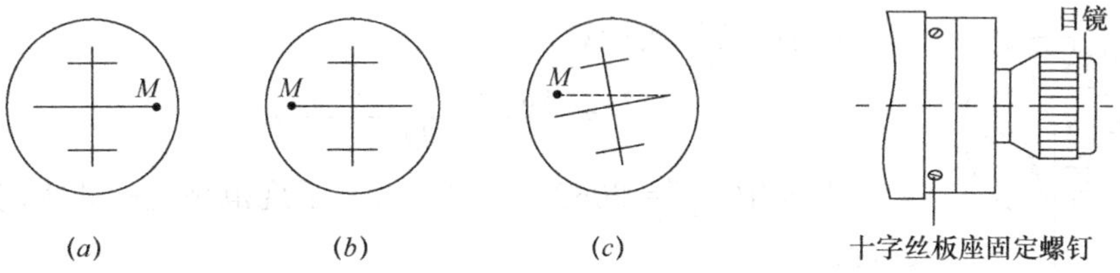

附图-3　十字丝横丝垂直于仪器旋转轴的检验　　附图-4　十字丝板座构造

2）十字丝竖丝垂直于横轴的检验与校正

经纬仪、全站仪测定水平角时，使用十字丝竖丝。十字丝竖丝应垂直于横轴（望远镜旋转轴）。检验时用望远镜制动螺旋固定望远镜后，用微动螺旋转动望远镜使目标在竖直方向移动。检验和校正的原理与过程，与上述十字丝横丝垂直于仪器旋转轴的检验与校正相同。

三、水准仪的水准管轴平行于视准轴的检验与校正

水准仪的水准管轴 *LL* 应平行于视准轴 *CC*。当两轴不平行时，其在同一竖直面内存在投影夹角 i，习惯上称为 i 角。

1）检验

如附图-5 所示，将水准仪安置在至后视尺 *A* 和前视尺 *B* 距离相等（均等于 *D*，

为便于计算，可取 $D=41.253\text{m}$）的 O 点，要求 AOB 位于同一条直线上，A、B 点打桩或放置尺垫。在水准管气泡居中的情况下，可观测得到有 i 角影响的 a_1（后视读数）、b_1（前视读数）。根据 2.4.1 节中关于 i 角对高差的影响分析可知，当前后视距相等时，由式（2-19）计算的高差 h_{AB}（$=a-b$）不受 i 角影响。

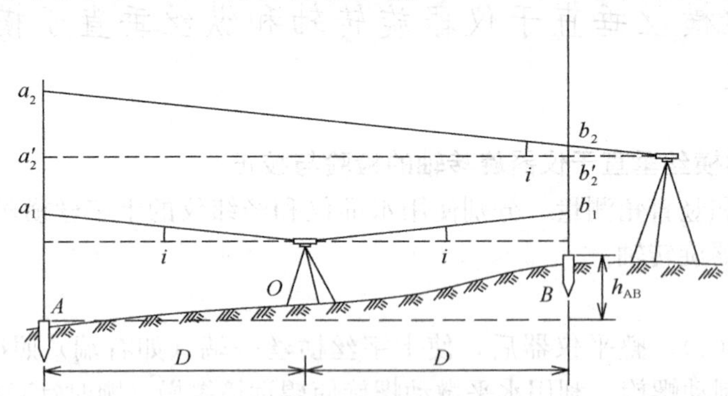

附图-5 水准管轴平行于视准轴的检验与校正

将水准仪搬至 B 点附近（距 B 点 3m 以内），调气泡居中后测得有 i 角影响的 a_2、b_2，其对应无 i 角影响的应读数分别为 a'_2、b'_2。因水准仪离 B 点很近，可认为 B 尺上实读数 b_2 与应读数 b'_2 基本相同，即 $b_2\approx b'_2$。顾及 O 点观测得到的不受 i 角影响的高差 h_{AB}，则有

$$a'_2=h_{AB}+b'_2=h_{AB}+b_2$$

因此，i 角对 A 尺读数的影响 Δ 为

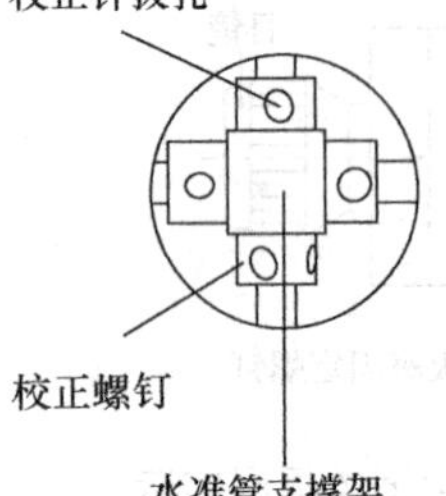

附图-6 水准管支撑架构造

$$\Delta=a_2-a'_2=(a_2-b_2)-h_{AB}$$

i 角可按下式计算

$$i=\frac{(a_2-b_2)-h_{AB}}{2D}\times\rho''$$

上式中，$\rho''=206265$，当 i 角大于规范规定的要求时，应进行校正。

2）校正

水准仪在 B 尺附近不动，利用微倾螺旋调十字丝中丝照准读数 a'_2，此时，视准轴水平，但水准管气泡偏离。将校正针插入附合气泡观测窗一侧的水准管校正螺钉拨孔内，如图附-6，一松一紧拨动上、下校正螺钉移动水准管支撑架上升或下降，使气泡居中。此检验与校正需反复进行，直至 i 角小于规范规定的要求。

四、视准轴垂直于横轴的检验与校正

经纬仪、全站仪等的望远镜视准轴 CC，应垂直于横轴（望远镜的旋转轴）HH。CC 不垂直于 HH 所产生的偏差，称为视准轴误差，用 C 表示。

1）检验

如附图-7 所示，在平坦地面选定位于同一直线上的 A、O、B 三点，且 O 至

A、B 的距离大致相等，各约 50m 左右，在 B 点垂直于 AB 方向水平横放一直尺。在 O 点安置经纬仪，盘左照准 A 点目标，则 OH_1 为横轴方向，$\angle AOH_1=90°-C$。望远镜绕横轴倒转（此时变为盘右位置）将照准 B 点横尺 B_1 位置，视准轴与横轴夹角不变，即 $\angle B_1OH_1=90°-C$。保持盘右位置，转动照准部再次照准 A 点目标，则 OH_2 为现在横轴方向，望远镜再次绕横轴倒转（此时变为盘左位置）将照准 B 点横尺 B_2 位置，同理将有 $\angle AOH_2=\angle B_2OH_2=90°-C$。由此，$\angle B_1OB_2=4C$。$C$ 角的大小，可以根据对同一目标盘左、盘右观测后，按式（3-4）计算。也可根据图附-7 中 B_1B_2 的长度 D_{12} 和 OB 的长度，按下式计算，

$$C=\frac{1}{2}\arctan\frac{D_{12}}{2D_{\mathrm{OB}}}$$

2）校正

视准轴是物镜光学中心与十字丝交点的连线，而物镜位置是固定的，由此可见，C 角实际上是十字丝板发生水平位移导致十字丝交点偏离了正确位置，水平移动十字丝板便可校正视准轴方向使其与横轴垂直。由于横尺上 B_1B_2 的长度对应 $4C$ 角度，校正时，保持（照准部）横轴 OH_2 位置不变，用校正针拨动图附-8 所示水平方向的两个校正螺钉（一个松，另一个紧）水平移动十字丝板座，使视准轴（纵丝）照准距 B_2 点 $B_1B_2/4$ 长度的 B_0 点（$\angle B_0OH_2=90°$）即可。此校正需反复进行，至满足要求为止。

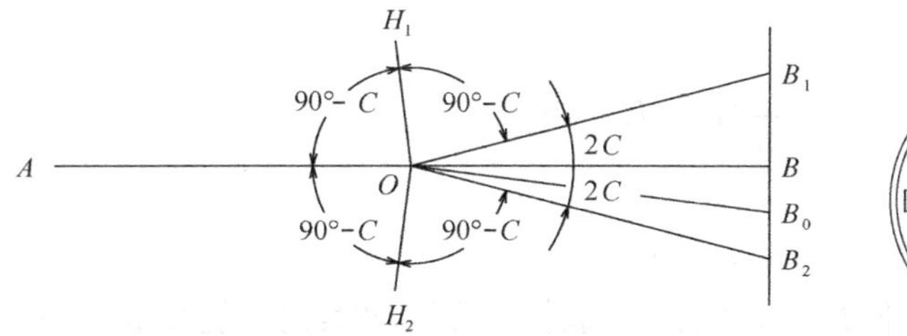

附图-7　望远镜视准轴垂直于横轴的检验

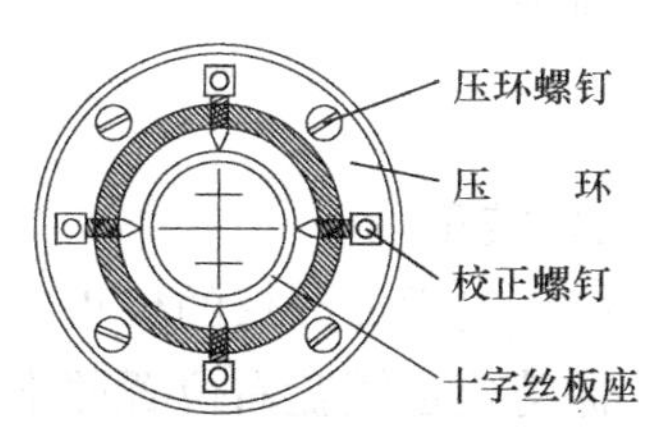

附图-8　十字丝环构造

五、横轴垂直于仪器旋转轴的检验与校正

经纬仪等的横轴 HH（望远镜旋转轴）不垂直于仪器旋转轴 VV，主要由横轴两端支架高度不同所引起。附图-9 左上角图形，分别为视准轴 CC、横轴 HH 和仪器旋转轴 VV 之间盘左、盘右状态下实际存在的结构关系。

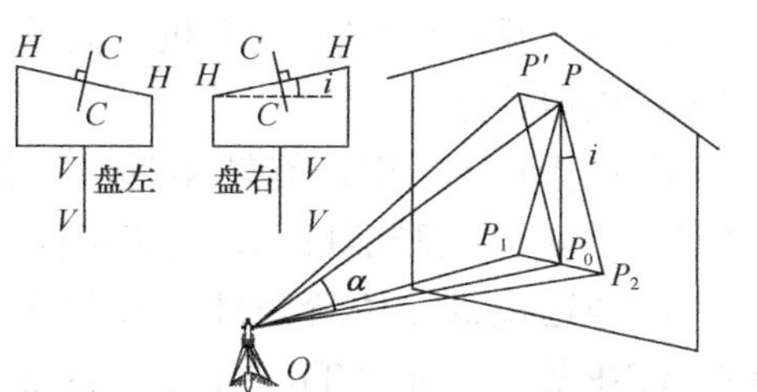

附图-9　横轴垂直与旋转轴的检验与校正

1）检验

在距房屋墙面 20～30m 处选择 O 点安置经纬仪，在垂直于墙面方向上，盘左照准仰角大于 30°的 P 点，固定照准部，转动望远镜使视准轴大致水平，确定视准轴在墙面上的照准点 P_1；同理，盘右照准

P 点，放平视线测定 P_2 点。则 P_1P_2 点的距离，反应了横轴的倾斜度。

2）校正

设仪器点 O 至墙面 P_1 与 P_2 两点平均位置 P_0 的水平距离为 D，P_1 至 P_2 的距离 D_{12}，仪器观测 P 点的竖直角为 α，则仪器旋转轴铅垂时的横轴倾斜角为 i，可由下式计算

$$i = \arctan \frac{D_{12}}{2D\tan\alpha}$$

当 i 大于规范规定要求（如 $i > \pm 1'$）时，应进行校正。校正时，可盘右位置照准 P_1 至 P_2 的中点 P_0 后，上仰望远镜至与 P 点同高的 P' 点，然后调整横轴一端的支架高度至 P' 点与 P 点重合。由于横轴支架封装在仪器内部，一般需由专业鉴定单位或维修人员进行校正。

六、竖盘指标差的检验与校正

竖盘读数指标的正确位置与实际位置之差，称为竖盘指标差。

1）检验

在测站上安置经纬仪，分别盘左、盘右照准目标 P，调指标水准管气泡居中（自动安平仪器无此操作），读取盘左、盘右竖盘读数 L、R，按（3-13）式可计算出竖盘指标差 x。

$$x = \frac{1}{2}(L + R - 360°)$$

2）校正

（1）光学经纬仪的校正（非自动安平）

保持望远镜盘右位置照准 P 点，旋转指标水准管微动螺旋，使竖盘盘右读数等于没有指标差影响时的正确读数 R_0，$R_0 = R - x$，此时，指标水准管气泡偏离中心位置，用校正针拨动指标水准管一端的校正螺钉（参见附图-6），使指标水准管气泡居中。

（2）电子经纬仪的校正

电子经纬仪因厂家不同存在差异，苏州一光仪器有限公司生产的 DJD5-2 电子经纬仪的竖盘指标差校正，在安置、精确整平仪器后，其步骤如下：

①按电源 ON/OFF 键开机，显示“VIndex Rotate Telescope”（竖盘指标，旋转望远镜初始化）；

②按住 0SET 键，旋转望远镜一圈后释放 0SET 键，显示“Aim at a target Modify Index”（瞄准目标，校正指标）；

③望远镜盘左位置照准竖直角在±10°以内的一远处清晰目标 P 后，按电源 ON/OFF 键，显示“Turn 180°（I） ainat it again”（旋转 180°，再次照准目标）；

④盘右位置，旋转仪器再次照准目标 P 后，按电源 ON/OFF 键，显示“Index Error OK! Any key turn off”（指标差校正完毕，按任意键关机）。

上述检验、校正需反复进行至容许范围。

参 考 文 献

[1] 刘祖文编著. 3S原理与应用. 北京：中国建筑工业出版社，2006.
[2] 周华，刘祖文主编. 测量学. 武汉：中国地质大学出版社，1994.
[3] 同济大学测量系等合编. 测量学. 北京：测绘出版社，1991.
[4] 合肥工业大学等. 测量学. 第四版. 北京：中国建筑工业出版社，1995.
[5] 陈丽华主编. 土木工程测量. 第二版. 杭州：浙江大学出版社，2002.
[6] 胡伍生，潘庆林主编. 土木工程测量. 第三版. 南京：东南大学出版社，2007.
[7] 杨德麟，高飞合编. 建筑工程测量. 北京：测绘出版社，2001.
[8] 徐绍铨，张华海等编著. GPS测量原理及应用. 修订版. 武汉：武汉大学出版社，2003.
[9] 杨晓明，苏新洲编著. 数字测绘基础. 北京：测绘出版社，2005.
[10] 陈学平，周春发编. 土建工程测量，北京：中国建材工业出版社，2008.
[11] 孔祥元，梅是义主编. 控制测量学. 武汉：武汉大学出版社，1996.
[12] 张延寿主编. 铁路测量. 成都：西南交通大学出版社，1995.
[13] 钟孝顺，聂让主编. 测量学. 北京：人民交通出版社，2003.
[14] 中华人民共和国国家标准. 工程测量规范(GB 50026—2007). 北京：中国计划出版社，2008.
[15] 中华人民共和国国家标准. 地形图图式(GB/T 7929—1995). 北京：中国标准出版社，1996.
[16] 中华人民共和国国家标准. 全球定位系统(GB/T 18314—2001). (GPS)测量规范. 北京：中国标准出版社，2001.
[17] 中华人民共和国行业标准. 城市测量规范(CJJ 8—99). 北京：中国建筑工业出版社，1999.
[18] 中华人民共和国行业标准. 公路勘测规范(JTJ 061—99). 北京：人民交通出版社，1999.
[19] 中华人民共和国行业标准. 全球定位系统城市测量技术规程(CJJ 73—97). 北京：中国建筑工业出版社，1997.
[20] 中华人民共和国行业标准. 建筑变形测量规范(JGJ 8—2007). 北京：中国建筑工业出版社，2007.